스마트건설측량학

이석배

도서출판 양서각

스마트건설측량학
초판 발행 2025년 7월 31일

값 25,000원
ISBN | 978-89-5568-533-6

저자 | 이석배

발행인 | 신대영
발행처 | 도서출판 양서각
출판신고 | 1992년 4월 30일 제3-412호
주소 | 경기도 가평군 소돌말길 7-6
TEL | 010-2063-5489
E-Mail | ysgbook@hanmail.net

창고 | 서연물류 (경기도 파주시 장터고개길 120 창고 3)

머리말

세계는 제4차 산업혁명시대에 접어들면서 빠르게 변화하고 있습니다. 인공지능 AI(Artificial Intelligence)가 개인의 삶과 조직과 국가의 미래를 바꾸는 대전환의 시대가 시작되었기 때문입니다. 그러나 건설분야에서는 부분적으로는 가능하다 하더라도 AI가 인간을 대체하기는 어려워 보입니다. 사람의 손으로 해야 할 일들이 많기 때문입니다. 직접 사람의 손으로 해야 할 일이 많다는 것은 효율성 면에서 경제성을 떨어트리는 요인이기도 하지만 자동화 측면에서는 AI에게 내 줄 것이 많지 않다는 반증이기도 합니다.

그래서 전 세계는 스마트건설(smart construction)을 추진하고 있습니다. 3D 드론측량과 BIM 구축, BIM 설계 및 시공관리, 건설장비 자동화 시공, OSC 등을 통하여 건설업의 효율성을 높이고자 노력하고 있습니다. 이러한 노력을 통하여 건설업이 가지고 있는 세가지의 문제, 첫째, 건설인력의 부족, 둘째. 작업효율성과 생산성이 매우 낮음, 셋째, 안전하지 않은 작업환경을 극복하고자 노력하고 있습니다. 우리나라 또한 전세계 건설시장에서 글로벌 리더가 되는 것을 목표로 열심히 노력해가고 있습니다. 지금은 스마트건설의 각 요소기술들을 개발해내고 확보해 나가느라 정신이 없습니다만, 곧 가까운 시일내에 이러한 요소기술들이 서로 하나로 어우러져 그럴듯한 스마트건설을 만들어 낼 것입니다. 그런 스마트건설을 통하여 안전하고 생산성 높은 건설현장을 만들고 젊은 건설기술자들이 돌아오는 그런 산업분야를 만들어내리라 믿고 있습니다.

그러한 노력의 일환으로서 이 「스마트건설측량학」이라는 책이 탄생하게 되었습니다. 스마트건설기술이 빠진 측량학은 이제 더 이상 설 땅이 없게 되었습니다. 공간정보는 BIM을 구축하는 핵심기술이고 드론측량과 라이다측량, 지하시설물측량 같은 기술은 없어서는 안 될 중요한 요소기술입니다. 그래서 건설과 공간정보를 전공하는 학생들에게 좀 더 생생한 현장의 신기술을 전달하고 4차산업혁명시대를 견인해 나갈 미래지향적 관점에서 이 책을 기술하였습니다.

「스마트건설측량」은 일반측량을 공부한 바탕위에서 건설분야, 지적 및 공간정보분야의 응용측량 교재로서 만들어졌으므로, 미래를 준비하는 학생들의 좋은 나침반이 되어 줄 것을 기대합니다.

저자 이석배

차례

CHAPTER

01 스마트건설과 공간정보

1.1 개요

우리가 살아가고 있는 지금 이 세대는 4차 산업혁명시대라 불리우고 있으며, 4차 산업혁명시대는 인공지능(AI)과 사물인터넷(IoT), 빅데이터(Big Data) 등의 첨단기술을 바탕으로 사람과 사물이 서로 연결되고 실시간으로 서비스를 제공받을 수 있는 사회로 나아가는 시대로 정의되고 있다. 4차 산업혁명시대의 두가지 키워드는 초연결과 초지성이라 말할 수 있다. 초연결이라 함은 전세계 어디로나 연결될 수 있는 통신망을 기반으로 인터넷에 연결될 수 있으며, 초지성이라 함은 그렇게 연결된 인터넷 접속을 통하여 내가 원하는 정보를 알 수 있기 때문이다.

이러한 4차 산업혁명시대와 더불어 제조업의 스마트화라는 개념이 생겨 났는데 이는 스마트 팩토리(smart factory)라는 단어로 요약될 수 있다. 스마트 팩토리라는 개념은 인공지능과 사물인터넷을 기반으로 하는 자동화기술이 적용된 공장이 혁신적인 생산체계로 탈바꿈하여 효율성과 생산성을 높이는 것으로, 단편적인 사례로 맥주공장 견학을 통하여 볼 수 있다. 기업마다 차이는 있겠지만, 오늘날 대부분의 맥주 생산은 전 공정이 컨베이어시스템과 컴퓨터시스템으로 제어되고 있으며 중앙통제실의 관리자가 맥주 생산 전 공정을 제어하여 불량제품까지 걸러지게 하고 있다. 이러한 스마트 팩토리의 개념이 제조업 전 분야뿐 아니라 농업분야 비닐하우스 재배 등에까지 적용되면서 획기적인 생산성의 향상을 가져오고 있다.

건설산업도 이와 같이 새로운 생산체계를 통해서 혁신적인 생산성 향상을 기대하는 의미로 스마트건설이라는 용어를 사용하기 시작하였다. 사실 오늘날의 건설산업은 고질적인 세가지 문제를 안고 있다. 첫 번째 문제는 건설노동인구의 절대 부족이다. 건설산업에 종사하려는 노동 인구가 절대적으로 부족하여 대부분의 현장에서 부족한 노동 인구를 외국인 노동자들이 채우고 있는 실정이다. 두 번째 문제는 건설산업의 생산성과 효율성이 낮다는 것이다. 국가통계포털(kosis.kr)에서 노동생산성 지수(산업생산 기준)를 살펴보면 2010년도 4분기의 경우 제조업

105.0, 건설업 122.7, 서비스업 102.5로 건설업의 생산성이 가장 높은 편이었으나, 2023년도 4분기의 경우 제조업 106.0, 건설업 93.9, 서비스업 113.2로 변하여 가장 낮은 노동 생산성을 보여주고 있다. 이렇게 생산성이 낮아지면 건설업의 경쟁력이 떨어지게 된다. 세 번째 문제는 건설현장의 만명당 사망비율인 만인율이 1.66으로 이 산업재해 수치는 다른 산업에 비해 월등히 높은 수치를 나타내고 있다. 따라서 스마트 건설기술은 이러한 건설산업의 세가지 문제를 극복하여 건설업의 갱쟁력을 높이고 젊은 기술자들이 돌아오는 매력적인 건설산업으로 변모시키고자 출발하였다.

〈그림 1.1〉 건설산업의 3대 문제와 해결방안

따라서 스마트 건설기술은 건설 노동인구의 부족에 대비하며, 건설현장의 생산성을 향상시키고 또 건설현장의 산업재해 수치를 낮추고자 하는 기술이므로 자연스럽게 디지털화되고 자동화되는 방향으로 발전하게 되었다. 그러므로 스마트 건설기술이란 전통적인 토목·건축 기술에 BIM, 로봇, 드론, 라이다(LiDAR), 인공지능(AI), 사물인터넷(IoT) 등 디지털 기술을 융합하여 건설 프로세스를 디지털화하고, BIM 설계, 자동화 시공, 모듈러 건설, 스마트 안전관리 등을 통해 건설 산업의 생산성과 안전성을 높이려는 기술로 정의할 수 있다.

1.2 우리나라의 스마트건설(Smart Construction)

1.2.1 우리나라의 스마트건설

우리나라의 스마트건설은 국토교통부가 중심이 되어 추진해 오고 있으며, 스마트건설에 대한 중요 계획은 2020년과 2022년에 발표된 바 있다.

2020년에 발표된 국토교통부의 스마트건설 추진계획은 〈그림 1.2〉와 같으며, 스마트 건설기술 육성을 통해 글로벌 건설시장을 선도한다는 비전 아래 2025년까지 스마트 건설기술 활용 기반을 구축하고 2030년에 건설자동화를 완성한다는 목표를 제시하였다. 세부목표로는 1. 건설생산성 50% 향상, 2. 건설안전성을 강화하여 사망만인율을 1.66에서 1.0으로 낮춤, 3. 고부가가치 스타트업 500개 창업이라는 세가지 목표를 제시하였으며 단계별 추진 로드맵과 로드맵 이행방안을 발표하였다.

2020년에 계획한 스마트 건설 단계별 추진 로드맵을 살펴보면 현재(2020)의 전통기술을 2025년까지 디지털화하고 2030년까지 건설자동화를 완성하는 것으로 계획되었다. 설계분야에 있어서는 현장측량한 내용을 바탕으로 2차원 CAD설계로 하던 것을 디지털화 단계에서는 드론측량을 도입하고 3차원 BIM설계를 정착시키며, 건설자동화 단계에서는 설계자동화를 이루는 것이다. 시공분야에서는 수동장비 검측, 현장 타설, 인력중심 현장 안전관리 하던 것을 디지털화 단계에서는 자동시공·검측, 공장제작 조립·정밀제어, 가상시공 리스크 관리로 바꾸며, 건설자동화 단계에서는 AI기반 통합 관제, 로봇을 활용한 자동시공, 예방적 통합 안전관리를 이루는 것이다. 유지관리 분야에서는 육안점검, 개별시스템 운영하던 것을 디지털화 단계에서는 드론·로봇 활용 점검, 빅데이터 구축으로 바꾸고, 건설자동화 단계에서는 로보틱 드론 자율진단과 디지털 트윈 기반 관리를 이룬다는 것이다. 로드맵 이행 방안으로는 다음과 같은 세가지 방안을 제시하고 있다. 첫째 민간의 개발유도 1. 발주제도 개선, 2. 테스트베드 지원, 3. 혁신 공감대의 확산, 둘째 공공의 역할 강화 1. 핵심기술 개발, 2. BIM 확산 여건 조성, 3. 공공기관의 역할 강화, 셋째, 스마트 생태계 구축 1. 스마트건설 지원센터 설치·운영; 2. 스마트건설 전문가 양성, 3. 지식플랫폼 구축·운영이다.

비전	스마트 건설기술 육성을 통해 글로벌 건설시장 선도
목표	2025년까지 스마트 건설기술 활용기반 구축, 2030년 건설 자동화 완성 1. 건설생산성 50% 향상 2. 건설 안전성(사망만인율 1.66→1.0) 3. 고부가가치 스타트업 500개 창업

로드맵

단계	2025	2030
설계	• 드론 측량 • BIM 전면 활용	• 자동지반모델링 • 설계자동화
시공	• 자동장비 활용 • 가상시공	• 로봇시공 • AI공사·안전관리
유지관리	• 드론 모니터링 • 빅데이터 구축	• 자동지반모델링 • 설계자동화

로드맵 이행방안

민간의 기술개발 유도	• 발주제도 개선 • 테스트베드 지원 • 혁신공감대 확산
공공의 역할 강화	• 핵심기술 개발 • BIM 확산 여건 조성 • 공공기관의 역할 강화
스마트 생태계 구축	• 스마트 건설 지원센터 설치·운영 • 스마트 건설 전문가 양성 • 지식플랫폼 구축·운영

〈그림 1.2〉 국토교통부의 2020년 스마트건설 추진 계획

단계	현재 전통기술	2025 디지털화	2030 건설자동화
설계	현장측량 2D 설계	드론측량 BIM 설계 정착	설계 자동화
시공	수동 장비, 검측 현장타설 인력 현장중심 안전관리	자동시공·검측 공장제작 조립, 정밀제어 가상시공 리스크 관리	AI기반 통합관제 로봇을 활용한 자동시공 예방적 통합 안전관리
유지관리	육안 점검 개별시스템 운영	드론·로봇활용 점검 빅데이터 구축	로보틱 드론 자율진단 디지털 트윈 기반 관리

〈그림 1.3〉 국토교통부의 2020년 스마트건설 단계별 추진 로드맵

또한 스마트 건설기술의 정성적 발전 방향을 제시한 바 있는데, 낡은 전통기술을 미래 첨단기술로 변모시킨다는 것이다. 구체적인 발전 방향을 세가지 카테고리로 묶어 제시하고 있는데 첫째는 데이터 중심기술로 도약시킨다는 것이며, 둘째는 기술 융복합을 통하여 건설업의

부가가치를 향상시킨다는 것이며, 셋째로는 고객지향 기술로 변모시킨다는 것이다.

분야	낡은 전통기술	미래 첨단기술
데이터 중심 기술로 도약	정보의 단절 경험에 의존 시행착오의 반복	정보의 공유 · 유통 데이터 활용 시뮬레이션을 통한 사전 예측
기술 융복합을 통한 부가가치 향상	고유 영역의 기술 중심 단계별 분절 광범위한 수동 · 반복 작업	기술융합의 활성화 건설全단계통합 고부가가치에 집중
고객 지향 기술로의 변모	숙련인력 노동 2D 공급자 중심	비숙련 인력, 자동화 3D+a 수요자 참여

〈그림 1.4〉 스마트건설기술의 정성적 발전 방향(국토교통부, 2020년)

〈그림 1.5〉 스마트건설기술의 분야별 변화의 방향(국토교통부, 2020년)

또한 스마트건설 도입에 따른 분야별 변화의 방향을 제시한 바 있는데 데이터 관리는 문서 기반에서 디지털 기반으로 바뀌게 되며, 참여자간 협업은 현장합사를 운영하던 방식에서 원격

협업 방식으로 바뀌게 되며, 유지관리에서는 협장인력 중심에서 디지털트윈 기반으로 바뀌게 되며, 대국민 서비스는 주로 문서 정보 서비스에서 AR/VR기반 체험서비스로 바뀌게 된다.

또 2022년에 국토교통부는 「스마트건설 활성화 방안 S-Construction 2030」 추진계획을 발표하였다. 목표는 '2030 건설 전 과정 디지털화·자동화'이며 목표달성을 위해 3대 중점 과제 아래 10개 기본과제와 46개 세부과제를 마련하였다. 주요 내용은 〈표 1.1〉과 같다.

〈표 1.1〉 스마트건설 활성화 방안 S-Construction 2030의 주요 내용

구 분	주요 내용
건설산업 디지털화	○ BIM 전면 도입을 위한 제도 정비 - BIM 발주자편/설계자편/시공자편 시행지침 제정('22.7) - 설계·시공 기준 디지털화, BIM 대가기준 마련 ○ 공공공사 중심으로 건설 전 과정 BIM 도입 - 공사비 규모, 시설분야 등에 따라 순차적 BIM 의무화 ○ BIM 전문인력 양성 - 국가전략 산업직종 훈련, 설계업체 교육 비용 지원, 청년인력 양성 ○ 민간부문 확산을 위한 지원 강화 - BIM 역량평가 신설, 해외진출 지원, 전문 자격제도 운영
생산시스템 선진화	○ 건설기계 자동화 및 로봇 도입 - 건설기준 로드맵 수립 및 제·개정 - 건설기계 MC/MG 장비, 품질, 안전 등 시공기준 제정('22.12) ○ 건설현장에서의 Off-Site Construction 활성화 ○ 시공분야 스마트 안전장비 확산 ○ 유지관리 분야 드론·로봇 등 첨단장비 활용 확대
스마트 건설 산업 육성	○ 스타트업 지원 및 강소기업 육성 ○ 스마트기술 평가항목 신설 및 기술중심의 평가 강화 ○ 스마트건설 법적 기구 구성 및 스마트건설 규제혁신센터 설치

1.3 스마트건설과 공간정보

1.3.1 스마트건설과 공간정보

스마트건설에서 공간정보는 매우 중요하다. 스마트건설의 핵심은 건설정보의 디지털화이기 때문에 스마트건설에서 측량을 통하여 얻게 되는 공간정보는 디지털 데이터 형태로 위치정보와 속성정보를 취득하는 것을 말한다. 디지털 형태로 취득된 측량 데이터는 다시 BIM 구축으로 이어지게 되므로 지형·지물에 대한 데이터는 점군데이터 형태로 취득하는 것이 효율적이다. BIM 설계를 위하여 이루어지는 현재 지형에 대한 지형 BIM의 구축이나, 공사관리나 유지관리를 위하여 현재 상태에 대한 디지털 트윈을 구축하는 작업 등이 측량으로부터 시작되게 된다. 따라서 이렇게 얻어지는 현재 지형이나 현재 시설물들에 대한 공간정보는 그 이후 구축되는 BIM의 정확도에 매우 큰 영향을 미치게 되므로 규정 및 기준에 따라 아주 세밀하게 구축되어야 한다. 그런 차원에서 무인비행장치를 활용하는 드론사진측량(UAV Photogrammetry)이나 라이다(LiDAR) 측량 등은 GNSS 측량기술과의 융합을 통하여 스마트건설을 견인할 수 있는 매우 효율적인 측량 방법이라고 말할 수 있다.

현재 국토지리정보원에서 발행하고 있는 수치지도 V2.0은 도형정보와 속성정보가 모두 포함되어 있는 지도이다. 점, 선, 다각형을 모두 이용하여 지형지물을 묘사하였으며, 속성정보 입력 규칙에 따라 작성되어 있다. UFID 속성에 따라 국토지리정보원이 고유식별자를 부여하여 특정 건물의 속성정보를 확인할 수 있는 지도이다. Shape 파일과 NGI 파일 포맷으로 제작·배포되고 있으며 축척 1:1,000과 축척 1:5,000의 두 가지 축척으로 제작되고 있어 설계자들에게 있어서 2D 설계를 위하여 중요한 자료로 활용되어 왔다. 그런데 이제 3D BIM 설계가 일반화되고 있으므로 3D 설계를 위한 3D 국가기본도의 발행이 필요한 시점이다.

1.3.2 건설측량 설계기준

국토교통부는 국가시설물에 대하여 설계단계에서 품질을 확보하고자 국가건설기준을 운영하고 있다. 설계단계에서는 건설기술진흥법 제44조(설계및시공기준) 및 동법 시행령 제65조(건설기준)에 따라 건설공사 설계기준(KDS; Korea Design Standard)을 국가건설기준으로 운영하고 있으며, 건설공사 설계기준(KDS)은 2024년 기준으로 21개 분야에 509개의 기준을 운영하고 있다. 설계기준(KDS)의 분야를 살펴보면 공통편에 공통 설계기준 등 5개, 시설물편에 가시설 설계기준 등 7개, 사업분야편에 건축구조기준 등 10개를 운영하고 있는데, 건설측량 설계기준(KDS 12 00 00)은 공통편에 포함되어 있으며, 상당수의 설계기준이 업데이트중에 있어 그 수는 계속 바뀔 전망이다.

건설측량 설계기준의 코드번호는 KDS 12 00 00이며, 건설공사 설계를 위한 측량의 일반적인 사항들을 정한 것으로 각종 시설의 조사·계획·설계를 위한 측량에 적용할 수 있다. 건설측량 설계기준은 설계측량 일반 1편, 건설공사 설계측량 8편, 디지털 설계측량 1편 등 총 10편으로 구성되어 있다. 건설측량 설계기준의 주요내용을 살펴보면 〈표 1.2〉와 같이 설계측량 일반에서는 설계의 기본이 되는 측량의 정확성에 기여하고 체계적인 기술과 성과품의 동일성 확보·관련 법규와 기준, 용어정의를 통해 적용범위를 제시하고 있다. 분야별 설계측량에서는 시설물별 설계측량을 위한 3차원 설계측량 및 시설물별 측량 계획수립, 절차, 방법, 품질관리, 측량성과품의 작성 등의 체계적인 설계측량 규정을 제정하고 있으며, 도로, 철도, 단지, 하천, 댐, 상하수도, 농업기반시설, 교량, 터널, 건축 등 10가지를 그 대상으로 하고 있다. 디지털설계측량에서는 디지털 설계에서 필요한 3차원 측량방법, 품질관리, 성과품 작성에 관한 사항을 건설현장 여건을 고려하여 적용할 수 있도록 세부사항을 제시하고 있다.

〈표 1.2〉 건설측량 설계기준(KDS 12 00 00)의 구성

건설측량 설계기준의 구성	코드		
	대	중	소
건설측량 설계기준	12	00	00
설계측량 기준		10	00
설계측량 일반사항			05
건설공사 설계측량		20	00
도로 및 철도 설계측량			05
단지조성 설계측량			10
하천 및 댐 설계측량			15
상하수도 설계측량			20
농업기반시설 설계측량			25
교량 설계측량			30
터널 설계측량			35

건축 설계측량			40
디지털 설계측량		30	00
3차원 디지털 설계측량			05

〈표 1.3〉 건설측량 설계기준(KDS 12 00 00)의 주요 내용

구 분	주요 내용
설계측량 일반 (KDS 12 10 00)	○ 설계의 기본이 되는 측량의 정확성에 기여하고 체계적인 기술과 성과품의 동일성 확보·관련 법규와 기준, 용어정의를 통해 적용범위를 제시 - 일반사항 : 목적, 적용 범위, 참고 기준, 용어의 정리 - 조사 및 계획 : 설계측량 계획 - 재료 : 설계측량 장비 및 부자재 - 측량설계 : 설계측량 기준, 3차원 설계측량 활용, 설계측량 성과 및 품질관리
분야별 설계측량 (KDS 12 20 00)	○ 시설물별 설계측량을 위한 3차원 설계측량 및 시설물별 측량 계획수립, 절차, 방법, 품질관리, 측량성과품의 작성 등의 체계적인 설계측량 규정을 제정 - 대상 : 도로, 철도, 단지, 하천, 댐, 상하수도, 농업기반시설, 교량, 터널, 건축 - 일반사항 : 목적, 적용범위, 참고기준, 용어정의 - 조사 및 계획 : 설계측량 계획 - 설계측량 : 시설물별 설계측량 방법, 3차원 설계측량의 활용, 품질관리, 측량성과품
디지털설계측량 (KDS 12 30 00)	○ 디지털 설계에서 필요한 3차원 측량방법, 품질관리, 성과품 작성에 관한 사항을 건설현장 여건을 고려하여 적용할 수 있도록 세부사항을 제시 - 대상 : 3차원 기준(수준)점 측량 및 3차원 영상데이터, 3차원 레이저데이터, 3차원 초음파 데이터, 모델 작성 - 주요 내용 : 측량계획, 측량방법, 데이터 취득방법, 품질관리, 측량성과품 정리

1.3.3 건설공사 측량 표준시방서

국토교통부는 국가시설물에 대하여 설계단계뿐만 아니라 시공단계에서도 표준이 되는 기준을 확보하고자 건설기술진흥법 제44조(설계및시공기준) 및 동법 시행령 제65조(건설기준)에 따라 국가건설기준을 운영하고 있다. 그것이 바로 건설공사 표준시방서(KCS; Korea Construction Specification)이며, 건설공사 표준시방서(KCS)는 16개 분야에 672개의 기준을 운영하고 있다. 표준시방서(KCS)의 분야를 살펴보면 공통편에 공통공사, 지반공사, 구조재료공사의 3개, 시설물편에 가설공사, 교량공사, 터널공사, 공동구공사, 설비공사, 조경공사의 6개, 사업분야편에 건축공사, 도로공사, 철도공사, 하천공사, 댐공사, 하수도공사, 농업생산 기반공사의 7개로 구성되어 있으나 건설공사 측량 표준시방서의 제정 등 지속적인 변화가 일어나고 있다.

건설공사 측량 표준시방서는 코드번호가 KCS 12 00 00이며 각종 분야별 건설공사의 물량산출 및 분야별 시공을 위한 측량에 적용될 수 있다. 건설공사 측량 표준시방서의 관리기관인 국토지리정보원은 2024년 기준으로 건설공사 측량일반 1편, 공통공사 측량 4편, 분야별 공사측량 8편 등 총 13편으로 계획하여 그 제정을 추진중에 있다.

〈표 1.4〉 건설공사측량 표준시방서(KCS 12 00 00)의 구성계획(국토지리정보원)

건설공사 측량의 표준시방서 구성(안)	코드		
	대	중	소
건설공사 측량	12	00	00
건설공사 측량 일반		10	00
건성공사 측량 일반사항			05
공통공사 측량		20	00
토공사 측량			05
배수공사 측량			10
옹벽 및 흙막이 가시설물공사 측량			15
포장공사 측량			20
분야별 공사측량		30	00
도로 및 철도공사 측량			05
단지조성공사 측량			10
하천 및 댐공사 측량			15
상하수도공사 측량			20
농업기반시설공사 측량			25

교량공사 측량			30
터널공사 측량			35
건축공사 측량			40

〈표 1.5〉 건설공사측량 표준시방서(KCS 12 00 00)의 주요 내용(국토지리정보원)

구분	주요내용
건설공사 측량 일반 (KDS 12 10 00)	○ 건설공사 측량은 건설공사의 시공, 준공 및 공사시설물 설치에 대한 측량과 스마트건설을 지원하는 3차원 측량 방법 및 측량기기의 선정, 측량성과 관리 등 일반사항 제시 - 일반사항 : 목적, 적용 범위, 참고 기준, 용어 정의, 스마트건설공사측량의 활용 - 재료 : 설계측량 장비 및 부자재 - 시공 : 시공 전 측량, 시공 중 측량, 준공측량 관련법규와 기준, 용어 정의, 적용 범위
공통공사 측량 (KDS 12 20 00)	○ 모든 건설공사에 공통적으로 필요한 측량의 계획수립, 절차, 방법, 품질관리, 측량성과품의 작성 등에 대한 체계적인 기준 제시 - 대상 공사 : 토공사, 배수공사, 옹벽 및 흙막이 가시설물 공사, 포장공사(4종) - 일반사항 : 목적, 적용 범위, 참고 기준, 용어 정의 등 - 재료 : 측량 장비 및 부자재 - 시공 : 각 공사별 필요한 측량계획, 측량 방법 및 절차, 품질관리, 측량성과품 정리
분야별 공사측량 (KDS 12 30 00)	○ 시설물별 측량 계획수립, 절차, 방법, 품질관리, 측량성과품의 작성 - 대상 공사 : 도로, 철도, 단지, 하천, 댐, 상하수도, 농업기반시설, 교량, 터널, 건축 - 일반사항 : 목적, 적용범위, 참고기준, 용어정의 - 재료 : 측량 장비 및 부자재 - 시공 : 각 공사별필요한 측량계획, 측량방법 및 절차, 품질관리, 측량 성과품 정리 등에 대한 사항을 시공전, 시공중, 준공으로 구분하여 각 공정별로 제시

1.4 스마트건설의 해외 사례

1.4.1 영국의 스마트건설

영국 정부가 추진하는 스마트 건설 전략은 2013년 7월에 발행한 'Construction 2025' 라는 영국 정부 보고서에 요약되어 있다. **'Construction 2025'**는 2025년까지의 건설분야 산업전략을 기술한 것으로, 네 가지 목표를 가지고 있다. 그 목표는 첫째, 건설환경에서 전체 수명의 온실가스 배출량 50 % 경감, 둘째, 건설사업의 구상부터 완료까지의 시공시간 50 % 단축, 셋째, 건설생애주기 비용의 33 % 절감, 넷째, 건설제품에 대한 무역 격차를 50 % 줄인다는 것이다. 이 보고서는 1994년 Latham 보고서, 1998년 Egan 보고서 및 2009년 Wolstenholme 보고서의 결과로 구현된 변경 사항을 기반으로 하고 있으며, "건설업계를 급진적으로 변화시킬 것"이라고 기술하고 있다. 또 젊은이들을 건설분야로 끌어들이기 위해 이 분야가 가지고 있는 그동안의 문제점들, 즉 비용 초과, 납기 지연, 계약 분쟁 및 기술 변화에 대한 적응 속도가 느리다는 인식들을 개선하고 작업 환경에 대한 일반인의 인식을 바꾸려는 노력을 내용으로 담고 있다. 이러한 산업분야의 변화를 주도하기 위해 건설 리더십위원회(Construction Leadership Council)를 설립하였으며, 연구 및 혁신에 대한 투자를 개선하고 Building Information Model(BIM)에 대하여 정부가 노력하겠다는 내용을 보고서에 담고 있다(HM Government, 2013). 또 영국 정부는 구체적인 건설전략으로서 'Government Construction Strategy'를 5년 단위로 수립하여 추진하고 있는데, 2011년과 2016년에 발표한 바 있다. 2016년도부터 2021년까지 추진되는 **'Government Construction Strategy'**에는 이 기간 동안 영국 정부가 17억 파운드의 효율성을 제공하고 20,000명의 견습생을 지원하여 건설생산성을 높이겠다는 계획이 제시되어 있다(Inrastructure and Projects Authority, 2016).

1.4.2 일본의 스마트건설

일본 국토교통성은 4차 산업혁명을 맞이하여 일본 건설업의 다양한 문제를 해결하기 위한 방안으로 생산성 향상이 제일 시급한 과제라고 판단하였으며, 1980년대부터 건설분야에 적용해 온 정보화시공, 로봇, CIM(Computer Integrated Manufacturing) 등의 기술이 완성단계에 이르렀다고 판단하여 ICT(Information & Communication Technology) 기술의 전면 도입을 통한 '생산성혁명 프로젝트'를 발표하였다. 2016년 발표된 이 '생산성혁명 프로젝트'에는 *i*-Construction을 비롯한 20개의 대표 생산성 혁명 프로젝트가 설정되었으며, *i*-Construction은 향후 예상되는 건설인력 부족에 대비하기 위하여 2025년까지 건설생산성을 20% 향상시킨다는 목표를 가지고 있다. 일본 *i*-Construction의 개요도는 <그림 1.6>과 같다.

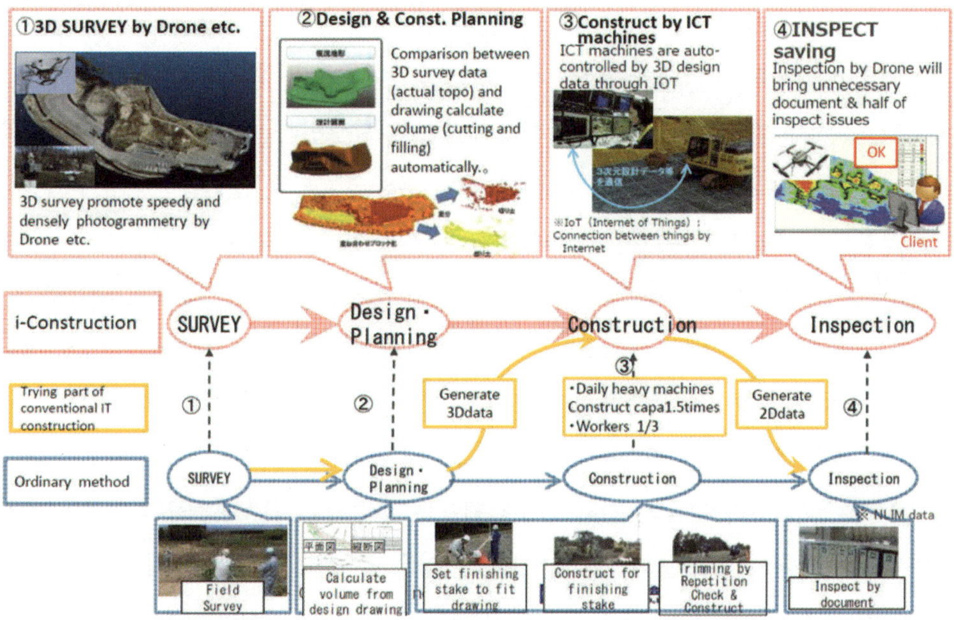

〈그림 1.6〉 일본의 *i* -Construction 개요도(Hatake, 2019)

일본 *i*-Construction의 주요 내용은 측량·시공·검사 등의 건설 프로세스에서 ICT를 활용하고, 건설현장의 생산성 향상을 꾀함과 동시에 임금수준의 향상, 안정적인 휴무 획득, 안전한 현장 등 건설현장의 변화를 추진하는 것을 목표로 하고 있다. 먼저 ICT 토공을 추진하며, 이를 바탕으로 토공 이외의 공종에 ICT기술을 도입하고, 컨소시엄을 통한 연구개발을 추진하며, 지방공공단체가 발주하는 공사에도 보급·촉진 하는 것을 목표로 하고 있다(Cho, 2017). ICT 토공이란 토공 프로세스의 모든 단계에서 3D 기공측량, 3D 설계데이터 작성, ICT건설기계에 의한 시공, 3D 완성형 관리 등의 시공관리, 3D 데이터의 납품과 같은 ICT 시공기술들을 전면적으로 활용하는 공사를 말한다. 이에 따라 일본의 건설현장은 생산성 향상과 관련하여 가시적인 성과를 나타내고 있다.

1.4.3 미국의 스마트건설

미국의 경우 각 주정부별로 정책이 입안되고 추진되다 보니 연방정부 차원에서 추진하는 스마트건설에 대한 정책은 눈에 띄지 않지만, 민간을 중심으로 시장이 움직여지는 나라답게 많은 스타트업 기업들이 출현하여 건설산업의 기술 변화와 디지털화를 주도해 가고 있다. '건설산업으로 진화하는 100개 이상의 스타트업 기업들'(100+ Startups Transforming The Construction Industry)이라는 CB Insights의 보고서에서는 2017년 기준으로 건설기술분야의 유망한 100개 이상의 스타트업 기업들을 설계기술, 안전, 시장(장비), 프론티어 기술 등을 포함한 13개의 주요 카테고리 및 하위 카테고리에 걸친 시장지도로 분류하고 있다(CBInsights, 2017). 여기서 특이한 것은 프론티어 기술(Frontier tech & Robotics) 카테고리는 드론(Drones), AR/VR, 건설로봇의 하위 카테고리로 분류되어 스타트업 기업들을 나열하고 있는데 그중 상당수가 세계적으로 변화를 선도해 가고 있는 기업이라는 것이다. 또한 건설산업을 분류하는 카테고리에는 데이터 및 분석(Data & Analysis), 협업 소프트웨어(Collaboration Software)와 같은 카테고리가 존재하고 있고 옛날과는 전혀 다른 기업들이 건설 스타트업으로 분류되고 있어 건설산업의 디지털화에 따른 다양한 변화를 읽을 수 있다. 또 미국은 연방조달청 (General Service Administration)의 주도로 3D(시각화) 및 4D(일정관리) BIM Program을 미국의 BIM 활용정책으로 추진하고 있으며, BIM의 활용과 도입을 증진시키려는 노력을 해오고 있다. 미국 연방조달청은 공공건물의 설계계약시에 설계도면 제출을 BIM 데이터로 납품하는 것을 의무화하였으며, 점차적으로 BIM의 적용을 3D에서 4D로 그 활용분야를 증진시키려는 노력을 해오고 있다. 따라서 미국의 건설시장은 민간기업을 중심으로 모바일 및 클라우드 기술, AI 및 로봇공학, AR/VR 및 BIM 소프트웨어 기술로 전환을 이루어가며 이러한 프론티어 기술들이 융합한 형태로 발전해 가고 있음을 알 수 있다.

〈그림 1.7〉 미국의 건설기술 시장 지도

CHAPTER

02 항공사진측량

2.1 항공사진측량의 원리

2.1.1 항공사진측량의 정의와 장단점

사진측량(Photogrammetry)은 태양에서 방사된 가시광선이 피사체에 반사되어 카메라 렌즈로 들어온 것을 이미지로 기록하여 좌표, 거리, 면적, 체적 등의 정량적 요소를 추출하고 피사체가 갖고 있는 형상, 질감, 색조 등의 정성적 정보를 해석해 내는 측량의 한 분야이다. 따라서 항공사진측량(Aerial Photogrammetry)은 항공기 또는 드론에서 찍은 사진영상을 이용하여 피사체에 대한 위치, 형상 및 특성을 해석하는 학문이라고 정의할 수 있다. 사진측량은 일반적으로 넓은 의미의 사진측량이라고 불리우는데, 이 광의의 사진측량은 다시 좁은 의미의 사진측량과 사진판독으로 나누어지게 된다.

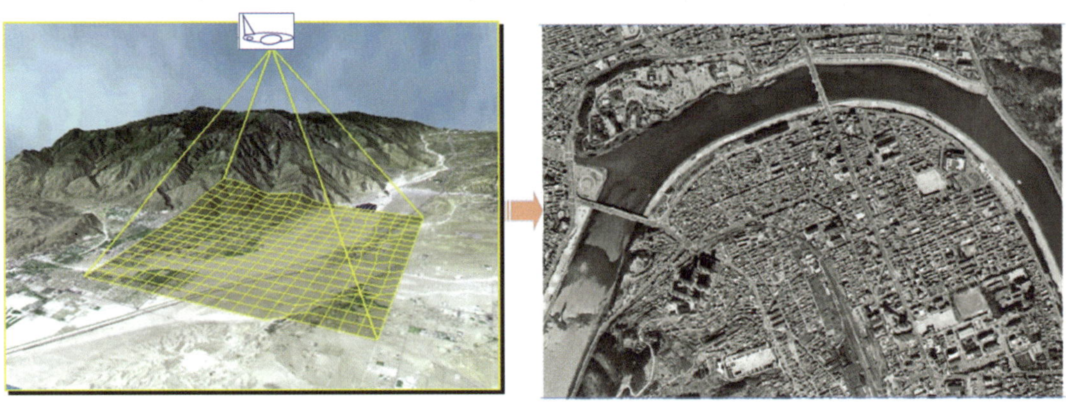

〈그림 2.1〉 항공사진측량

좁은 의미의 사진측량이란 피사체에 대한 위치와 형상을 해석하여 길이, 방향, 면적, 체적 등을 결정하는 정량적 해석을 말하며, 사진판독이란 사진상에 나타난 질감, 색조 등의 특성을 해석하여 피사체를 판별해 내는 정성적 해석을 말한다.

전통적인 측량기술과 비교하였을 때 항공사진측량이 가지는 고유한 장단점이 있으며, 먼저 장점을 살펴보면 다음과 같다.

① 정량적 해석과 정성적 해석이 가능하다.

전통적인 측량기술은 여러 점의 상호 위치관계 해석 즉 정량적 해석에 치우쳤으나 항공사진측량은 질감 및 색조 등의 특성 분석을 통하여 산림자원분석, 환경오염분석, 토지이용현황과 같은 정성적 해석도 가능하다.

② 접근하기 어려운 지역의 측량이 가능하다.

극지방 또는 접경지역과 같이 사람이 접근하기 어려운 지역에 대해서도 항공기나 인공위성을 이용한 사진촬영으로 정량적·정성적 해석이 가능해져 지도제작이나 정보의 취득이 가능하다.

③ 정확도의 균일성이 보장된다.

전통적인 측량기술은 외업중에 정확도가 달라질 가능성이 있으나, 항공사진측량은 주로 내업에 의하므로 보다 다음과 같은 정확도의 균일성을 보장할 수 있다.

평면(x,y) 정확도 : $\sigma_{xy} = (10\mu \sim 30\mu) \times$ 촬영축척분모수(m)

표고(h) 정확도 : $\sigma_H = (1/10{,}000 \sim 2/10{,}000) \times$ 촬영고도(H)

④ 움직이는 물체에 대한 4차원 측량이 가능하다.

항공사진측량은 시간의 변화에 따라 연속적으로 사진측량이 가능하므로 하천수의 흐름, 오염원 이동, 교통량 조사 등과 같은 작업이 가능하다.

⑤ 분업화에 따른 능률성이 있다.

항공사진측량은 비행계획, 사진촬영, 사진처리, 도면제작 등 공정의 구분이 명확하고 각 작업을 분업화할 수 있어 작업의 능률성을 꾀할 수 있다.

⑥ 축척변경이 용이하고 경제적이다.

전통적인 측량기술은 한번 제작된 도면이나 지형도의 축척을 바꾸려면 외업을 다시 실시해야 하나 항공사진측량은 촬영된 사진을 이용하므로 쉽게 축척을 변경할 수 있다. 또 항공사진측량은 매우 넓은 지역에 소축척으로 지형도 등을 작성할 때에는 전통적인 측량방법에 비하여 경제적이다.

반면에 항공사진측량은 다음과 같은 단점을 가진다.

① 항공사진측량은 항공기, 항공촬영용 카메라, 도화기 등 초기 시설비가 많이 든다.

② 기계의 숙련 및 조작이 어려워 해당 기술자들에게 많은 교육과 훈련이 요구된다.

③ 항공사진촬영시 기상조건, 태양고도의 영향을 많이 받으며, 음영지역 등으로 피사체에 대한 식별이 어려울 때는 현지에서의 보완측량이 요구된다.

④ 항공기를 이용할 때에는 소규모지역 측량에 비경제적이나 드론을 활용할 때에는 소규모지역도 경제적인 측량이 가능하다.

Beechcraft King Air HL 5239

Cessna 182T Skylane

〈그림 2.2〉 항공사진측량용 항공기 예

2.1.2 항공사진측량의 분류

항공사진측량은 항공기에 사람의 탑승 여부에 따라 유인항측과 무인항측으로 분류할 수 있는데, 유인항측은 기장과 촬영사가 함께 탑승하여 계획된 항로에 따라 사진을 촬영하던 항공사진측량을 말하며, 무인항측은 사람 탑승없이 드론을 활용하여 계획된 지역을 사진촬영하는 기술을 말한다.

또 촬영방향에 따라 촬영 경사각이 3° 이내인지 여부에 따라 수직사진과 경사사진으로 나뉘며, 경사사진은 지평선의 존재 여부에 따라 다시 고각도 경사사진과 저각도 경사사진으로 나뉘게 된다.

도화축척에 따른 분류에서는 축척이 1/500~1/3,000에 해당하는 대축척 도화(촬영고도 800m 이내)와 축척이 1/5,000~1/25,000에 해당하는 중축척 도화(촬영고도

800m~3,000m), 그리고 축척이 1/50,000~1/100,000에 해당하는 소축척 도화(촬영고도 3,000m 이상)로 나눌 수 있다.

화각에 따른 분류에서는 화각이 60° 이내의 협각 카메라는 잘 사용되지 아니하며, 화각이 60°인 보통각 카메라(화면거리 210㎜)는 주로 삼림조사용으로 사용된다. 화각이 90°인 광각 카메라(화면거리 152㎜)은 주로 지형도 제작용으로 사용되며, 화각이 120°인 초광각 카메라(화면거리 88㎜)는 소축척 도화용으로 주로 평지에서 사용된다.

〈표 2.1〉 항공사진측량의 분류

분류기준	분류	내용
촬영방향	수직사진	촬영 경사각이 3° 이내
	경사사진	촬영 경사각이 3° 이상
도화축척	대축척 도화	촬영고도 800m 이내
	중축척 도화	촬영고도 800~3000m
	소축척 도화	촬영고도 3000m 이상
화각	보통각 카메라	화각 60°, 초점거리 210㎜, 삼림 조사용
	광각 카메라	화각 90°, 초점거리 152㎜, 지형도 제작용
	초광각 카메라	화각 120°, 초점거리 88㎜, 소축척 도화용

〈그림 2.3〉 항공사진촬영용 광각카메라 (Leica RC-30)

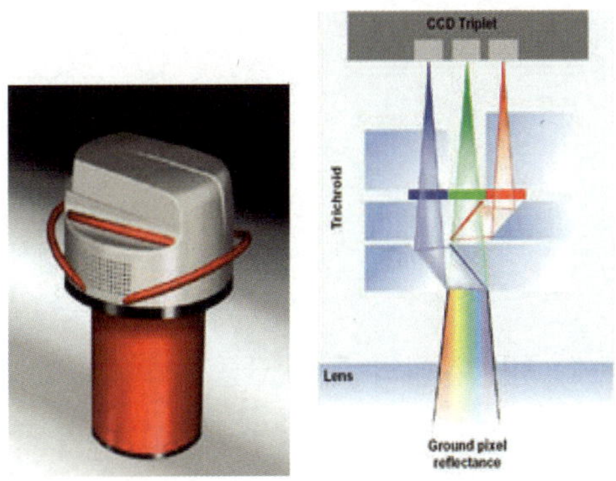

〈그림 2.4〉 디지털 항측용 사진기(Leica ADS40)

2.1.3 항공사진측량의 원리

1) 투영법

사진측량은 태양에서 방사된 가시광선이 대상물에 반사되어 카메라 렌즈로 들어오게 되는데 이를 투영광선이라 한다. 아래 그림에서 항공사진을 촬영할 때 지상점 A와 B는 투영중심점인 O를 통하여 사진상에 서로 반대 방향인 a와 b로 찍히게 된다. 이렇게 투영중심점을 통과하는 투영법을 중심투영이라고 한다. 반면에 항공사진을 가지고 지도를 제작할 때에는 사진상의 a와 b가 투영면에 그대로 직교하게 되는데 이를 정사투영이라고 한다.

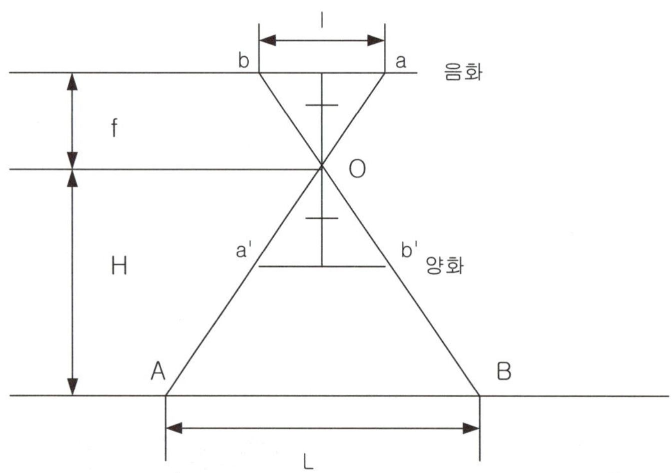

〈그림 2.5〉 항공사진의 촬영

2) 항공사진의 특수 3점

항공사진의 특수 3점은 주점, 연직점, 등각점으로 다음과 같은 성질을 갖는다.

① 주점(principal point) : 사진의 중심점, 렌즈의 중심으로부터 화면에 내린 수선의 발 (화면의 경사가 3°이내에서 비고가 작을 때)

② 연직점(nadir point) : 렌즈의 중심으로부터 지표면에 내린 수선의 발 N을 지상연직점이라 하고 화면과 만나는 점 n을 화면연직점이라 한다.

$mn = f \tan i$ (화면의 경사가 3°이내에서 비고가 클때)

③ 등각점(isocenter) : 주점과 연직점이 이루는 각을 2등분 한 것

$$mj = f \tan i/2$$ (지면이 평탄하고 화면경사가 클 때)

보통의 수직사진에서는 주점, 연직점, 등각점이 일치하여야 한다. 수직사진에서는 주점을, 고저차가 큰 지형의 수직 및 경사사진에서는 연직점을, 평탄한 지역의 경사사진에서는 등각점을 각관측 중심점으로 사용한다.

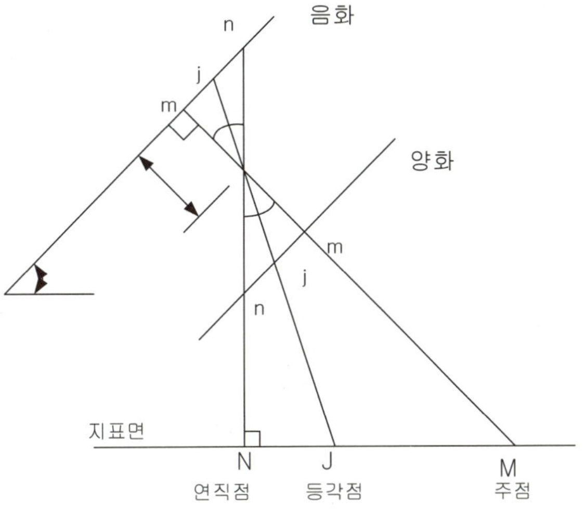

〈그림 2.6〉 항공사진의 특수 3점

2.2 촬영계획

2.2.1 사진축척과 C 계수

위 〈그림 2.5〉에서 지상점 A와 B는 사진상에서 a와 b로 나타나며 지상에서 AB의 길이 L은 사진상에서 ab의 길이 l로 표시된다. 또 투영광선은 항공촬영 카메라의 투영중심점 O를 지나가게 되는데, 이 투영중심점(렌즈중심)에서 필름까지의 거리를 화면거리(principal distance) 또는 초점거리라 하며, 투영중심점에서 지상면까지의 수직거리를 촬영고도(H)라 한다. 사진축척은 지표상의 거리(L)와 사진상의 거리(l)의 비율 또는 촬영고도(H)와 화면거리(f)의 비율로 다음 식과 같이 단위분수로 나타낸다. 아래 식에서 m은 축척분모수를 나타낸다.

$$M = \frac{1}{m} = \frac{l}{L} = \frac{f}{H} \tag{2.1}$$

지상면이 움푹 패이거나 능선과 같이 불룩 솟아 있어서 기준면과 높이차가 발생하는 것을 비고(h)라 하는데, 비고 h가 있는 경우에는 다음 식에 따라 축척을 결정한다. 기준면보다 높을 경우에는 촬영고도가 작아지므로 ($H-h$)를 적용하고, 기준면보다 낮을 경우에는 ($H+h$)를 적용한다.

$$M = \frac{1}{m} = \frac{f}{H \pm h} \tag{2.2}$$

항공사진의 축척(M)은 초점거리(f)에 비례하고 촬영고도(H)에 반비례한다.

C계수는 도화기의 성능과 정도를 표시하는 계수로 도화기마다 표시되어 있으며 제작하고자 하는 등고선 간격에 따라서 계획지역의 촬영고도를 결정하게 된다.

$$H = C \cdot \Delta h \tag{2.3}$$

$$\therefore \Delta h = \frac{H}{C}$$

여기서, H는 촬영고도를, C는 도화기 계수를, Δh는 등고선 간격을 의미한다.

2.2.2 촬영계획

1) 촬영코스

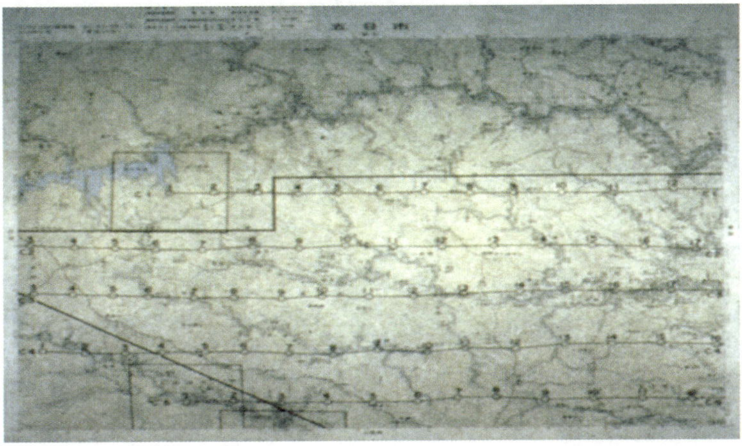

〈그림 2.7〉 촬영코스의 수립

촬영코스는 촬영지역을 완전히 덮고 코스 사이의 중복도를 고려하여야 하며 넓은 지역의 경우 동서방향으로 직선 코스를 취한다. 또 도로 하천과 같은 선형물체는 이것에 따른 직선 코스를 조합하며 지역이 남북으로 긴 경우에는 남북방향으로 촬영코스를 계획하며 한 코스의 길이는 보통 30km 이내로 한다.

2) 중복도

중복도는 촬영의 진행방향에 따라 중복시키는 종중복도와 촬영코스간에 중복시키는 횡중복도로 나뉜다. 종중복도는 보통 60% 중복을 기준으로 하며 최소 50% 이상은 중복시켜야 한다. 고저차가 촬영 고도의 10% 이상인 산악지역이나 고층빌딩이 밀집된 시가지는 중복도를 10~20% 높인다.

$$\text{종중복도}(p) = \frac{p_1 m_1 + m_1 m_2 + m_2 p_2}{a} \times 100(\%) \qquad (2.4)$$

여기서, $p_1 m_1 = m_2 p_2 = \frac{a}{2} - m_1 m_2$이고, $m_1 m_2$는 주점기선길이(b_0)로 임의의 사진의 주점과 다음 사진의 주점과의 거리를 의미한다. 또 p는 종중복도를, q는 횡중복도를, a는 사진 한 변의 크기를 의미한다.

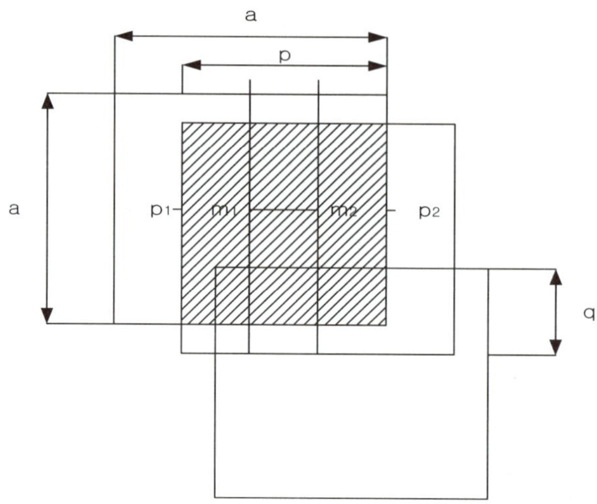

〈그림 2.8〉 앞뒤 사진의 중복

3) 촬영기선길이

하나의 코스를 촬영할 때 임의의 촬영점으로부터 다음 촬영점까지의 실제거리를 촬영기선길이(B) 또는 촬영종기선길이라 한다.

$$B = ma\left(1 - \frac{P}{100}\right) \tag{2.5}$$

인접 코스간의 촬영횡기선길이 C0 는 다음과 같다.

$$C_0 = ma\left(1 - \frac{q}{100}\right) \tag{2.6}$$

주점기선길이(b_0)와 촬영기선길이(B)와의 관계는 다음과 같다.

$$B = ma\left(1 - \frac{P}{100}\right) \text{ 이고 } b_0 = a\left(1 - \frac{p}{100}\right) \text{ 이므로}$$

$$B = m \cdot b_0 \Rightarrow b_0 = \frac{B}{m} \tag{2.7}$$

4) 촬영일시

늦가을부터 초봄까지 구름이 없는 쾌청일의 오전 10시부터 오후 2시(태양각 45˚이상)까지가 최적이며 사진촬영에 최적인 우리나라 연평균 쾌청일수는 80일 정도이다. 대축척 사진측정에서는 어느 정도 구름이 있거나 태양각이 30˚이상인 경우도 촬영이 가능하다.

5) 사진 및 모델의 매수

① 한 매 사진의 실제면적(A)

$$A=(m\times a)(m\times a)=m^2\cdot a^2=(m\cdot a)^2$$

$$\text{축척}^2=\frac{\text{도상면적}(a^2)}{\text{실제면적}(A)} \quad \Rightarrow \quad M^2=\left(\frac{1}{m}\right)^2=\frac{a^2}{A}$$

$$\therefore A=m^2\cdot a^2=(m\cdot a)^2=\frac{a^2\cdot H^2}{f^2} \quad \left(m=\frac{H}{f}\right) \tag{2.8}$$

② 사진의 유효면적

중복된 사진에 의해 형성되는 입체면적 중에서 2장의 사진에 의해 형성되는 1개 모델의 실제 유효면적은 다음과 같다.

i) 단코스의 경우

$$A_0=A\left(1-\frac{p}{100}\right)=(m\cdot a)^2\left(1-\frac{p}{100}\right) \tag{2.9}$$

ii) 복코스의 경우

$$\begin{aligned} A_0 &= A\left(1-\frac{p}{100}\right)\left(1-\frac{q}{100}\right) \\ &= (m\cdot a)^2\left(1-\frac{p}{100}\right)\left(1-\frac{q}{100}\right) \end{aligned} \tag{2.10}$$

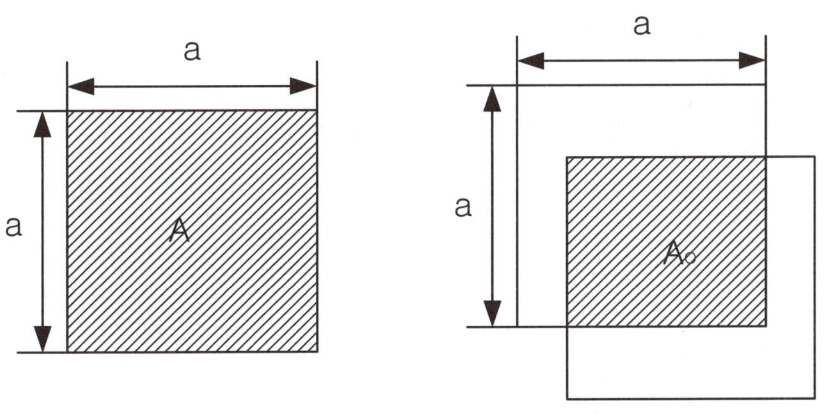

〈그림 2.9〉 사진의 유효면적

③ 사진매수 및 총모델수

모델이란 중복된 한 쌍의 사진에 의하여 입체시 되는 부분으로 입체모델 또는 스테레오 모델이라고 한다. 사진매수를 구할 때의 사진면적은 반드시 유효면적을 적용해야 한다.

i) $$\text{사진매수} = \frac{F}{A_0} \Rightarrow \frac{F}{A_0}(1 + \text{안전율}) \tag{2.11}$$

여기서, F는 촬영대상지역의 면적을 의미한다.

ii) 모델수에 의한 사진매수

$$\text{종모델수} = \frac{\text{코스의 종길이}}{\text{종기선길이}} = \frac{S_1}{B} = \frac{S_1}{ma\left(1 - \frac{p}{100}\right)} \tag{2.12}$$

$$\text{횡모델수} = \frac{\text{코스의 횡길이}}{\text{횡기선길이}} = \frac{S_2}{C_0} = \frac{S_2}{ma\left(1 - \frac{q}{100}\right)} \tag{2.13}$$

$$\text{총모델수} = \text{종모델수} \times \text{횡모델수} \tag{2.14}$$

$$\text{삼각점수} = \text{총모델수} \times 2 \tag{2.15}$$

④ 표정점의 배치 및 종류

i) 기준점(표정점) 선정

표정점은 X, Y, H가 동시에 정확하게 결정되는 점으로 상공에서 잘 보이는 명료한 점이어야 하고 시간적 변화가 없고 헐레이션(Halation)이 발생되지 않는 점이어야 한다. 또 급한 경사와 가상점은 사용하지 않도록 하며 지표면에서 기준이 되는 높이의 점이어야 한다.

ii) 표정점 배치

대지표정(절대표정)에 필요한 최소 표정점은 삼각점 (x, y) 두 점과 수준점 (z) 세 점이다.

2.3 항공삼각측량

항공삼각측량(aerial triangulation)이란 지상기준점 측량(ground control survey)과 대응되는 개념으로 지상기준점의 좌표를 항공사진측량방법에 의하여 결정하는 것을 말한다. 사진기준점 측량에서는 소수의 지상기준점 성과만을 이용하여 실내에서 관측된 사진좌표나 모델좌표를 조정계산을 통하여 측지좌표로 전환해 내는 매우 경제적인 측량방법이다. 항공사진을 재현하여 입체시하는 과정은 다음과 같은 내부표정, 상호표정, 대지표정의 단계를 거친다.

2.3.1 공선조건

항공사진의 가장 중요한 정보는 기하정보이며, 공선조건은 센서(카메라)와 지상점과 사진상 점의 기하관계를 표현하는 물리적인 모델이라고 할 수 있다. 공선조건은 항공사진측량의 기본적인 조건으로 사진상의 한 점과 렌즈의 중심, 그리고 이에 대응하는 지상점이 일직선상에 존재한다는 것이다.

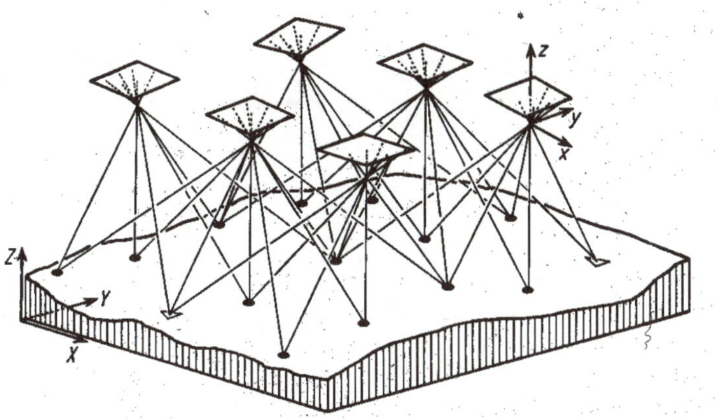

〈그림 2.10〉 항공사진의 지상면 촬영

항공사진은 〈그림 2.10〉과 같이 지상에 대한 촬영이 이루어진다. 이렇게 촬영이 되면 그림 2.10처럼 각각의 사진상에서 사진상의 점 a와 이에 대응하는 지상점 A와 투영중심점 L은 일직선상에 놓이게 된다. 이 때 사진상의 중앙점(주점)으로부터 a까지의 거리 x_a와 y_a는 다음과 같은 공선조건식에 의하여 구하게 된다.

$$x_a = x_0 - f\frac{m_{11}(X_A - X_L) + m_{12}(Y_A - Y_L) + m_{13}(Z_A - Z_L)}{m_{31}(X_A - X_L) + m_{32}(Y_A - Y_L) + m_{33}(Z_A - Z_L)} \tag{2.16}$$

$$y_a = y_0 - f\frac{m_{21}(X_A - X_L) + m_{22}(Y_A - Y_L) + m_{23}(Z_A - Z_L)}{m_{31}(X_A - X_L) + m_{32}(Y_A - Y_L) + m_{33}(Z_A - Z_L)} \tag{2.17}$$

공선조건식에서는 지상의 기준점 좌표와 이에 대한 사진좌표를 이용하여 각 사진의 외부표정요소(X_L, Y_L, Z_L, ω, φ, κ)를 구하게 된다. 여기서 x_a, y_a, x_0, y_0, f는 이미 알고 있는 기지값이므로 해를 구하기 위해서는 두 점의 평면기준점과 세 점의 표고기준점이 필요하게 된다.

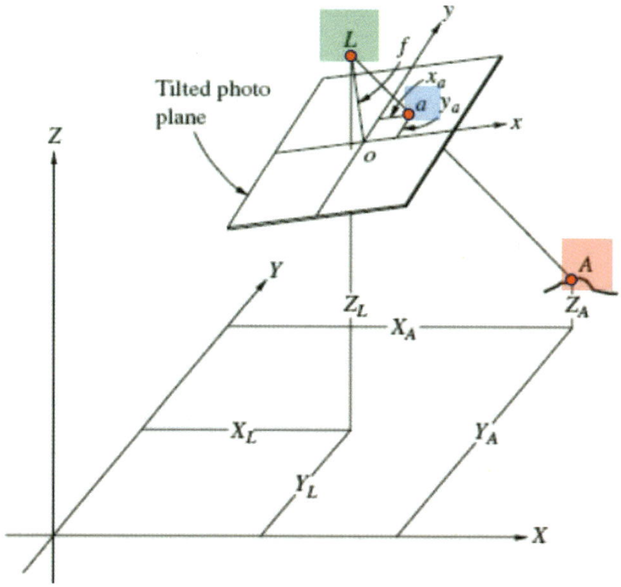

〈그림 2.11〉 지상점(A)과 사진상점(a)과 투영중심(L)의 관계

2.3.2 입체시

입체시란 사람의 두 눈으로 어느 특정점을 바라볼 때 두 눈의 시감의 차이에 의해 느껴지는 3차원적 입체감을 말한다. 이러한 입체감에 의하여 거리 뿐만 아니라 표고나 두께 등을 인식하게 된다.

1) 입체시 일반

① 입체시 : 중복사진을 약 25cm정도 떨어진 사람의 명시거리에서 왼쪽 사진을 왼쪽 눈으로 오른쪽 사진을 오른쪽 눈으로 보면 좌우의 상이 하나로 융합되면서 입체감을 얻게 되는 현상

② 역입체시 : 본래의 고저가 반대가 되는 현상으로 입체시 과정에서 높은 것은 낮게 낮은 것은 높게 보이는 현상, 한 쌍의 입체사진을 180˚회전할 경우 정상적인 여색입체시 과정에서 색안경의 적과 청을 좌우로 바꾸어 볼 경우 등이 있다.

2) 입체사진의 조건

① 1쌍의 사진을 촬영한 카메라의 광축은 거의 동일평면 내에 있어야 한다.

② 기선고도비(B : H = B/H)가 적당한 값이라야 하며 약 0.25 정도이다.

③ 2 매의 사진축척은 거의 같아야 한다. 축척차가 15%까지는 입체 시가 가능하며 장시간 입체시할 경우는 5%이내의 축척차 까지 가능하다.

3) 입체시의 방법

① 육안에 의한 입체시

사진 간격을 약 6cm 정도로 하고 좌측 사진은 좌측 눈으로 우측 사진은 우측 눈으로 보아서 입체감을 얻는 방법이다. (손가락에 의한 입체시, 스테레오그램)

② 기구에 의한 입체시

입체경에 의하여 입체시 하는 방법으로 렌즈식 입체경(볼록렌즈 65mm) 과 반사식 입체경(중심점, 주점간격 26cm)을 활용한다.

③ 여색 입체시

한 쌍의 입체사진의 오른쪽은 적색으로 왼쪽은 청색으로 현상하여 이것을 중복시서 인쇄한 것으로 왼쪽에 적색 오른쪽에 청색의 렌즈를 가진 안경으로 보면 입체감을 얻게 된다. 옛날의 디지털이 아닌 3차원 입체영화의 경우 이 애너그리프에 의한 입체감 방법을 이용하였다.

2.3.3 시차

사진측량의 입체시 과정에서 한 쌍의 사진에 있어서 동일점에 대한 사진상의 점이 기준면에 투영했을 때 한 점에서 만나게 되는데 이 때 한 점에서 일치하지 않아 생기는 종횡의 시각적인 오차를 시차라 한다. 즉, 연속된 두 장의 사진에서 중복부분상에 있는 어떤 점의 위치가 연직점으로부터 떨어져 있는 변위이다. 두 투영점 O', O"에서 나온 대응하는 광선이 높이 Z의 평면 r와 만나는 점을 A'와 A"로 한다. 아래 그림에서 r상의 벡터를 시차 p라 하고 시차 p의 x성분을 횡시차 P_x, y 성분을 종시차 P_y라 한다.

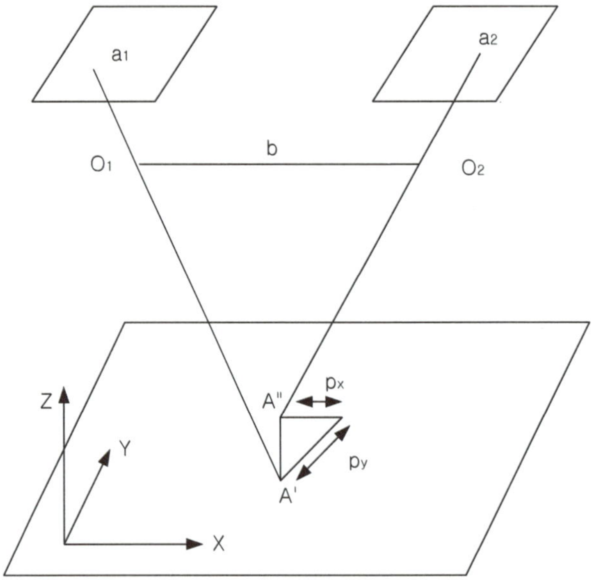

〈그림 2.12〉 시차

1) 시차차에 의한 비고량(h)

$$h = \frac{H}{P_r + \Delta P} \cdot \Delta P \tag{2.18}$$

여기서, H는 비행고도, ΔP는 시차차로서 $\Delta P = P_a - P_r$ 로 구한다. P_a는 건물정상의 시차이고, P_r은 기준면의 시차로서 $P_r = \frac{I + II}{2}$ 로 구한다.

2) 주점기선길이(b_0)를 측정한 경우의 비고량(h)

$$h = \frac{H}{b_0 + \Delta P} \cdot \Delta P \qquad (2.19)$$

2.3.4 내부표정(inner orientation)

내부표정이란 도화기의 투영기에 촬영당시와 똑같은 상태로 양화건판을 정착시키는 작업이다. 즉 화면거리 조정과 주점의 표정 작업이다.

2.3.5 상호표정(relative orientation)

양 투영기(한 모델을 이루는 좌우사진)에서 나오는 광속이 촬영당시 촬영면상에 이루어지는 종시차를 소거하여 목표 지형물의 상대적 위치를 맞추는 작업을 상호표정이라 한다. 즉, 상호표정은 실체시를 이루는 표정의 한 단계로 좌우 사진에서 나오는 빛다발의 상대적 위치가 그 사진이 찍힐 순간과 꼭 같게 만드는 과정을 말한다. 5개의 상호표정인자(κ(æ), ϕ, ω, b_y, b_z)를 사용하여 종시차 P_y를 소거하게 되는데 여기에는 Von Gruber의 경험적 방법, 해석적 방법, 도해적 방법 등이 있다. 상호표정을 완료하면 모델좌표를 얻을 수 있다.

입체시 사진측량에서는 사진이 만들어 내는 빛다발을 이용하여 실체시 모델을 재현하게 되는데 이때 한 Model을 이루는 좌우사진에서 나오는 빛다발(광속)의 상대적 위치가 사진이 찍힐 순간의 상대적 위치와 꼭 같게 만드는 과정을 상호표정(Relative Orientation)이라 한다. 그리고 이 상호표정의 과정은 투영면에 나타나는 종시차(P_y)를 소거함으로써 이루어지는데, 투영면에서의 상의 위치를 변화하게 하는 직접적 원인이 되는 것은 카메라의 운동이다. 즉 좌우투영카메라의 적절한 운동에 의해서 대응광선의 교차점의 위치를 변화시킴으로써 종시차를 소거하여 정확한 실체시를 할 수 있게 되는데 이 카메라의 운동을 상호표정의 인자라고 한다. 상호표정인자는 직선운동에 3개, 회전운동에 3개의 인자를 가지며 한쪽 카메라에 6개씩 좌우 12개가 있고 다음과 같다.

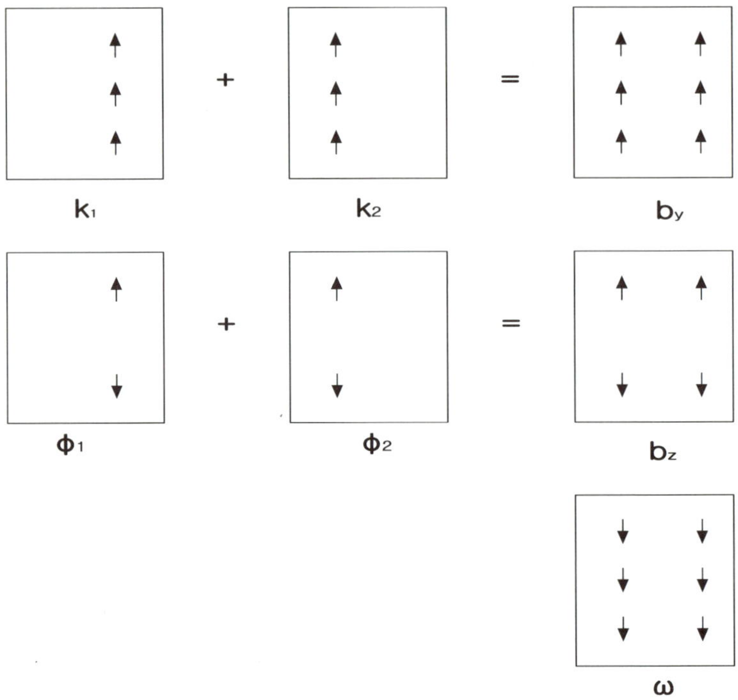

〈그림 2.13〉 상호표정 인자의 운동

① 직선운동(Translation)

- x축 위의 변위 : b_x
- y축 위의 변위 : b_y
- z축 위의 변위 : b_z

② 회전운동(rotation)

- x축 위의 회전 : 횡경사 ω
- y축 위의 회전 : 종경사 φ
- z축 위의 회전 : 회전(swing) k(æ)

그러나 x축 위의 변위 b_x는 종시차 P_y에는 나타나지 않으므로 실제로 사용되는 상호표정인자는 10개이고 이들을 선택적으로 조합하여 상호표정의 목적을 달성할 수 있다.

과잉수정계수(over correction factor)는 다음 식으로 구한다.

$$o.c.f = k' = \frac{1}{2}\left(\frac{h^2}{d^2} - 1\right) \tag{2.20}$$

여기서, $k' = \left(\frac{h^2}{d^2} - 1\right)$, $k' = \frac{1}{2}\left(\frac{h^2}{d^2}\right)$ 이고 ω에 관계된다.

2.3.6 절대표정(absolute orientation)

사진측량에서 촬영된 사진모델과 지형모델이 정확한 상사관계를 갖게 하기 위해서는 절대표정(Absolute Orientation)이라는 중요한 공정을 거쳐야 하는데, 이 절대표정에서 결정해야 할 미지량은 축척(λ), 방위각(Ψ), 횡경사(Φ), 종경사(Ω) 및 좌표전이 (X_o, Y_o, Z_o)의 7개의 표정인자이다. 이들 인자를 결정하기 위해서는 모델당 최소한 2개의 평면기준점과 3개의 표고기준점이 필요한데 이 점들을 모두 지상기준점측량에 의해서 측정하면 많은 시간과 경비가 소모(전체 경비의 60% 차지)되어 지도 제작의 병목현상(bottle neck)을 유발시킨다. 그러나 사진기준점측량에서는 소수의 지상기준점 성과만을 이용하여 실내에서 관측된 사진좌표나 모델좌표를 도해적 방법이나 조정계산(adjustment computations)을 통하여 측지좌표(절대좌표)로 전환해 내므로 매우 경제적인 측량법이다.

절대표정은 대지표정이라고도 하며 ① 축척의 결정 ② 수준면의 결정 ③ 위치의 결정으로 나누어지나 이 구분도 절대적인 것은 아니며 축척의 대체로 결정한 다음에 수준면을 결정하고 시차가 생기면 또 상호표정으로부터 다시 시작하여 다음 차례로 표정을 완성하여 나간다.

2.3.7 항공삼각측량의 조정 방법

항공삼각측량은 조정(adjustment)의 기본단위에 따라 번들조정법, 독립모델조정법, 스트립조정법으로 분류된다.

1) 번들조정법(bundle adjustment)

번들조정법은 상좌표를 사진좌표로 변환시킨 다음 여기에서 절대좌표를 구하는 것으로 수학적 기본식으로 공선조건식(Collinearity)을 사용하며 사진좌표에 관한 공선조건식은 외부표정요소(R , ϕ , ω , X_0 , Y_0 , Z_0)와 지상좌표(X , Y , Z)의 9개의 미지수의 함수로 표시된다. 이들 미지변수의 해결은 매트릭스(matrix)형태의 축약정규방정식을 만들어 가우스 소거법(Gauss elimination method) 등으로 해를 구한다.

2) 독립모델조정법(independent model adjustment)

독립모델조정법은 모델좌표를 입력자료로 사용하며 모델좌표값은 실체시 사진경이나 실체시 도화기를 이용하여 구한다. 절대표정은 해석적으로 실시하며 모델간의 접속은 결합점(tie point)을 이용하여 블록을 형성하고, 소수의 지상기준점을 이용하여 최소자승법으로 좌표를 해석하는 방법이다. 독립모델법에 의한 블록 조정의 방법에는 평면과 표고의 7개의 변수를 동시에 조정하는 방법(PAT-M7 Program 사용)과 평면(4개)과 표고(3개)를 분리하여 조정하는 방법(PAT-M43 Program 사용)이 있으며 후자의 방법이 계산시간이 짧기 때문에 많이 사용된다.

3) 스트립조정법(strip adjustment)

스트립조정법은 스트립(strip) 단위로 블록을 조정하는 방법으로 스트립 좌표가 입력자료로 사용되며 G. H. Schut의 조정 프로그램이 가장 대표적이다. 스트립 좌표는 만능도화기나 Multiplex형 기계로 첫 모델을 상호표정, 절대표정을 한 후 하나씩 접속표정을 해 가면서 스트립 좌표를 구하거나, 독립된 모델좌표나 사진좌표로부터 계산에 의해 구해서 사용하기도 한다. 스무딩(smoothing)과 변환(transformation)의 과정을 다항식을 이용하여 보간 조정하기 때문에 다항식조정법(polgnomial adjustment)이라고도 불리운다. 헬머트(Helmert) 변환식이나 코시-리만(Cauchy-Riemann)의 차분식이 좌표변환 기본식으로 사용된다.

항공삼각측량에 필요한 표정점의 수는 다음 식으로 구하게 된다.

$$\text{표정점의 수} = \frac{n}{2} + 2 \tag{2.21}$$

여기서, n은 모델수를 의미한다.

2.4 사진판독

항공삼각사진측량은 종래측량과 달리 정량적 해석뿐만 아니라 정성적 해석이 가능하다. 이때 이러한 정성적 해석을 가능하게 하는 것이 사진판독이며, 여기서 얻은 자료는 자원, 환경, 산림 등 여러 분야에 널리 쓰이게 된다. 따라서 사진판독이란 사진에 의하여 얻은 정보를 목적에 따라 적절히 해석하는 기술로서 위치, 크기, 형상 등을 결정하고 자원 및 환경 등의 조사에도 쓰인다.

2.4.1 사진판독의 분류

① 정량적 사진판독
 대상물의 위치, 크기, 형상 등을 결정한다.

② 정성적 사진판독
 대상물의 자원 및 환경 등의 정보조사에 이용된다.

2.4.2 사진판독요소

① 크기(size) : 피사체가 갖는 입체, 평면의 넓이나 길이며 가장 기본적인 요소이다. 촬영고도 (H)와 초점거리 (f)를 이용하며, 특히 다른 것과의 상대적 크기를 고려한다. 육안의 분해능이 0.2mm이므로 크기는 사진상에 0.2mm 이상으로 나타나지 않으면 판독이 불가능하다.

② 형상(shape) : 목표물의 윤곽, 구성, 배치 및 일반적인 형태이다. 사진에서의 상과 지상에서의 시각은 다르므로 수직으로 보이는 형태를 습관화해야 한다.

③ 음영(shadow) : 피사체에 윤곽을 주는 것으로 판독사의 빛의 방향과 촬영시 빛의 방향과 일치시켜 입체감을 얻는다. 산악지대의 경우에는 입체감각이 반대로 되기 쉬우므로 판독시 주의해야 한다.

④ 색조(tone color) : 피사체가 갖는 빛의 반사에 의한 것으로 인간의 망안으로는 보통 10 ~ 15단계의 구별이 가능하다. 이때 색조는 피사체의 위치, 각도 촬영시의 기후, 필름의 감광성, 인화의 처리법, 인화의 종류, 필터의 성질에 영향을 받는다.

⑤ 질감(texture) : 앞의 요소들의 조합으로 구성되며 거칠음(coarseness), 밀(fineness), 조(roughness), 평활(smoothness)의 4단계로 표시된다. 특히 축척에 따라서 질감이 다르다.

⑥ 모양(pattern) : 피사체의 배열상황에 의하여 판별되는 것이며, 항공사진에서 볼 수 있는 식생, 지형, 지표상의 색조 등을 말한다.

⑦ 위치 상호관계(location situation) : 주위의 사진상과 어떠한 관계가 있는지를 파악하는 것이다. 항공사진의 축척이 작아서 개개의 사진상에 대한 관찰이 어려울 때 특히 사진상의 상호관계를 고찰하는 것이 중요하다.

⑧ 과고감(vertical exaggeration) : 지표면의 기복을 과장하여 나타낸 것이며 사진상의 표고의 정확도가 평면의 정확도에 비해 낮음에 기인한다. 따라서 낮고 평탄한 지역의 지형판단에는 도움이 되나, 경사면이나 높은 지역은 오판의 가능성이 있다.

CHAPTER

03 드론사진측량

3.1 무인비행장치 드론

3.1.1 무인비행장치 드론의 정의

무인비행장치(UAV)란 Unmanned Aerial Vehicle로 사람이 탑승하지 않은 비행장치로 원격으로 조종되는 것을 말한다.

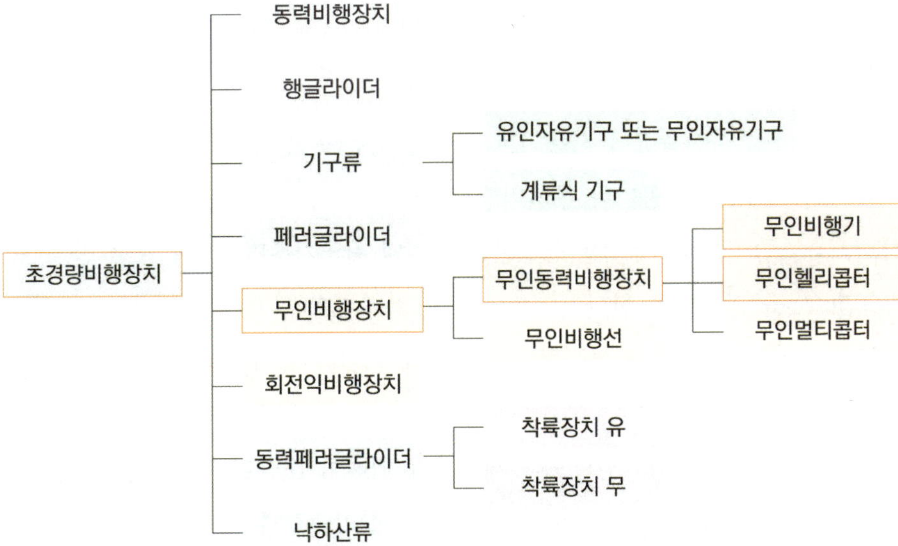

〈그림 3.1〉 초경량비행장치의 분류

항공안전법상 드론은 〈그림 3.1〉에서 보는 것과 같이 초경량비행장치의 무인비행장치에 해당한다. 따라서 정확한 명칭은 무인비행장치로 구분되어야 하며 국토지리정보원에서는 「무인비행장치측량 작업규정」을 제정하여 무인비행장치를 이용한 사진측량시 이를 준수토록 하고 있다. 무인비행장치는 사업용과 비사업용으로 구분되며 사업을 위해서는 초경량비행장치용 사업자로 등록하여야 한다.

무인비행장치의 역사는 1930년대 영국 공군에서 시작되었다. 영국 공군의 훈련기로 쓰였던 'DH.82'라는 기체가 퇴역하게 되면서, 이 비행기를 항공전투 연습용으로 무인비행기로 개조하였다. 이렇게 개조한 세계 최초의 무인비행기에 'DH.82. QueenBee(여왕벌)'이라는 이름이 붙여지게 되었는데, 이 비행기를 보고 미국 해군에서도 이와 비슷한 무인 항공기를 따라 만들면서 QueenBee에 맞서는 Drone(숫벌)이란 이름을 붙이게 되었다. 이로서 무인비행장치를 드론이라고 일컫게 되었다.

미국 연방항공청(FAA)은 UAS(Unmanned Aircrafe System)를 정의함에 있어서 무인비행장치(UAV)와 조종자, 지상통제소와 항법시스템 그리고 지상통제소와 무인비행장치 사이의 데이터 링크가 필요하다고 정의한 바 있다.

3.1.2 용어의 설명

무인비행장치 드론사진측량에 사용되는 용어는 다음과 같다.

- 항공사진(aerial photograph): 항공기나 무인비행장치 또는 기구 등 공중에서 지상을 촬영한 사진
- 촬영고도(flying height): RGB 센서를 탑재한 비행기의 촬영기준면을 기준으로 한 고도, 고도는 평균해수면(MSL)을 기준으로 한다.
- 지상기준점(ground control point): 외부표정요소를 구하기 위하여 지상에서 기준점 측량을 통하여 좌표를 획득한 기준점
- 검사점(check point): 항공사진의 정확도를 체크하기 위하여 지상에서 기준점측량을 실시한 기준점. 항공삼각측량에 쓰이지 않는다는 점에서 지상기준점과 구별된다.
- 외부표정(exterior orientation): 사진을 도화기의 투영기에 걸고 그 투영기를 사진이 촬영될 때와 같은 상태가 되도록 하는 작업
- 외부표정요소(EOP, exterior orientation parameter): 외부표정을 수행하기 위한 6가지 요소로 영상촬영 당시의 촬영점의 3차원좌표(X_0, Y_0, Z_0)와 회전요소(κ, φ, ω)를 말한다.
- 항공삼각측량(aerial triangulation): 항공사진을 이용하여 내부표정, 상호표정, 절대표정을 거쳐 사진상 여러 점의 절대좌표를 구하는 방법

- 포인트 클라우드(point cloud): 드론이나 LiDAR측량을 통하여 생성되는 구름처럼 많은 점들의 집합으로 점군데이터로 해석되기도 한다. 3차원 좌표와 속성정보를 가지며 피사체의 형상과 영상을 만들어내는 기본단위가 된다.
- RGB 센서: Red, Green, Blue의 빛으로 조합되는 0.4μm~0.7μm 가시광선 대역을 측정하는 컬러사진 카메라
- IMU(inertial measurement unit): 이동물체의 속도와 방향, 가속도를 측정하는 관성측정장치, IMU는 기준방향을 감지하는 자이로스코프(gyroscope)와 속도변화를 측정하여 이동체의 roll, yaw, pitch를 감지하는 가속도계와 방위각을 측정하는 지자계 센서로 이루어진다.
- LiDAR(light detection and ranging): 레이저 펄스를 쏘고 되돌아오는 반사파의 시간차로써 물체와의 거리를 정밀하게 측정하는 장치로, 소형 LiDAR를 드론에 장착하여 RGB센서와 동시에 촬영하면 더 정확한 수치표고모델을 만들 수 있다.
- 정사투영(orthogonal projection): 도형이나 물체를 다른 평면에 옮겨 그릴 때 보는 시점을 그 평면으로부터 수직방향으로 두고 그리는 방법으로 투영광선이 투영면에 직교하게 된다.
- 정사영상(orthoimage): 사진촬영 당시의 카메라 자세 및 지형 기복에 의해 발생된 물체의 변위를 정사보정 작업을 통하여 제거한 영상으로, 옆으로 기울어진 것처럼 보이는 형상이 정사보정을 거치면 수직으로 내려다 본 영상으로 표현된다.
- 수치표면모델(digital surface model): 드론으로 촬영된 3차원 포인트 클라우드 데이터(수치표면자료)를 이용하여 메쉬를 형성하고 일정한 격자간격으로 분포된 지점의 표고를 일정한 규칙에 따라 수치화하고 컴퓨터에서 지형을 재현·묘사한 것
- 수치표고모델(digital elevation model): 수치표면모델에서 수목, 건물, 구조물 등의 지표 피복물에 해당하는 포인트 데이터를 제거하고 순수하게 지면만 나타나도록 일정한 규칙에 따라 수치화하여 만든 모델

3.1.3 드론의 종류

무인비행장치 드론은 고정익과 회전익 그리고 두가지를 조합한 하이브리드형으로 나뉜다. 고정익(fixed wing UAV)은 동체와 날개가 고정되어 있어 고속으로 운항이 가능한 항공기를 의미하며, 회전익(rotary wing UAV)은 헬리콥터처럼 좁은 장소에서 이착륙이 가능하도록 동체에 회전하는 날개인 로터나 프로펠러가 장착되어 정지한 상태에서도 수직방향의 추력을 발생할 수 있는 항공기를 말한다. 하이브리드형은 고정익의 고속운항이라는 장점과 회전익의 수직이착륙의 장점을 조합하여 만든 것으로 VTOL(Vertical Take-Off and Landing)이라고 불리우기도 한다. 드론의 기종별 특징을 비교한 내용은 〈표 3.1〉과 같다.

〈표 3.1〉 드론의 기종별 비교

구 분	고정익	회전익	하이브리드
형 태			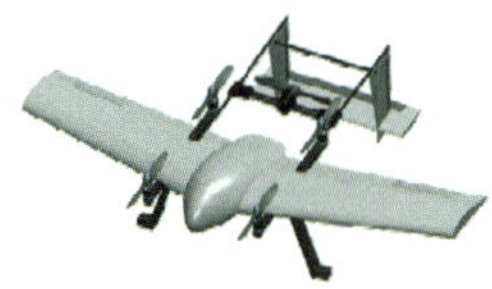
특 징	• 추력 및 양력발생장치가 분리된 형태로 전진 방향으로 가속을 얻으면 날개에서 양력을 발생하여 비행 • 고속으로 비행하므로 고효율 작업을 수행	• 수직 이착륙 • 정지촬영(호버링)에 적합 • 로터형, 덕트형, 멀티콥터형 등으로 구분함 • 저고도, 고해상도 영상취득 가능	• 수직 이착륙형 • 이착륙은 회전익과 같이 수직으로, 비행은 고정익과 같이 빠르게 • 고효율 비행 및 안전한 이착륙 형식
속 도	빠름	느림	비교적 빠름
비행면적	넓음	좁음	비교적 넓음
비행시간	긴 비행시간	짧은 비행시간	비교적 긴 비행시간
정밀도	보통 - 우수	양호 - 우수	보통 - 우수
장 점	• 경량이며 자동비행 • 빠른 비행으로 작업 능률이 높음 • 장시간 비행 가능	• 물체의 근접, 정지 촬영이 가능 • 다양한 탑재체 이용 • 소규모 이착륙 공간	• 빠른 비행으로 작업 능률이 높음 • 소규모 이·착륙공간 • 다양한 탑재체 이용
단 점	• 이착륙 공간 필요 • 기체의 흔들림에 의해 영상품질 저하 가능성 • 정지비행(호버링) 불가	• 비행시간이 짧고, 촬영 면적이 좁음 • 기체의 조종술 필요 • 추락 시 인명 및 재산피해 발생 우려	• 기체의 조종술 필요 • 비교적 무거운 기체 • 빠른 비행으로 인한 영상품질 저하 가능성 • 추락 시 인명 및 재산피해 발생 우려

3.2 드론사진측량(UAV Photogrammetry)의 절차

UAV(Unmanned Aerial Vehicle) Photogrammetry는 원문을 그대로 해석하면 무인비행장치 사진측량으로 해석된다. 그러나 일반인들이 무인비행장치라는 용어 대신 드론이라는 용어를 많이 사용하다 보니 무인비행장치측량과 드론사진측량은 동일한 의미로 사용되게 되었다. 국토지리정보원에서 고시한 「무인비행장치측량 작업규정」의 작업순서(그림 3.2)에 따라 드론사진측량의 절차를 설명하고자 한다.

작업계획 수립

↓

대공표지 설치 및 지상기준점측량

↓

드론항공사진 촬영

↓

항공삼각측량

↓

수치표면모델(DSM) 및 수치표고모델(DEM)의 제작

↓

정사영상의 제작

↓

지형·지물의 묘사

↓

수치지형도의 제작

〈그림 3.2〉 드론 사진측량 절차 순서도

3.2.1 작업계획 수립

드론사진측량의 작업계획 수립은 촬영계획 수립과 현장답사로 나뉘게 된다.

1) 촬영계획 수립

촬영계획 수립단계는 전체적인 사진측량의 계획 수립단계로 사진측량 대상지로부터 촬영구역 설정, 드론 이착륙지 선정, 개략적인 지상기준점 위치 선점, 비행공역의 확인, 촬영 및 비행허가 신청, 배터리 충전지 확보의 항목들로 구분되게 된다.

먼저 촬영 구역설정은 대상지역 전체에서 만족할만한 사진측량 성과를 얻기 위해 구역을 설정하는 과정으로 건설공사 촬영시 공사 설계도를 이용하여 구역을 설정하는 것이 좋다. 구역 설정시는 설계도상의 공사구역보다 일정 간격을 넓혀 구역을 설정하는 것이 가장 효율적이다. 단지나 도로공사의 경우 설계도 외곽선에서 약 50m 확장하여 촬영하였을 때 가장 효율적이다. 이착륙지 선점은 선정된 드론의 통신 가능거리를 기준으로 선정하며, 이착륙지가 설정된 촬영구역의 중심쪽에 오도록 지정하는 것이 가장 좋으며 가능한 평평하고 주변 장애물이 없는 곳으로 여러 곳을 선정한다. 지상기준점과 검사점은 공사로 인해 지형이 변경되지 않는 위치를 선점하는 것이 가장 좋고 공사현장에 위치한 공사기준점을 이용해도 좋다, 이착륙지와 지상기준점 및 검사점 선점이 모두 완료되면 촬영허가 및 비행승인 신청을 실시해야 한다. 촬영허가 전 비행공역을 확인하여 촬영허가만 진행할 것인지, 비행허가도 진행해야 되는지 확인해야 한다. 아울러 비행금지구역 또는 관제권이 아닌 지역의 경우 촬영허가서에 명시된 촬영구역의 관할 군부대에 연락하여 촬영사실을 확인하고 촬영된 사진에 대해 보안성 검토를 받아야 한다.

촬영계획 수립시 기상조건을 잘 고려하여야 한다. 고려해야 할 기상조건은 바람, 비, 안개, 구름의 양 등이 있으며, 일기예보나 기상정보를 통해 최대한 확인해야 하며, 드론촬영 가능 일자를 많이 확보해 두는 것이 좋다. 비행시뮬레이션을 통해 비행에 소요되는 시간을 개략적으로 파악하고, 약 1.5배의 시간을 추가하여 관제권자와 협의하는 것이 좋다. 대부분의 관제권에서는 비행시작전과 종료 후 보고를 통해 관제하지만, 사고의 위험도가 높은 지역은 관제권에서 수시보고를 원칙으로 하고 있다. 드론 촬영에 가장 좋은 시간은 태양의 고도가 높아 대상물의 그림자에 의한 음영이 발생하지 않는 오전 10시부터 오후 3시까지이다. 모든 계획단계가 완료되면 비행시뮬레이션을 통해 일정 및 준비사항에 대해 최종적으로 체크하는 것이 좋다.

2) 현장답사

드론 사진측량에 있어서 현장답사는 필수적이므로 반드시 실시해야 한다. 촬영계획 수립단계에서 선정한 이착륙지와 지상기준점의 위치를 확인하고, 드론 비행에 있어 문제가 되는 요소를 사전에 확인하여야 안전사고를 예방할 수 있다.

현장답사의 주요사항은 선정된 이착륙지에 장애물이 있는지를 확인하여 최적의 이착륙지를 선택하게 된다. 선정된 이착륙지를 제외한 나머지는 비상착륙지로 선정하고 자동경로비행 프로그램에 입력하여 비상상황에 대비한다.

촬영계획에 따라 비행시뮬레이션을 진행하고 항공영상 및 로드뷰를 통해 현장상황을 확인했어도 현장상황은 매우 다를 수 있으며, 드론 비행에 방해가 되는 장애물이나 송전탑 등 전파 방해요소, 주변지형의 조건, 안전에 문제가 되는 요소를 확인해야 한다.

위와 같은 문제가 확인되는 경우 비행경로의 방향을 수정하거나 고도 및 중복도 등의 비행 고려요소를 수정하여 안전한 비행이 될 수 있도록 비행계획을 수정한다.

3.2.2 대공표지 설치 및 지상기준점측량

1) 대공표지의 설치

지상기준점측량이란 지상기준점 및 검사점을 설치하고 측량하는 작업으로서 3차원 형상 복원계산에 필요한 수평위치 및 표고의 기준이 되는 점 및 3차원 포인트 클라우드 데이터의 검증을 실시하는 점을 설치하는 작업을 말한다. 지상기준점 및 검사점에는 대공표지를 설치하여야 한다. 대공표지는 설치목적, 항공사진의 축척, 지형의 배색, 관측 장비 등을 고려하여 형상, 크기, 색을 결정하며, 주로 사용되는 형식은 그림 3.3과 같다. 대공표지판의 가로, 세로 길이는 0.5 m×0.5 m 또는 원형의 지름은 0.5 m 를 표준으로 한다.

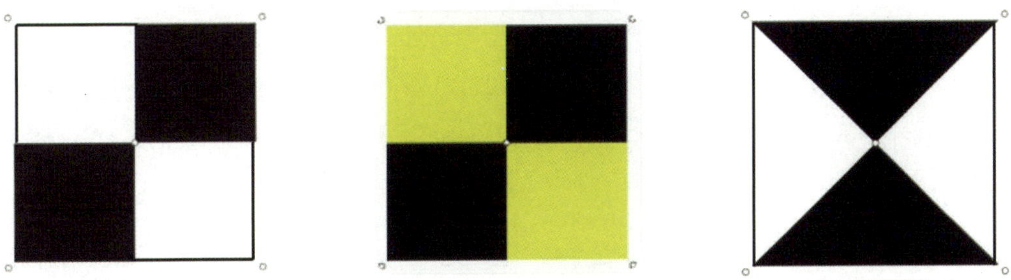

(a) 바둑판형(흑백) (b) 바둑판형(흑노랑) (c) X형(흑백)

〈그림 3.3〉 대공표지의 종류

항공사진 상에서 주변 지물과 색조의 차이가 명료한 구조물을 측정할 수 있는 경우는 그 구조물을 지상기준점 및 대공표지로 대체할 수 있다. 대공표지의 변장 또는 원형의 직경은 촬영하는 수치사진에 15화소 이상으로 찍히는 크기를 표준으로 한다.

대공표지의 설치는 선점은 사진 상에서 명확히 분별될 수 있는 지점으로 하며 수량은 1

㎢당 12점 이상을 원칙으로 한다. 다만, 도로, 하천, 관로 등 긴 노선의 경우에는 형태 및 설치방법을 다르게 할 수 있다. 대공표지의 배치는 작업지역의 형태, 코스의 방향, 작업 범위 등을 고려하여 외곽 및 작업지역에 다음 그림과 같이 가능한 고르게 배치하되, 작업지역의 각 모서리와 중앙 부분에는 지상기준점이 배치되도록 하여야 한다. 검사점의 수량은 지상기준점 수량의 최소 1/3 이상으로 하여야 한다. 다만, 검사점의 수량이 3점 이하인 경에는 3점으로 한다.

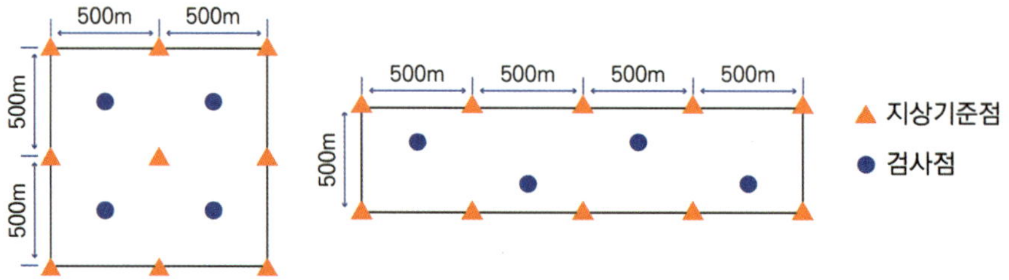

〈그림 3.4〉 지상기준점과 검사점의 배치

2) 지상기준점측량

지상기준점측량은 평면기준점 측량과 표고기준점 측량으로 구분하며 평면기준점측량은 삼변, 삼각, 다각, GNSS 측량으로 표고기준점측량은 직접수준측량으로 한다. 다만 불가피한 경우에는 간접수준측량으로 실시할 수 있다. 지상기준점과 검사점은 1㎢를 기준으로 지상기준점 9점, 검사점 3점 이상 관측하하여야 하며, 지상기준점 및 검사점은 색조가 적절하여 분별할 수 있어야 하고 최소 5장 이상의 사진상에서 명확히 분별 될 수 있어야 한다. 또한 지상기준점 및 검사점은 천정의 시계가 45° 이상 확보하여야 하며, 경사변화나 변위가 없는 위치이어야 한다.

지상기준점 측량방법에서 평면기준점측량은 "공공측량 작업규정"의 공공삼각점측량이나 네트워크 RTK 측량방법 또는 "항공사진측량 작업 및 성과에 관한 규정"의 지상기준점 측량방법을 준용한다. 표고기준점측량은 "공공측량 작업규정"의 공공수준점측량 방법을 준용한다. 이 때 평면 및 표고기준점측량의 오차 허용범위는 다음 표와 같다.

〈표 3.2〉 평면기준점 오차 허용범위

도화축척	평균제곱근오차
1:500~1:600	±0.1 m 이내
1:1,000~1:1,200	〃

〈표 3.3〉 표고기준점 오차의 허용범위

도화축척	평균제곱근오차
1:500~1:600	±0.05 m 이내
1:1,000~1:1,200	±0.10 m 이내

3.2.3 드론항공사진 촬영

1) 촬영계획

촬영계획은 요구 정밀도, 사용 장비, 지형 형상, 기상여건 등을 고려하여 수립한다. 중복도는 촬영 진행방향으로 65% 이상, 인접코스 간에는 60% 이상으로 하며, 지형의 기복이 크거나 고층 건물이 존재하는 경우에는 촬영 진행방향으로 85% 이상, 인접 코스간에는 80% 이상으로 촬영하여야 한다.

〈표 3.3〉 드론 촬영 중복도

구분	평탄한 저지대 지역	매칭점이 부족하거나 높이차가 있는 지역	높이차가 크거나, 고층 건물이 있는 지역
촬영 방향 중복도	65% 이상	75% 이상	85% 이상
인접 코스 중복도	60% 이상	70% 이상	80% 이상

드론항공사진의 지상표본거리(GSD)는 측량시행자와 협의하여 결정하되, 「항공사진측량 작업규정」의 축척별 지상표본거리 이내 이어야 한다. 또 촬영대상면적, 촬영고도, 중복도, 비행코스 및 카메라의 기본정보를 무인비행장치 전용 촬영계획 프로그램에 입력하여 이론적인 지상표본거리, 촬영 소요시간, 사진 매수 등의 정보 확인이 필요하다.

2) 촬영

촬영비행은 시계가 양호하고 구름의 그림자가 사진에 나타나지 않는 맑은 날씨에 하는 것을 원칙으로 하며, 계획촬영고도에서 가급적 일정한 높이로 직선이 되도록 한다. 또 계획촬영코스로부터의 수평 또는 수직이탈이 가능한 최소화 되도록 하며, 드론은 설정된 비행계획에 따라 자동으로 비행함을 원칙으로 한다.

촬영시 카메라는 가능한 연직방향으로 향하여 촬영함을 원칙으로 하며, 노출시간은 촬영계절, 촬영시간대, 기상, 비행속도, 카메라의 진동 등을 감안하여 선명도가 유지되도록 설정하여야 한다. 매 코스의 시점과 종점에서 사진은 최소한 2매 이상 촬영지역 밖에 있어야 하며, 대상지역을 완전히 포함하도록 여유분을 두어 사진을 촬영하여야 한다.

재촬영을 실시하여야 하는 경우는 첫째, 촬영대상지역에 위 표의 중복도로 촬영되지 않은 지역이 존재하여 측량성과의 제작에 지장을 줄 가능성이 있는 경우, 둘째, 촬영 시 노출의 과소, 블러링(Blurring) 등으로 드론항공사진이 선명하지 못하여 후속작업에 지장이 있는 경우, 셋째, 적설 또는 홍수로 인하여 지형을 구별할 수 없어 수치도화 또는 벡터화에 지장이 있는 경우, 넷째, 기타 후속작업 및 정확도에 지장이 있다고 인정되는 경우이다.

3.2.4 항공삼각측량(Aerial Triangulation)

항공삼각측량은 자동매칭에 의한 방법으로 수행하여야 하며, 광속조정법(Bundle Adjustment) 및 이에 상당하는 기능을 갖춘 소프트웨어를 사용하여야 하며, 사용 소프트웨어는 첫째, 결합점의 자동선정, 둘째, 결합점의 3차원 위치계산, 셋째, 영상별 외부표정요소 계산 기능을 갖추어야 한다. 그리고 지상기준점의 성과는 지상기준점이 표시된 모든 드론항공사진에 반영되어야 한다.

항공삼각측량의 조정계산 규정은 첫째, 각 드론항공사진의 외부표정요소 계산은 광속조정법 등의 조정방법에 의해서 결정한다. 둘째, 조정계산 결과의 평면위치와 표고의 정확도는 아래 표의 기준 이내이어야 한다. 아래 표의 기준은 국토교통부의 건설기준인 3차원 디지털 설계측량(KDS 12 30 05)에서 정하고 있는 기준이다. 셋째, 결합점이 요구되는 정확도를 만족할 때까지 오류점의 재관측 및 추가 관측을 자동 및 수동으로 실시하여 재조정 계산을 실시하여야 한다.

〈표 3.5〉 항공삼각 조정계산 및 오차의 허용범위

구분	도화축척	평균제곱근오차	최대값
아날로그 항공사진 측량용 카메라로 촬영한 영상	1:500~1:600	0.14 m	0.28 m
	1:1,000~1:1,200	0.20 m	0.40 m
디지털 항공사진 측량용 카메라로 촬영한 영상	0.08 m 이내	0.08 m	0.16 m
	0.12 m 이내	0.12 m	0.24 m
	0.25 m 이내	0.25 m	0.50 m

〈표 3.6〉 대지표정 평면위치 및 표고 교차

도화축척	평면위치의 오차	표고의 차
1:500	0.15 m 이내	0.15 m 이내
1:1,000	0.20 m 이내	0.17 m 이내

또한 항공삼각측량 결과는 ① 항공삼각측량 성과 파일(외부표정요소), ② 항공삼각측량 전 과정이 포함된 레포트 파일, ③ 항공삼각측량 프로젝트 백업파일, ④ 그 밖에 성과 확인에 필요한 자료로 정리하는 것을 원칙으로 한다.

드론 기반 이미지의 항공삼각측량에 SfM 사진측량 기술이 이용된다. SfM(Structure from Motion) 사진측량 기술은 중첩된 2D 이미지에서 3D 모델을 생성하는 기술로 여러 시점에서 촬영한 중첩된 이미지를 사용한다. 그러나 SfM 사진측량 기술은 카메라 내부 형상과 위치 및 방향을 자동으로 결정한다는 점에서 기존 사진측량 방식과 다르다. SfM기술은 컴퓨터 비전 알고리즘을 활용하여 〈그림 3.5〉와 같이 서로 다른 다양한 지점에서 촬영한 여러 장의 이미지를 활용하여 3D 구조를 재구성하게 된다.

SfM 사진측량의 주요 특징은 다음과 같다.

① 3D 재구성: SfM은 중첩된 시점의 여러장의 2D 이미지에서 이미지 중첩을 사용하여 하나의 3D 구조를 재구성 한다.

② 컴퓨터 비전 알고리즘: SfM은 컴퓨터 비전 알고리즘을 사용하여 이미지의 특징을 매칭하고, 카메라 자세를 추정하여, 3D 모델을 구축한다.

③ 다양한 응용 분야: 3D 지형 매핑이나 문화유산의 디지털 문서화(3D 모델링), 구조물 변형

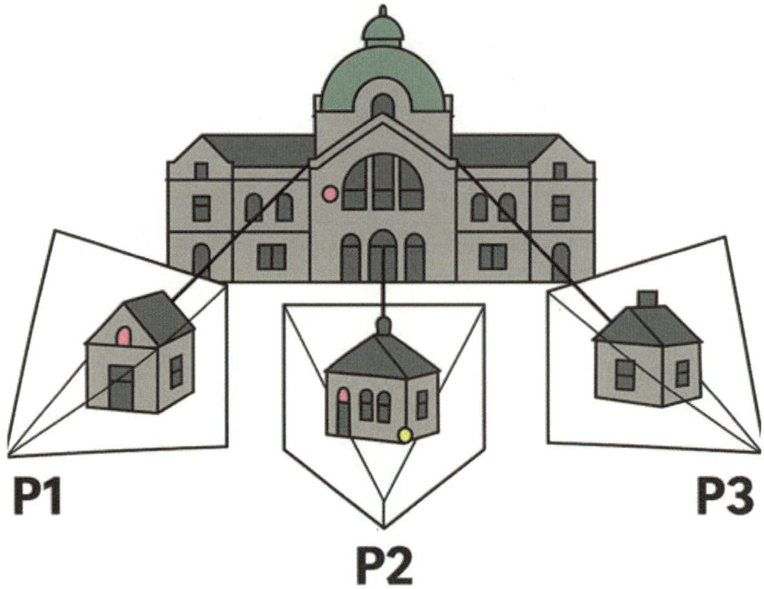

〈그림 3.5〉 Structure from motion 기술

모니터링이나 산림자원 분석 등에 활용된다.

④ 작업 효율성: 드론 촬영후 전문 소프트웨어를 이용하기 때문에 기존 사진측량에 비하여 매핑작업의 효율성이 높다.

⑤ 경제성: 기존 사진측량에 비해 SfM은 일반적으로 저렴하고 특수 장비가 덜 필요하다.

⑥ 정확도: SfM의 정확도는 일반적으로 정확하지만 이미지 품질, 중첩, 지상 기준점 존재 여부와 같은 요인에 따라 달라질 수 있다.

본질적으로, 디지털 카메라로 다양한 위치에서 객체의 여러 시점을 촬영하고, SIFT(Scale Invariant Feature Transform)를 통해 이미지 세트 전체에서 공통적인 특징점을 식별하여 임의의 3D 좌표계에서 원본 이미지 위치 간의 공간적 관계를 확립하게 된다. 이 과정에서 측정된 이미지 좌표를 관심 영역을 포함하는 3차원 점으로 변환하는 데 필요한 번들 조정이 사용되고 그 결과, 동일한 로컬 3차원 좌표계에서 점군 형태로 특징점의 3차원 위치가 생성되게 된다.

SIFT는 scale-invariant feature transform의 약어로 축척 불변 특징 변환(SIFT)이라고 해석될 수 있으며, 1999년 데이비드 로우(David Lowe)가 처음 제시한 컴퓨터 비전 알고리즘이다. SIFT는 이미지의 국소 특징을 감지하여 매칭하는 기술로서 객체 인식, 내비게이션, 3D 모델링, 야생 동물 개체 식별 등에 많이 쓰인다.

SIFT의 키포인트는 먼저 하나의 이미지 세트에서 기준이 될만한 특징이 있는 객체를 추출하여 데이터베이스에 저장한다. 그리고 연속으로 위치하는 새 이미지에서 앞 사진에서 추출한 특징있는 객체를 찾아서 데이터베이스와 개별적으로 비교하고, 특징 벡터의 유클리드 거리를 기반으로 후보 매칭 특징을 찾아 새 이미지에서 객체를 인식한다. 전체 매칭 세트에서 객체와 새 이미지의 위치, 크기 및 방향이 일치하는 키포인트의 하위 세트를 식별하여 좋은 매칭을 필터링하고 이상치는 제거한다.

드론으로 촬영한 영상으로부터 정확한 3D 정보를 도출하려면 사용된 카메라의 내부표정요소(IOP; Interior Orientation Parameter)와 영상의 외부표정요소(EOP; Exterior Orientation Parameter)가 필요하다. 초점 거리 및 카메라 고유 왜곡과 같은 내부 센서 의 특성을 포함하는 내부표정요소는 카메라 보정 프로세스를 통해 도출될 수 있다. 노출 시점의 이미징 시스템의 위치와 방향을 정의하는 외부표정요소는 간접 또는 직접 지오레퍼런싱 프로세스를 통해 도출될 수 있다. 간접 지오레퍼런싱의 경우, 이미지 외부표정요소는 전통적으로 번들 조정 절차 내에서 지상기준점을 사용하여 설정된다. 그러나 이러한 간접 지오레퍼런싱의 경우 지상에서의 기준점측량 과정을 수반하여야 하기 때문에 시간과 비용이 많이 드는 단점이 있다. 반면, GNSS/INS 위치 및 방위 시스템(POS)이 탑재되어 있어 직접 지오레퍼런싱를 통해 지상기준점 측량없이도 이미지의 외부표정요소를 도출할 수 있다

현재, SfM 기술은 최소한의 지상기준점을 사용하거나 또는 드론에 장착된 GNSS/INS 장치의 저품질 항법 정보를 사용하면서 중첩된 드론 기반 프레임 영상의 자동 항공삼각측량에 널리 사용되고 있다. 수십 년 동안 사진측량 이론에서 사용해 온 항공삼각측량 절차와 유사하게 SfM은 관련 영상의 외부표정요소를 동시에 추정하고 중첩 영역 내에서 매칭된 특징점의 3D 좌표를 도출하기 위해 세 단계로 구현된다.

1단계 : 자동으로 식별된 한 쌍의 특징점 또는 선의 특징을 사용하여 스테레오 영상과 관련된 상호표정 매개변수(ROP)를 먼저 추정한다.

2단계 : 그런 다음, 영상의 외부표정요소(EOP)를 도출하기 위한 임의의 기준점과 매칭된 점의 3D 좌표를 정의하기 위해 로컬 참조 좌표계를 설정한다.

3단계 : 마지막으로 두 번째 단계에서 도출된 외부표정요소(EOP)와 객체 좌표를 개선하기 위해 번들 조정을 실시한다.

현재 Pix4DMapper나 Metashape 같은 상용 소프트웨어에서는 드론 이미지 기반 3D 재구성을 위한 SfM 프로세스를 자동화했다.

3.2.5 수치표면모델(DSM) 및 수치표고모델(DEM)의 제작

1) 3차원 포인트 클라우드 데이터 파일 작성

드론영상처리 소프트웨어를 활용하여 SfM(Structure from Motion)기법에 의하여 3차원 형상 복원계산을 수행한다. 3차원 포인트 클라우드 데이터 작성은 촬영한 드론항공사진과 항공삼각측량을 통하여 얻은 외부표정요소 및 항공사진의 위치좌표를 통하여 지형과 지물의 3차원 형상을 복원하여 3차원 포인트 클라우드 데이터를 작성하게 된다. 3차원 형상 복원계산은 특징점의 추출, 지상기준점의 관측, 외부표정요소의 산출, 3차원 포인트 클라우드 데이터의 생성까지 일련의 처리를 포함한다.

3차원 형상 복원계산 결과에는 3차원 형상 복원계산 검사에 사용할 수 있도록 계산에서 생략된 항공사진의 유무,. 계산에 사용된 항공사진 중복 매수, 특징점의 분포, 사진 좌표의 오차, 지상기준점의 오차 등의 정보를 포함해야 한다.

3차원 포인트 클라우드 데이터의 편집은 다음과 같이 이루어져야 한다.

① 3차원 포인트 클라우드 데이터의 편집은 3차원 포인트 클라우드 데이터에서 필요에 따라 이상점의 제거 혹은 포인트 클라우드 데이터의 보완 등의 편집을 실시하여 지상 데이터를 작성하여야 한다.

② 3차원 포인트 클라우드 데이터를 여러 방향에서 표시하고 지형 이외를 나타내는 특징점과 성과에 불필요한 특징점 등의 이상점을 제거한다.

③ 3차원 포인트 클라우드 데이터가 필요한 밀도를 충족시키지 않을 경우, 필요에 따라 토털스테이션 혹은 지상 레이저스캐너 장비 등을 이용하여 현지 보완측량을 하여 점들을 보완한다.

④ 이상점이나 필요한 3차원 포인트 클라우드 데이터의 밀도를 채우지 못한 곳이 광범위하게 분포하는 경우에는 항공사진 및 3차원 형상 복원계산 결과를 재검토하고 필요에 따라 항공사진의 추가 촬영 또는 3차원 형상 복원계산을 재계산한다.

⑤ 3차원 포인트 클라우드 데이터 파일의 작성은 3차원 포인트 클라우드 데이터를 파일 형태로 전자매체에 기록하여야 한다. 이 때 3차원 포인트 클라우드 데이터는 LAS형식, CSV형식, DXF형식과 지형모델로는 LandXML형식과 TIN형식으로 작성하여야 한다.

3차원 디지털 설계측량(KDS 12 30 05)에서 정하고 있는 3차원 포인트 클라우드 데이터의 위치정확도는 〈표 3.7〉를 표준으로 한다.

〈표 3.7〉 3차원 포인트 클라우드 데이터의 정확도

위치 정밀도	지상표본거리
0.05 m 이내	0.01 m 이내
0.10 m 이내	0.02 m 이내
0.20 m 이내	0.03 m 이내

지상기준점 및 검사점의 정확도는 작성하는 수치지형도 축척에 따라 〈표 3.8〉를 표준으로 한다.

〈표 3.8〉 지상기준점 및 검사점의 정확도

<table>
<tr><th rowspan="2">최종성과물의 축척</th><th colspan="2">지상표본거리(GSD)</th></tr>
<tr><th>평면기준점 오차의 한계</th><th>표고기준점 오차의 한계</th></tr>
<tr><td>1:250</td><td colspan="2">0.04 m 이내</td></tr>
<tr><td>1:500</td><td colspan="2">0.08 m 이내</td></tr>
<tr><td>1:1,000</td><td colspan="2">0.12 m 이내</td></tr>
</table>

촬영하는 항공사진 지상표본거리의 정확도는 작성하는 수치지형도 축척에 따라 〈표 3.9〉를 표준으로 한다.

〈표 3.9〉 축척에 따른 지상표본거리의 정확도

지도 축척	지상표본거리
1:250	0.04 m 이내
1:500	0.08 m 이내
1:1,000	0.12 m 이내

2) 수치표면모델(DSM) 및 수지표고모델(DEM)의 작성

모델이란 불규칙하게 얻어진 데이터를 보간을 통하여 일정한 격자간격으로 재구성한 것이다. 영상매칭방법을 이용하여 만들어진 3차원 포인트 클라우드 데이터 파일은 고정밀 3차원 좌표를 보유한 점(point)으로 구성된 수치표면자료이며, 수치지면자료는 수치표면자료에서 수목, 건물, 구조물 등의 지표 피복물에 해당하는 점자료를 제거하여 순수하게 지면만을 나타나도록 만든 것이다.

수치표면모델(DSM)은 수치표면자료를 이용하며, 수치표고모델(DEM)은 수치지면자료를 이용하여 격자자료로 제작되게 되는데 다음과 같이 작성되어야 한다.

① DSM의 격자간격은 영상의 2화소 이내 크기에 해당하는 간격이어야 한다. (예, 영상의 해상도가 4cm/px 이면, DSM의 격자는 8cm/px 이내)

② DSM은 기본적으로 Tiff 파일 형태로 제작하여야 하며 이때, 프로젝트 좌표계가 포함된 PRJ파일과 속성이 표시된 TFW파일이 포함되어 있는지 확인한다.

③ DSM의 제작범위는 사업대상지를 110% 이상 포함하였는지 검토하고, 누락지역, 구멍, 노이즈 등의 유무를 검토한다.

④ DSM 및 DEM은 기본적으로 1개의 파일로 제작하되 용량이 큰 경우 작업지역을 분할하여 제작한다. 이 때, 작업 단위간에 인접부분은 20m 이상 중복되는지 확인한다.

⑤ DEM의 제작이 필요한 경우에는 DSM을 이용하여 격자 자료로 제작하고, 필요에 따라 보완측량을 실시하여 수정하도록 한다.

⑥ DSM 및 DEM의 평면위치와 표고의 정확도는 검사점을 활용하여 최대값, 최소값, 평균, 표준편차, RMSE를 구하여「항공레이저측량 작업규정」의 기준 이내인지 검토한다. 단, DSM과 DEM의 활용분야 및 제작목적에 따라 정확도를 별도로 지정할 수 있다.

〈표 3.10〉 DSM 및 DEM의 평면위치 정확도

평면위치 정확도
H(비행고도)/1,000 (예시, 100m 고도 비행 시 정확도는 0.1m 이내)

〈표 3.11〉 DSM 및 DEM의 수직위치 정확도

수직위치 정확도				
격자규격	1m×1m	2m×2m	5m×5m	비 고
수치지도축척	1/1,000	1/2,500	1/5,000	
RMSE	0.5m이내	0.7m이내	1.0m이내	
최대오차	0.75m이내	1m이내	1.5m이내	

아울러, 3D Texture Mesh는 드론항공사진과 외부표정요소를 이용하여 소프트웨어에서 자동생성 방식으로 제작된다. 3D Texture Mesh의 성과물은 범용 소프트웨서 확인하기 위한 OBJ, DAE, 3DS 파일 형태로 제작하여야 하며 이때, 텍스쳐 이미지가 포함된 JPG 또는 JPEG 파일이 꼭 포함되어 있는지 검토한다. 제작범위는 사업대상지를 110% 이상 포함하였는지 검토하고, 독취범위, 선명도, LOD 레벨에 따른 지형지물의 판독여부를 검토하며 누락지역, 노이즈, 블러링 등의 유무를 검토해야 한다.

3.2.6 정사영상의 제작

정사영상의 제작은 수치표면모델과 드론항공사진 및 외부표정요소를 이용하여 소프트웨어에서 자동생성해 내게 된다.

정사영상은 기본적으로 Tiff 파일 형태로 제작하여야 하며 이때, 프로젝트 좌표계가 포함된 PRJ파일과 속성이 표시된 TFW파일이 포함되어야 한다. 정사영상의 제작범위는 사업대상지를 110% 이상 포함하였는지 검토하고, 독취범위, 사진의 선명도, 축척에 따른 지형지물의 판독여부를 검토하며, 촬영 누락지역, 노이즈, 블러링 등의 에러 여부를 검토하여야 하며, 이때 요구기준에 부합하지 않는 에러 발생시 재처리 또는 재촬영을 수행하여야 한다.

정사영상은 기본적으로 한 개의 파일로 제작하되 용량이 큰 경우 작업지역을 분할하여 제작하며, 분할하는 경우 후속작업을 고려하여 도곽의 크기보다 도상 1cm 이상의 여유를 두어야 한다. 정사영상을 집성하기 위한 접합선은 기복변위나 음영의 대조가 심하지 않은 산 능선, 하천, 도로 등으로 설정되어 집성된 영상에서 접합선이 보이지 않는지 검토하고, 모델별 인접 정사영상과 밝기 값의 차이와 색상의 차이가 나는지 확인하여야 한다. 또 일반인의 출입이 통제되는 국가보안시설 및 군사시설은 주변지역의 지형·지물 등을 고려하여 적절하게 위장처리가 되었는지 확인한다. 정사영상의 평면위치 정확도는 출력시 도상 1.0mm 이내인지 확인한다.

3.2.7 지형·지물의 묘사

드론항공사진에 촬영된 지형·지물의 묘사는 드론항공사진과 수치표면모델, 정사영상 등을 이용하여 수치도화방법과 벡터화 방법으로 묘사하게 된다. 묘사 성과는 수치도화 파일이나 벡터화 파일로 정리하여야 한다.

수치도화 방법은 드론항공사진과 항공삼각측량 성과를 기반으로 수치도화시스템에서 입체시에 의해 3차원으로 지형·지물을 묘사하는 방법이다. 벡터화 방법은 연속 정사영상과 수치표면모델 기반의 벡터화를 통하여 2차원으로 지형·지물을 묘사하는 방법이다. 다만, 높이 정보가 필요한 경우에는 수치표면모델이나 수치표고모델로부터 높이 정보를 추출할 수 있다.

3.2.8 수치지형도의 제작

드론항공사진을 활용하여 수치지형도나 도면을 제작할 때에는 국토지리정보원의 「수치지형도 작성 작업규정」을 따라야 한다. "수치지형도"란 측량 결과에 따라 지표면 상의 위치와 지형 및 지명 등 여러 공간정보를 일정한 축척에 따라 기호나 문자, 속성 등으로 표시하여 정보시스템에서 분석, 편집 및 입력 · 출력할 수 있도록 제작된 것을 말하며, 정사영상지도는 제외한다. "수치지형도 작성"이란 각종 지형공간정보를 취득하여 전산시스템에서 처리할 수 있는 형태로 제작하거나 변환하는 일련의 과정을 말한다. 수치지형도 작성의 순서는 1. 작업계획의 수립, 2. 자료의 취득, 3. 수치도화, 4. 정위치 편집, 5. 구조화 편집, 6. 품질검사의 순서로 진행된다.

"정위치편집"이란 기 구축 공간정보 수집, 지리조사 및 현지측량에서 얻어진 자료를 이용하여 도화 데이터 또는 지도입력 데이터를 수정 · 보완하는 작업을 말한다. "구조화편집"이란 데이터 간의 지리적 상관관계를 파악하기 위하여 지형 · 지물을 기하학적 형태로 구성하는 작업을 말한다. 정위치 편집 성과의 위치정확도는 〈표 3.12〉와 같다.

〈표 3.12〉 정위치 편집 성과의 위치정확도(RMSE)

축척	구분	절대정확도 (신뢰도 95%)	최대오차
1/1,000	수평위치(X,Y)	0.3m	0.6m
	수직위치(h)	0.3m	0.6m
1/5,000	수평위치(X,Y)	1.5m	3.0m
	수직위치(h)	1.5m	3.0m

3.3 영상처리 소프트웨어의 활용

3.3.1 드론 영상처리 소프트웨어

드론으로 촬영된 영상은 드론 영상처리 소프트웨어에 의하여 처리된다. 드론 영상처리에 있어서 이미지 수와 이미지의 해상도에 따라 3차원 텍스쳐 메쉬를 만드는 데 많은 시간이 걸리므로 대부분 높은 컴퓨터 처리능력을 필요로 한다. 잘 알려진 영상처리 소프트웨어 업체로는 Pix4D, Dronedeploy, Precision mapper이 있으며, 오픈소스 소프트웨어로는 Open Drone Map(ODM)가 널리 사용되고 있다. 우리나라에서 많이 사용되는 세가지 소프트웨어인 Pix4DMapper, Metashape, ContextCapture의 주요 기능을 살펴보면 〈표 3.13〉과 같다.

〈표 3.13〉 드론 데이터처리 소프트웨어의 주요 기능

구분	Pix4DMapper	Metashape	ContextCapture
처리 화면		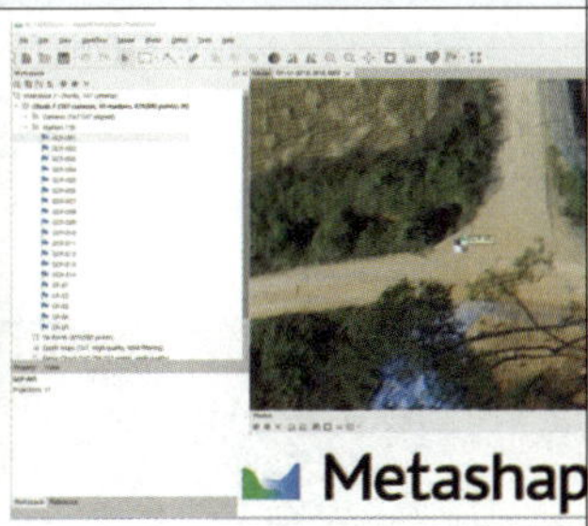	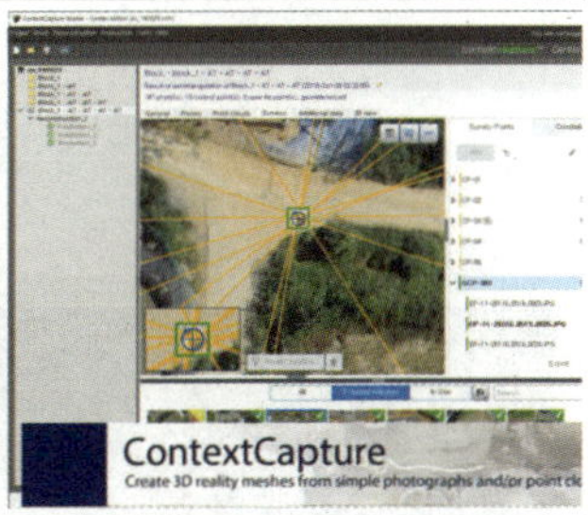
개발사	Pix4D	Agisoft	Bentley
주요 기능	• 포인트 클라우드 자동분류 • 항공삼각측량 • DSM/DEM 생성 • 정사영상 생성 • 거리, 체적, 높이 측정 • 수치표면 평활화 • 특징점 표시 • 프로젝트 데이터 웹 공유	• 포인트 클라우드 편집및분류 • 항공삼각측량 • DSM/DEM 생성 • 정사영상 생성 • 거리, 체적, 면적 계산 • 열화상 지원 • 식생지수 계산 • 4D 모델링 • 네트워크 분산 자료처리	• 포인트 클라우드 편집 • 자동 항공삼각측량 • DSM/DEM 생성 • 정사영상 생성 • 거리, 체적, 면적 계산 • 3D CAD 모델 생성 • 3D GIS 모델 생성 • GPS 통합 모델 생성 • 웹기반 3D 모델 공유

드론 촬영에 의하여 취득된 영상은 기체에 탑재된 카메라, GNSS 및 IMU의 정보를 이용하여 영상의 초기 좌표와 촬영고도, 외부표정요소 등을 취득할 수 있으며, 기본적인 데이터 처리 절차는 1. 영상과 사진좌표 매칭 → 2. 영상정렬 및 정합 → 3. 지상기준점 성과 입력 →

4. (정밀)포인트클라우드 생성 → 5. DSM 제작 → 6. 정사영상 제작의 순서로 진행된다.

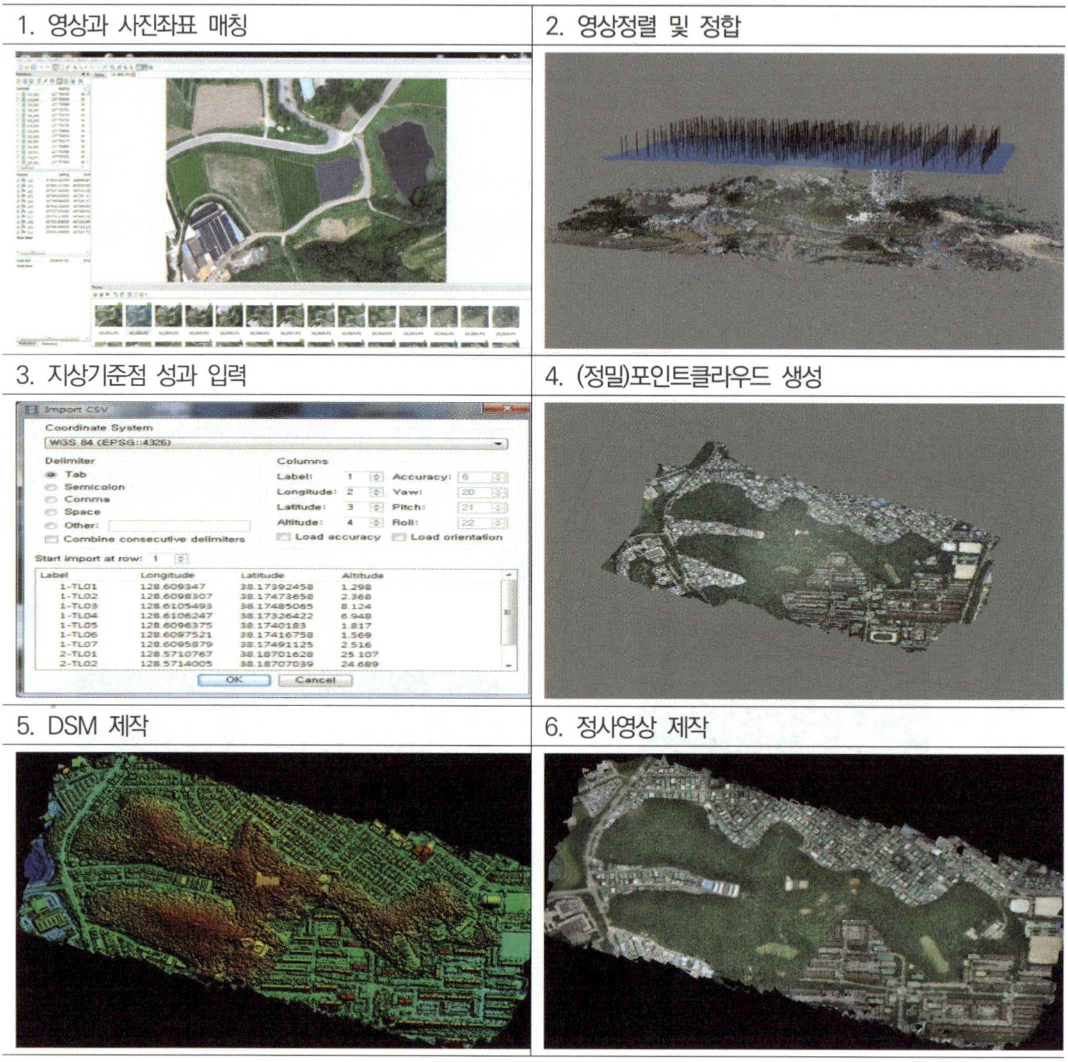

〈그림 3.6〉 기본적인 영상처리 절차

3.3.2 Pix4DMapper에 의한 영상처리

우리나라에서 드론 영상처리에 특화되어 가장 많이 사용되는 소프트웨어는 Pix4D Mapper이다. 이 Pix4D Mapper에 의한 영상처리의 단계별 절차는 〈그림 3.7〉에서 보는 것과 같이 1. 프로젝트 생성, 2. 영상 입력 및 좌표계 설정 3. 영상 처리 옵션 선택, 4. 지상기준점 입력 및 관측, 5. 타이포인트 생성 및 번들조정, 6. 고밀도 포인트 클라우드 생성, 7. DSM 제작, 8. 정사영상 제작으로 구분되며, 지상기준점을 이용한 항공삼각측량 이후 위치정확도의 보강을 위해 레이 클라우드(Ray Cloud) 편집 기능을 이용한 지상기준점의 관측 조정을 수동으로 수행하면 오차를 더 줄일 수 있는 특징이 있다.

1. 프로젝트 생성	2. 영상 입력 및 좌표계 설정
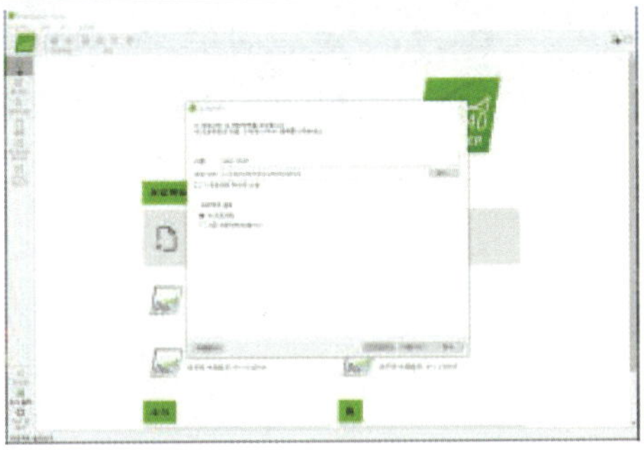	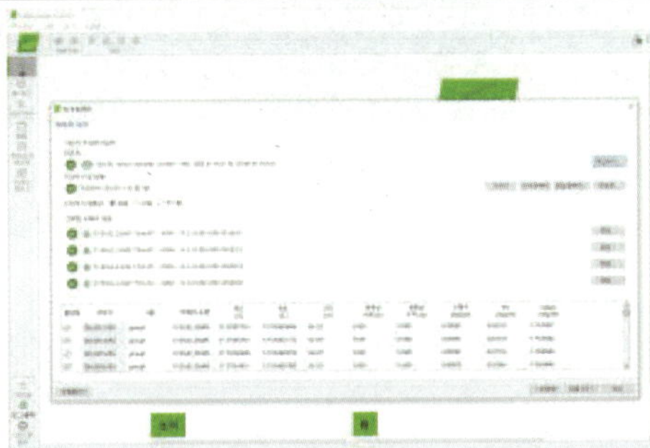
3. 영상 처리 옵션 선택	4. 지상기준점 입력 및 관측
	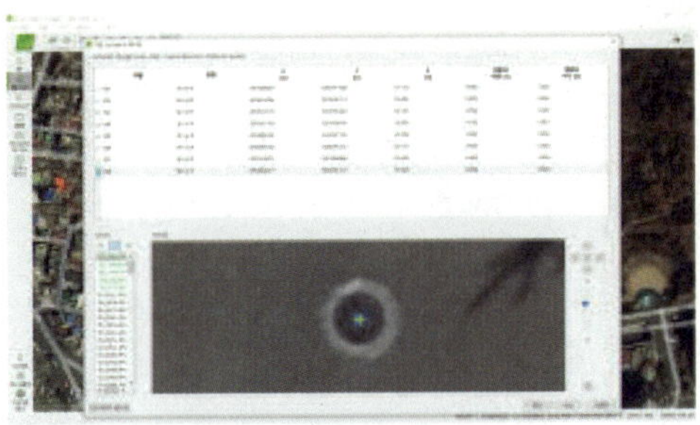

5. 타이포인트 생성 및 번들조정	6. 고밀도 포인트 클라우드 생성
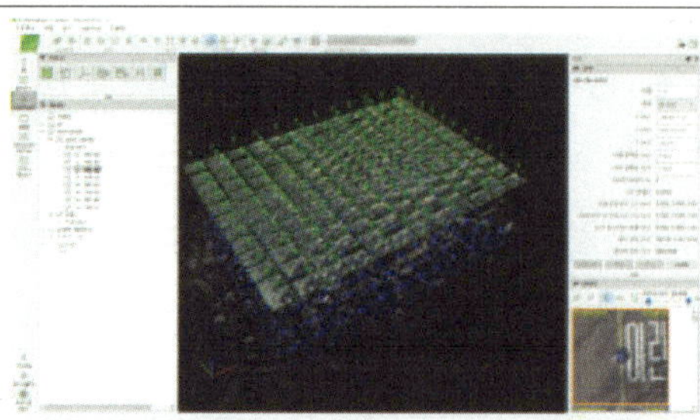	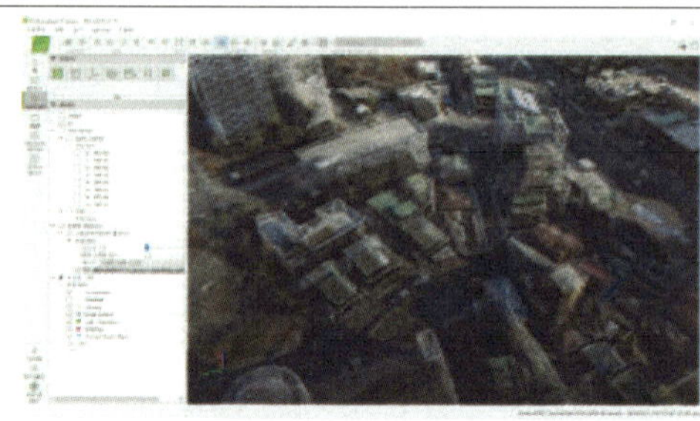
7. DSM 제작	8. 정사영상 제작
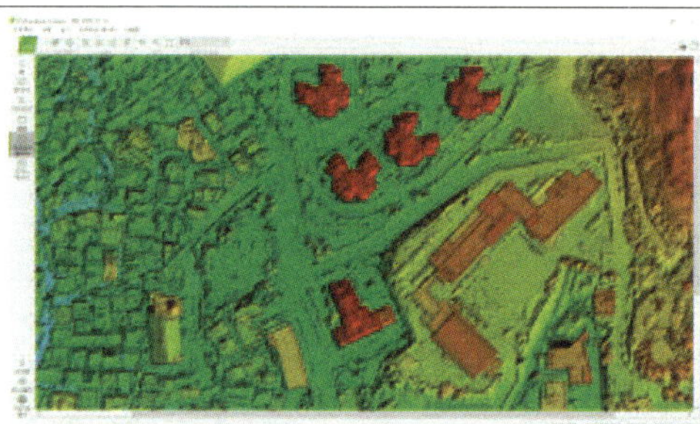	

〈그림 3.7〉 Pix4d Mapper에 의한 영상처리 세부단계별 절차

3.3.3 Metashape에 의한 영상처리

Metashape를 이용한 자료처리의 과정은 1. 프로젝트 생성, 2. 이미지 입력, 3. 지상기준점 입력, 4. 카메라 정렬 최적화(Optimize Camera Alignment), 5. 지상기준점 관측, 6. 영상처리(Image Processing), 7. 정확도 및 오류 검수, 8. 성과물 확인의 순서로 진행하게 된다.

1. 프로젝트 생성 (Create a project)	2. 이미지 입력 (Enter an image)
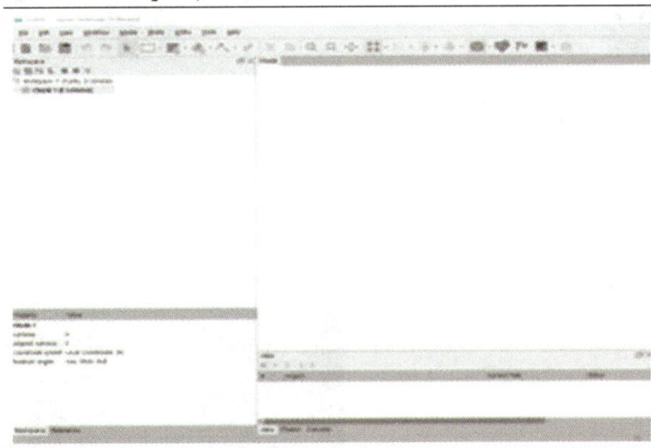	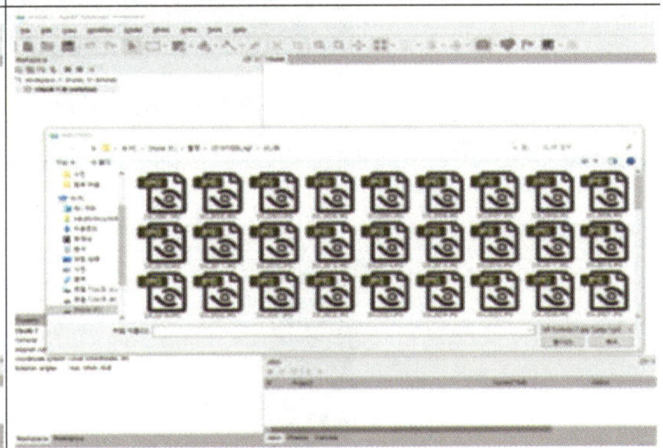
3. 지상기준점 입력 (Ground reference point input)	4. 카메라 정렬 최적화 (Optimize Camera Alignment)
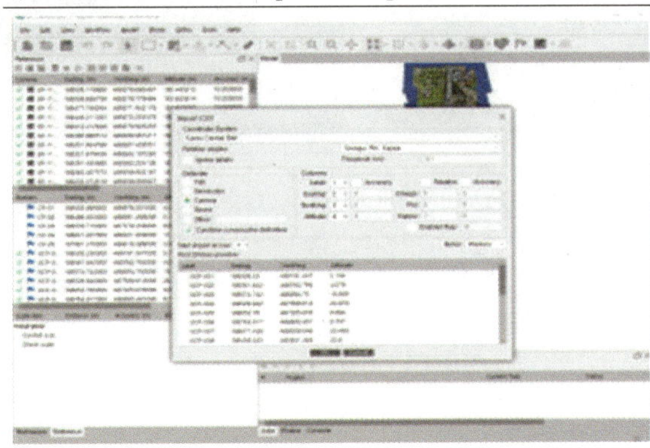	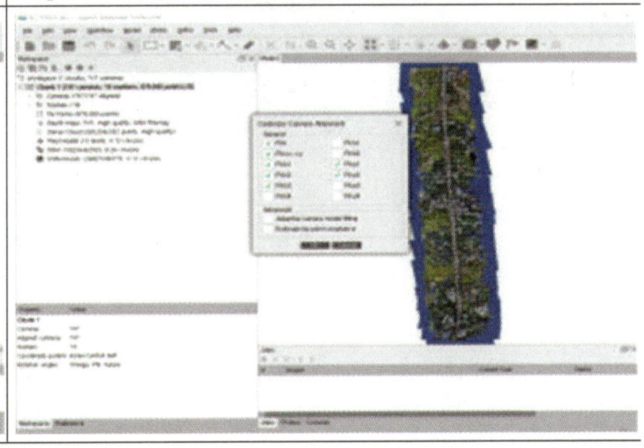

5. 지상기준점 관측
(ground reference point observation)

6. 영상처리
(Image processing)

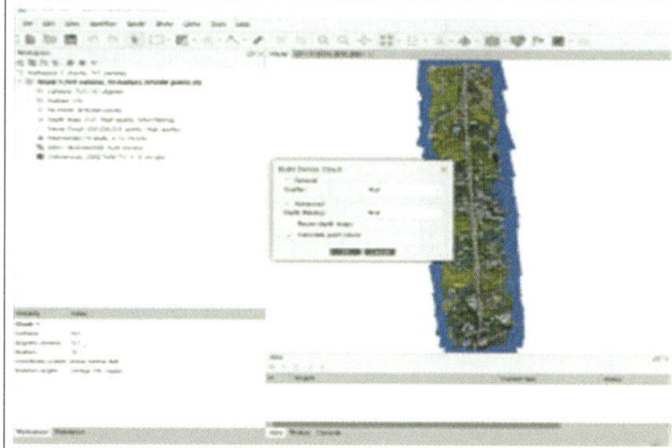

7. 정확도 및 오류검수
(Accuracy and Error Inspection)

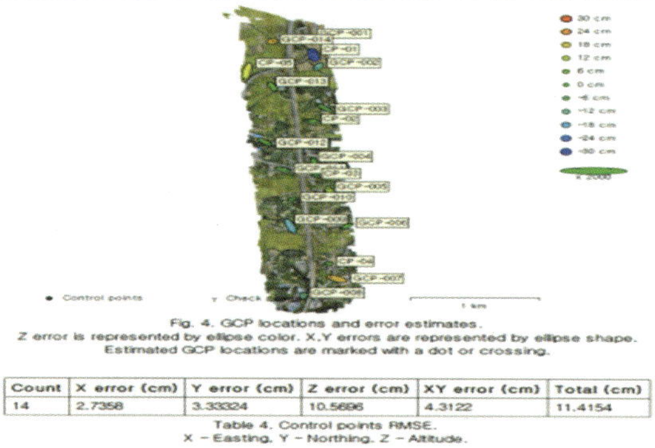

8. 성과물 확인
(Confirmation of deliverables)

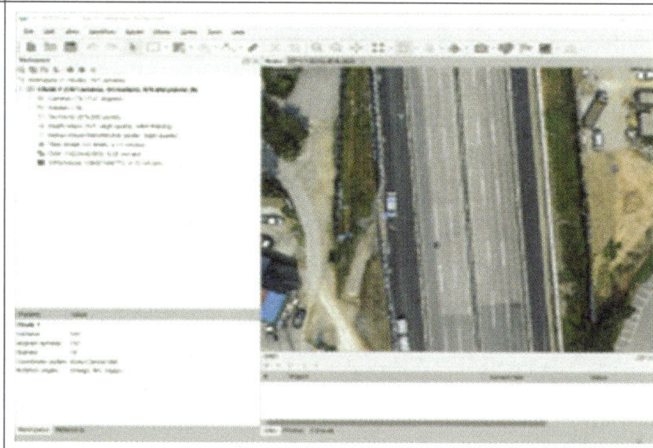

〈그림 3.8〉 Metashape에 의한 영상처리 세부단계별 절차

3.3.4 ContextCapture에 의한 영상처리

ContextCapture를 이용한 자료처리의 과정 또한 Pix4DMapper 및 Metashape의 과정과 유사하며, 1. 프로젝트 생성, 2. 이미지 입력, 3. 지상기준점 입력, 4. 지상기준점 관측, 5. 항공삼각측량, 6. 영상처리, 7. 정확도 및 오류 검수, 8. 성과물 확인의 순서로 진행하게 된다. 각 단계별 과정은 다음 그림과 같다.

1. 프로젝트 생성 (Create a project)	2. 이미지 입력 (Enter an image)
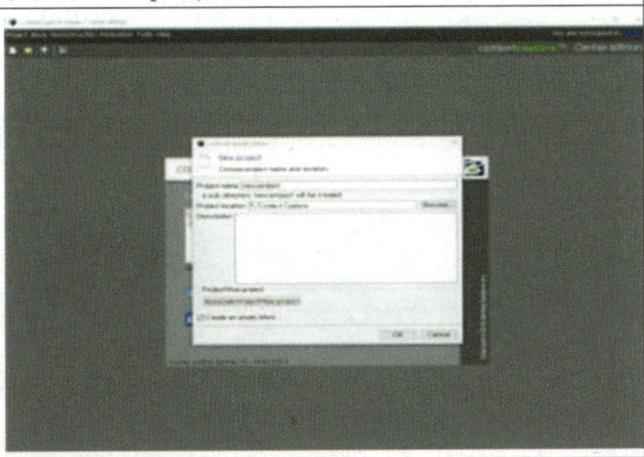	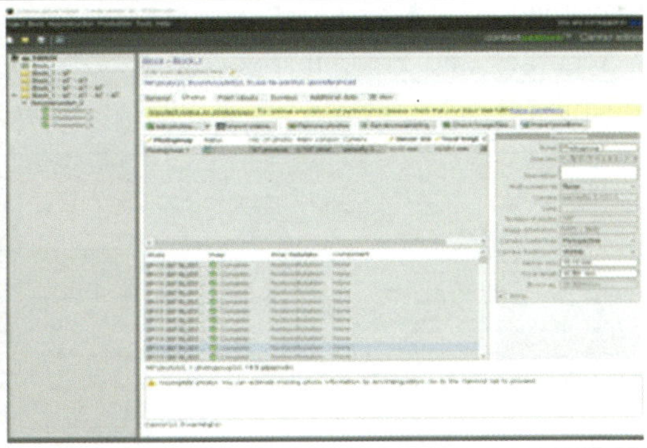
3. 지상기준점 입력 (Ground reference point input)	4. 지상기준점 관측 (ground reference point observation)
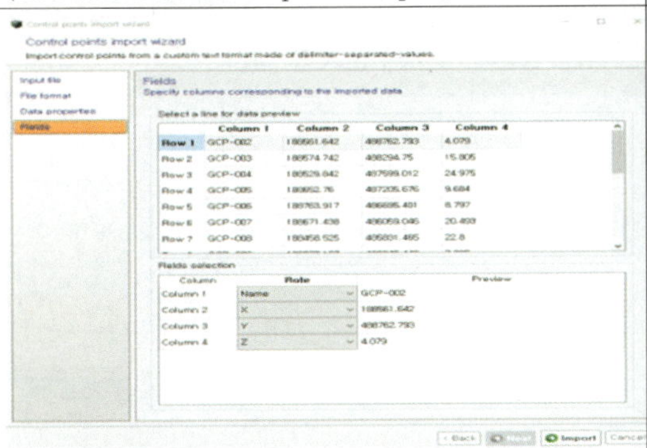	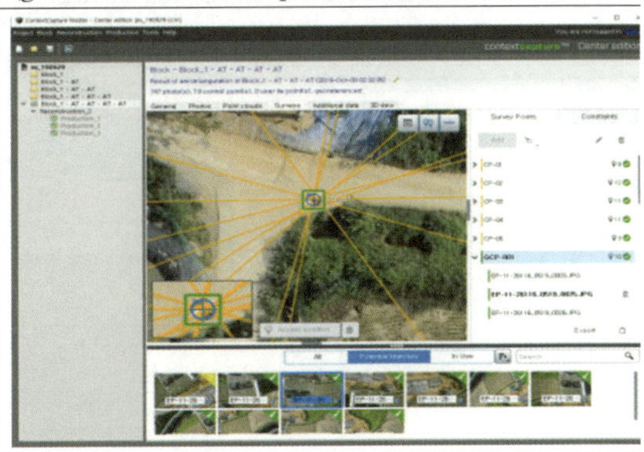
5. 항공삼각측량 (aerial triangulation)	6.영상처리 (Image processing)

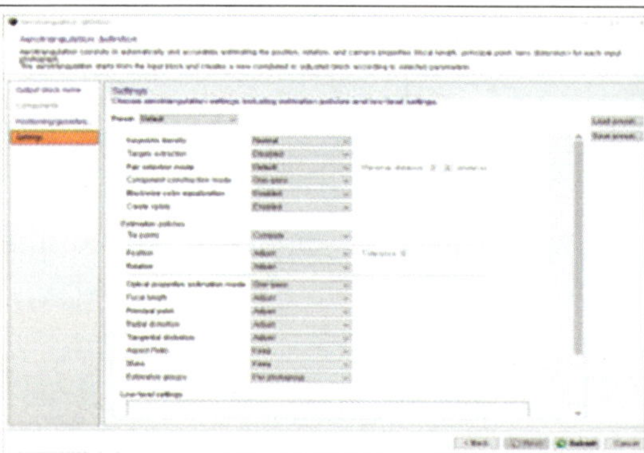

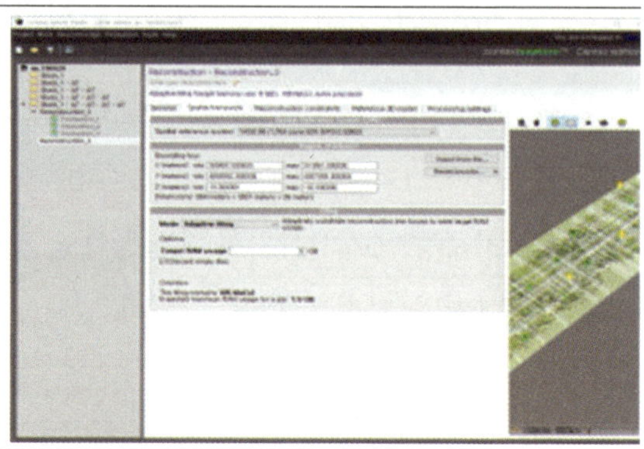

7. 정확도 및 오류검수 (Accuracy and Error Inspection)	8. 성과물 확인 (Confirmation of deliverables)

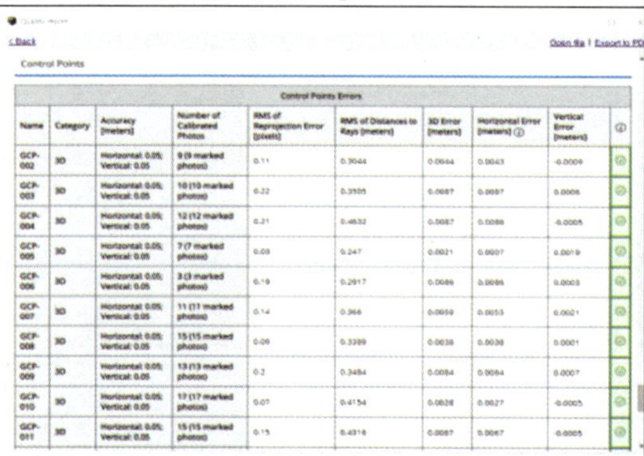

〈그림 3.9〉 ContextCapture에 의한 영상처리 세부단계별 절차

3.3.5 드론사진측량의 성과물

드론사진측량을 통하여 얻을 수 있는 성과물은 수치표면모델(DSM: Digital Surface Model)과 정사영상(Orthomosaic Image)이다. 이 성과물들은 드론을 통해 촬영된 영상자료와 기체에 탑재된 카메라, GNSS 및 IMU의 정보, 지상기준점 성과를 이용하여 제작하게 된다. DSM이란 수치표면모델로써 기준좌표계에 의한 3차원 좌표로 조정한 자료로 지면 및 지표 피복물에 대한 래스터 자료를 말한다. 정사영상은 드론으로 촬영한 각각의 단사진을 특징점을 활용하여 영상정합을 수행하고 촬영지역 전체에 대하여 하나의 모자익 영상을 만든 것을 말한다. 〈그림 3.10〉은 DSM과 정사영상의 예를 보여주고 있다.

구 분	DSM	정사영상
도심지역	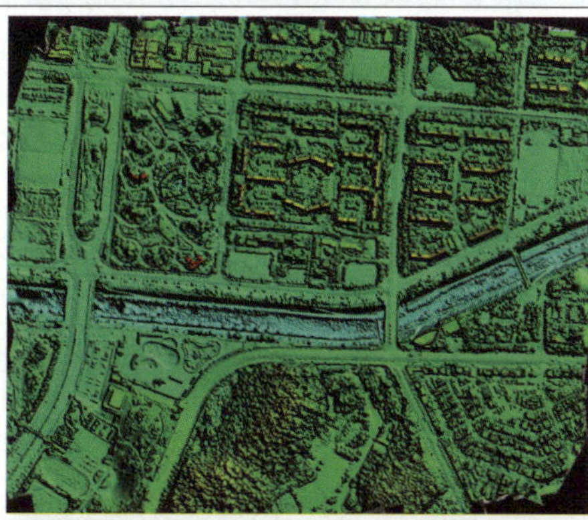	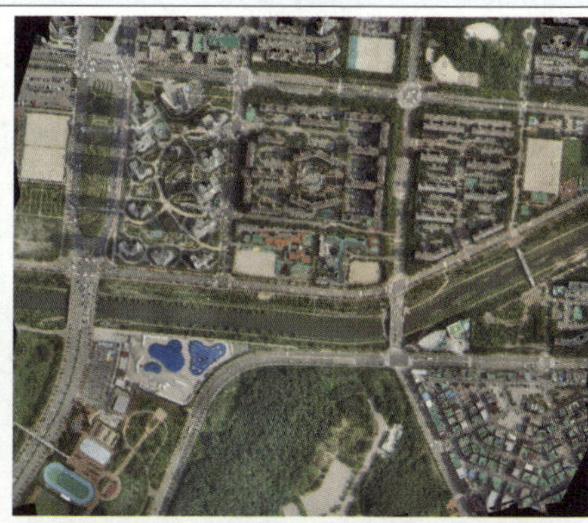
산림지역	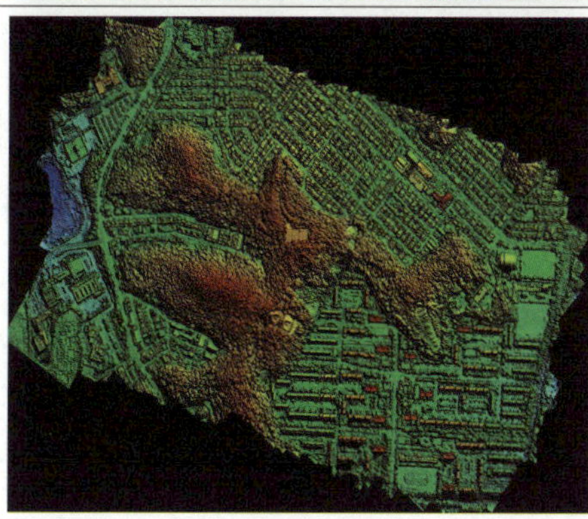	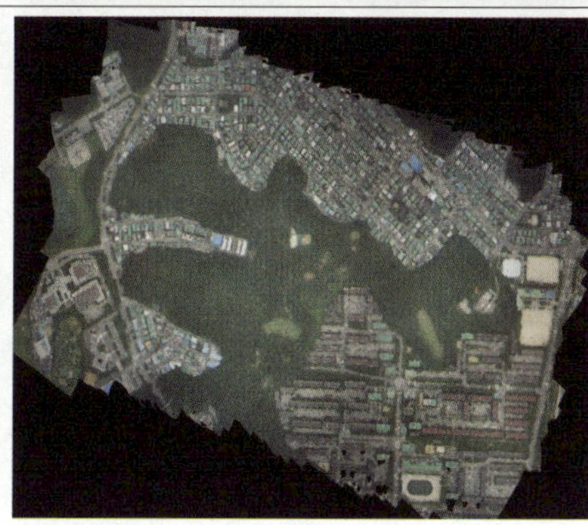

〈그림 3.10〉 드론 영상처리의 성과품

3.4 드론사진측량 활용사례

3.4.1 시공단계에서의 드론사진측량 활용사례

대한토목학회 논문집(Vol.41, No.4)에 발표된 '고속도로 건설현장에서 드론 활용을 위한 표준공종 개발'(이석배 등)이라는 논문은 고속도로 건설현장에서 시공단계에서 드론을 어떻게 활용할 수 있는지를 잘 보여주고 있다.

본 사례에서는 먼저 고속도로 전문시방서를 기준으로 드론적용 가능 공종을 이론적으로 도출하였으며, 실제 고속도로 건설현장에 이 공종들을 시범적용함으로써 표준화된 공종을 확정하기 위한 검증 작업을 진행하였다. 연구를 위하여 두 곳의 고속도로 건설현장을 테스트베드로 선정하고 드론 촬영 및 분석을 통하여 드론을 합리적으로 적용할 수 있는 공종들을 추출하였다. 전문시방서 분석에 있어서는 공통공사, 도로공사 등 7개 분야에 171개의 전문시방서(한국도로공사)를 분석하였으며 전문시방서에 나타난 공종의 드론 관련성에 따라 매우 높음(100), 보통(60), 낮음(30), 관련 없음(0)의 4점 척도로 구분하였다. 「기성관리공종」과 「검측업무공종」 분석에 있어서도 위의 4점 척도에 따라 드론 관련성을 분석하였다. 「검측업무공종」 분석 결과 토공(21개 공종)은 드론 관련도가 53점, 배수공(9개 공종)은 50점, 교량공(31개 공종)은 33점, 포장공(4개 공종)은 30점, 부대공(12개 공종)은 35점, 터널공(14개 공종)은 4점으로 나타났다. 토공의 경우를 더 살펴보면 땅깍기와 흙깍기 공종은 드론 적용 적합공종으로, 비탈면 보호공과 비탈면 보강공은 드론 적용 가능 공종으로 나타났다. 이렇게 하여 고속도로 건설현장에서 진행되는 건설공사 공종에 대하여 7개 공사분야 171개의 전문시방서 분석결과에 건설처 업무분석 및 협의 내용을 바탕으로 드론 적용 적합공종과 드론 적용 가능 공종들을 도출하였다.

이렇게 하여 도출된 드론 활용 가능 공종들은 도로의 생애주기 네 단계를 기준으로 편성되었다. 그러나 도로계획 및 도로설계 그리고 유지관리 단계에 있어서는 이론적으로 각각 세 개의 공종이 도출되어 총 9개의 공종을 도출하였으며, 도로시공에 있어서는 공사관리, 공정관리, 안전관리, 품질관리 및 환경관리의 다섯 개의 공종이 도출되었다. 그리고 이 다섯 개의 도로시공 단계의 공종들을 중심으로 두 개의 고속도로 건설현장에서의 시범사업을 통하여 드론 활용 적용성을 검증하였다. 테스트베드는 전라남도에 위치한 시공단계의 고속도로 건설현장과 경기도에 위치한 준공단계의 고속도로 건설현장을 선정하여 드론활용 시범사업을 실시하였다. 드론활용 시범사업에서 무인비행장치(UAV)와 RGB 센서는 스위스 Sensefly사의 eBee와 S.O.D.A.(20megapixel) 카메라를 사용하였다. 두 개의 고속도로 건설현장에 대하여 드론적용 시범사업을 통하여 다섯 차례의 드론 촬영을 실시하고 결과를 분석하여 미리 도출된 드론적용 공종에 대하여 검증작업을 거쳐서 드론 활용 표준공종을 확정하였다.

〈그림 3.11〉은 전라남도 고속도로 현장과 경기도의 고속도로 현장에서 드론 측량을 실시하고 데이터를 처리하여 얻은 정사영상(orthoimage)과 수치표면모델(DSM)의 일부를 보여주고 있다. 드론 촬영부터 성과물의 검수에 이르기까지 드론측량의 전체 과정은 국토지리정보원의 「공공측량 무인비행장치를 이용한 공공측량 작업지침」을 준용하였다. 이렇게 만들어진 수치표면모델에서 인공지물과 자연지물을 제거하여 수치표고모델(DEM)을 작성하였으며, 시범사업의 성과물로 얻은 수치표고모델과 집성정사영상을 사용하여 드론적용 공종들을 하나하나 적용하여 검증작업을 실시하였다. 드론촬영 데이터의 처리는 Pix4DMapper 소프트웨어를 이용하였다.

(a) 전라남도 현장의 DSM (b) 전라남도 현장의 정사영상 (c) 경기도 현장의 DSM (d) 경기도 현장의 정사영상

〈그림 3.11〉 전라남도 및 경기도 고속도로 건설현장에서의 DSM과 정사영상

드론적용 시범사업은 도로건설의 생애주기중 도로시공에 대하여 도출된 공종들에 대하여 테스트베드에서 중점적으로 적용하였으며, 연구자들이 먼저 적용여부를 분석·판단하였고 담당 기술자들과의 협의를 거쳐서 드론활용 공종 여부를 확정하였다. 드론공종의 적용과 분석을 위하여 수치표면모델과 정사영상, 단사진 그리고 현장에 대한 3차원 지형모델(TIM: Topographic Information Model)을 활용하였다. 3차원 지형모델(TIM)이란 현재 지형에 대하여 포인트 클라우드 데이터로 이루어진 수치표면모델에서 인공지물과 자연지물을 제거하고 만든 수치표고모델(DEM: Digital Elevation Model)과 정사영상을 합성하여 만든 3차원 실감 지형모델을 말한다. 이렇게 만들어진 데이터들을 활용하여 도로시공분야의 공사관리 공종에 적용된 세부공종들의 적용결과를 정리하면 〈그림 3.12〉와 같다. 공사관리의 세부공종은 〈그림 3.12〉에서 순서대로 보여주는 것과 같이 공사측량, 공사현황도 작성 , 벌개제근, 토공량 산출, 비탈면 시공관리, 비탈면 녹화관리, 지장물조사, 배수시설 시공관리, 기타 시공관리와 같이 9개로 구성되어 있다. 〈그림 3.12〉에서 보는 것과 같이 공사현장에 대하여 각각 필요한 레이어를 구성하고 레이어의 길이, 방향, 면적, 체적 계산 등을 통하여 공사진행 여부를 파악하였다. 레이어의 구성 및 분석작업에는 Virtual Surveyor 소프트웨어를 활용하였다.

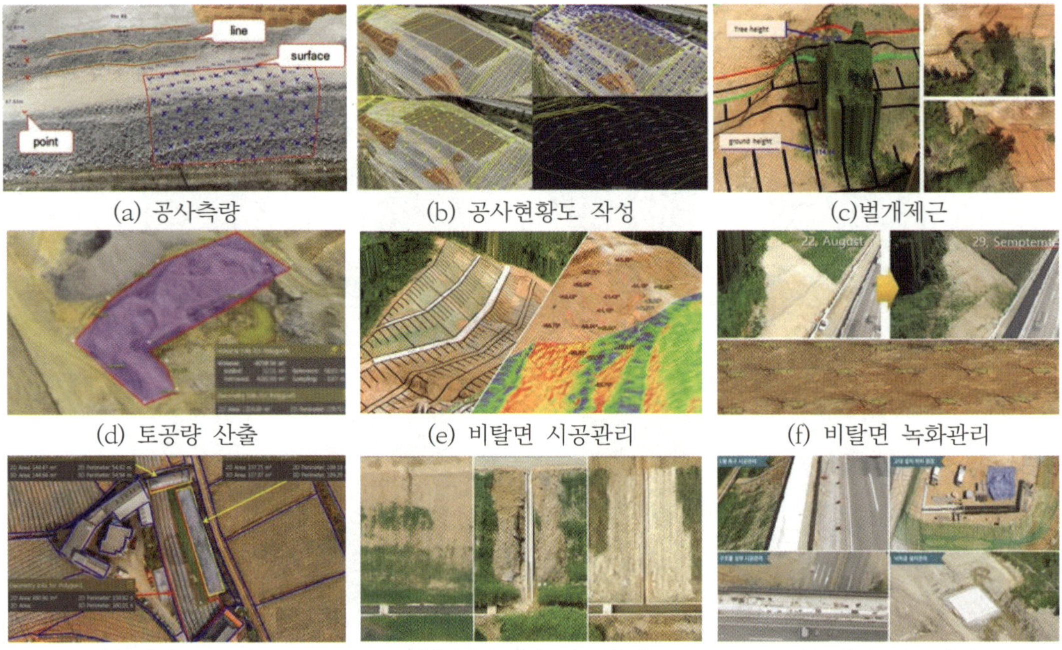

(a) 공사측량 (b) 공사현황도 작성 (c)벌개제근
(d) 토공량 산출 (e) 비탈면 시공관리 (f) 비탈면 녹화관리
(g) 지장물 조사 (h) 배수시설 시공관리 (i) 기타 시공관리

〈그림 3.12〉 도로시공분야 세부 공종 드론 적용 결과

도로시공분야에 있어서는 공사관리 공종 외에도 공정관리, 안전관리, 품질관리, 환경관리의 공종에서도 많은 드론적용 가능공종들이 도출되어 검증작업을 실시하였으며 최종적으로 12개의 세부 공종이 확정되었다. 〈그림 3.13〉은 그 결과의 일부를 보여주는 것으로 공정관리, 기성관리, 비탈면 안전관리, 우기철 취약요인 발굴, 침사지 관리, 폐기물 관리 사례를 보여주고 있다.

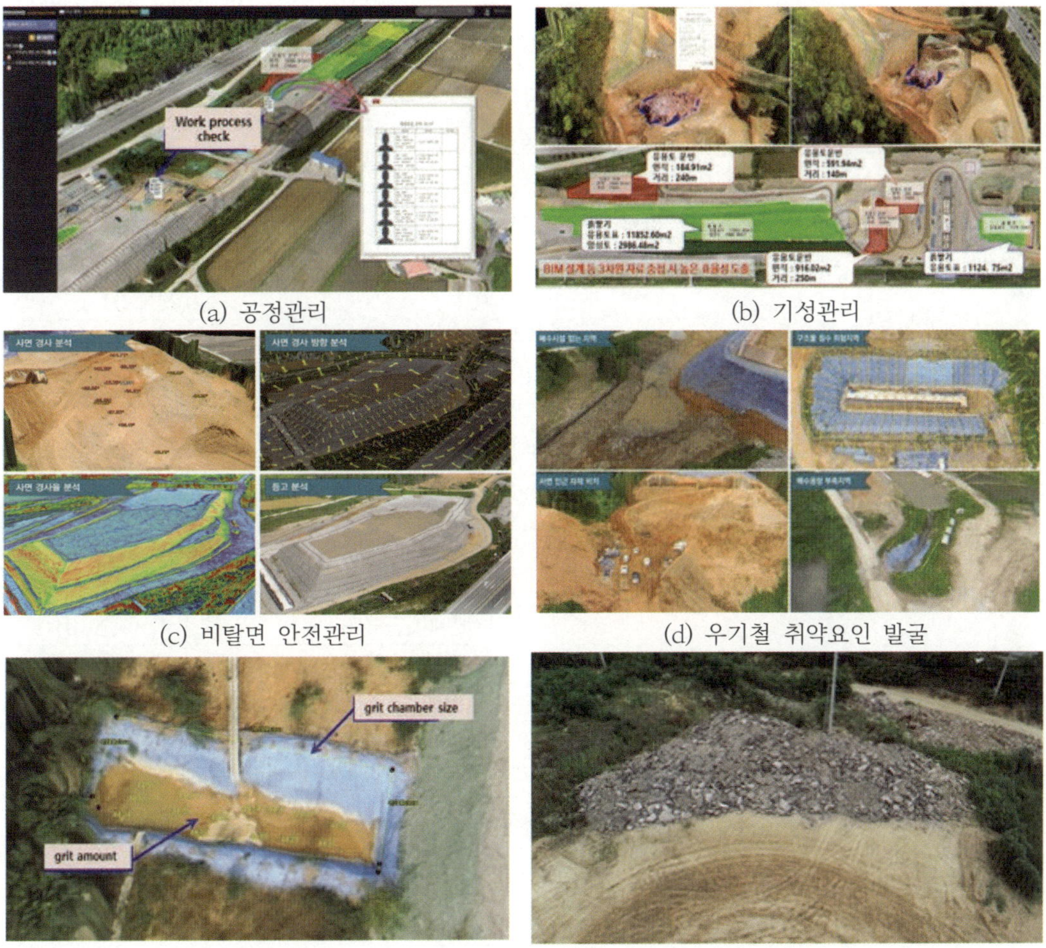

(a) 공정관리 (b) 기성관리

(c) 비탈면 안전관리 (d) 우기철 취약요인 발굴

(e) 침사지 관리 (f) 폐기물 관리

〈그림 3.13〉 도로시공 이외분야의 세부공종 드론 적용결과

드론활용 표준공종의 개발은 '고속도로 건설공사 드론활용 공종 도출 원칙'에 따라 도로생애주기 네 단계를 기본으로 하며, 도로의 계획, 설계, 유지관리 단계는 적용공종까지 이론적으로 도출하고, 시공단계는 세부공종까지 검증작업을 거쳐서 도출한다는 원칙하에 작업이 이루

어졌다. 따라서 연구를 수행한 결과 최종적으로 도로건설현장에서 적용가능한 드론활용 표준공종을 개발할 수 있었다. 〈표 3.14〉는 도로의 계획 및 설계, 유지관리단계의 공종을 도출한 결과이며, 〈표 3.15〉는 도로시공 분야에 있어서의 공종을 세부공종까지 개발한 결과이다. 또한 드론활용 공종의 표준화와 관리의 효율화를 위하여 각각의 공종에 코드를 부여하였다.

〈표 3.14〉 도로의 계획, 설계 및 유지관리 분야에서의 드론 적용 표준공종

<table>
<tr><th>도로생애주기 (Code)</th><th>공 종 (Code)</th><th>적용 코드</th></tr>
<tr><td rowspan="3">도로 계획
(PL)</td><td>후보지조사 (01)</td><td>PL-01</td></tr>
<tr><td>보상 (02)</td><td>PL-02</td></tr>
<tr><td>기타 도로계획 (03)</td><td>PL-03</td></tr>
<tr><td rowspan="3">도로 설계
(EN)</td><td>지형현황측량 (01)</td><td>EN-01</td></tr>
<tr><td>지형정보모델(BIM)구축 (02)</td><td>EN-02</td></tr>
<tr><td>기타 도로설계 (03)</td><td>EN-03</td></tr>
<tr><td rowspan="3">유지관리
(MN)</td><td>안전진단 (01)</td><td>MN-01</td></tr>
<tr><td>구조물 유지관리 (02)</td><td>MN-02</td></tr>
<tr><td>기타 유지관리 (03)</td><td>MN-03</td></tr>
</table>

〈표 3.15〉 도로시공분야 공종별 드론 적용 표준 세부공종의 개발

<table>
<tr><th>도로생애주기(Code)</th><th>공 종 (Code)</th><th>세부공종</th><th>적용코드</th></tr>
<tr><td rowspan="19">도로 시공
(CN)</td><td rowspan="9">공사관리
(01)</td><td>공사측량 (A)</td><td>CN-01A</td></tr>
<tr><td>공사현황도 작성 (B)</td><td>CN-01B</td></tr>
<tr><td>벌개제근 (C)</td><td>CN-01C</td></tr>
<tr><td>토공량 산출 (D)</td><td>CN-01D</td></tr>
<tr><td>비탈면 시공관리 (E)</td><td>CN-01E</td></tr>
<tr><td>비탈면 녹화관리 (F)</td><td>CN-01F</td></tr>
<tr><td>지장물조사 (G)</td><td>CN-01G</td></tr>
<tr><td>배수시설 시공관리 (H)</td><td>CN-01H</td></tr>
<tr><td>기타 시공관리 (I)</td><td>CN-01I</td></tr>
<tr><td rowspan="2">공정관리
(02)</td><td>공정관리 (A)</td><td>CN-02A</td></tr>
<tr><td>기성관리 (B)</td><td>CN-02B</td></tr>
<tr><td rowspan="4">안전관리
(03)</td><td>비탈면 안전관리 (A)</td><td>CN-03A</td></tr>
<tr><td>우기철 취약요인 발굴 (B)</td><td>CN-03B</td></tr>
<tr><td>해빙기 영향분석 (C)</td><td>CN-03C</td></tr>
<tr><td>기타 안전관리 (D)</td><td>CN-03D</td></tr>
<tr><td rowspan="2">품질관리
(04)</td><td>접근곤란 시설물 점검 (A)</td><td>CN-04A</td></tr>
<tr><td>구조물 균열조사 (B)</td><td>CN-04B</td></tr>
</table>

도로생애주기(Code)	공 종 (Code)	세부공종	적용코드
		기타 품질관리 (C)	CN-04C
	환경관리 (05)	침사지 관리 (A)	CN-05A
		폐기물 관리 (B)	CN-05B
		기타 환경관리 (C)	CN-05C

본 사례는 스마트건설 시대를 대비하기 위하여 도로 건설현장에서 드론활용을 위한 표준공종을 개발하기 위한 사례로 두 개의 고속도로 건설현장에 테스트베드를 구축하고 드론측량을 통한 시범적용을 통하여 다음과 같은 결론을 얻을 수 있었다.

첫째, 두 개의 테스트베드에서 다섯 번의 드론 측량(UAV photogrammetry)을 실시하였으며 데이터 처리과정과 성과물을 검수한 결과 「무인비행장치 이용 공공측량 작업지침」의 검수기준을 모두 만족할 수 있었다.

둘째, 도로의 계획, 설계 및 유지관리 단계에서 후보지 조사 등 9개의 드론 활용 표준공종을 개발하였으며, 도로의 시공단계에서는 공사관리, 공정관리, 안전관리, 품질관리, 환경관리의 다섯 개의 공종에 걸쳐서 21개의 세부 공종을 개발할 수 있었다.

셋째, 본 연구에서 개발된 드론활용 표준공종을 향후 도로건설 현장에서 적용한다면 드론적용의 효율성을 가져올 수 있으리라 판단된다.

스마트건설은 현재의 시공기술에 ICT기술과 자동화기술을 접목시켜 보다 효율적이면서 보다 빠르고, 보다 안전하게 시공되는 기술을 말한다. 스마트건설에 있어서는 건설의 생애주기 단계인 계획, 설계, 시공 및 유지관리의 전 단계에서 3차원 데이터로 관리하기 위한 디지털 트윈의 중요성이 늘어나게 될 것이다. 따라서 3차원 디지털 트윈을 만드는데 있어서 가장 효율적인 수단으로 각광받고 있는 무인비행장치, 즉 드론을 도로 건설에 있어서 본 연구에서 개발된 30개의 공종을 활용한다면, 생산성을 높이고 현장 작업자들의 안전을 담보하면서 스마트건설을 앞당기는 데에 기여할 수 있을 것으로 판단된다.

아울러 본 사례는 한국도로공사 도로교통연구원의 2019~2020년도 연구용역사업 「건설현장 표준공종에 드론활용을 위한 방안수립 및 시범운영 연구」에 의하여 수행된 사업이다.

3.4.2 유지관리단계에서의 드론사진측량 활용사례

「시설물의 안전 및 유지관리에 의한 특별법」(법률 제17551호)에서는 시설물을 안전하게 유지관리 하기 위한 안전점검 절차와 그 대상물을 정의하고 있다. 본 사례는 유지관리단계에서 드론사진측량을 활용한 사례로서, 시설물 안전점검 외관조사에 있어서 드론을 활용하여 시설물 안전점검을 실시함으로써 안전성과 효율성을 높인 사례이다. 연구를 위하여 우리나라 최장의 특수교량인 영종대교를 대상으로 드론 촬영을 통하여 안전점검 외관조사를 수행하였으며, 그 결과를 분석하여 드론 활용 안전점검의 범위와 한계를 규명하였을 뿐만 아니라 표준절차와 방법을 정립하였다. 본 사례는 대한토목학회 논문집(Vol. 42, No. 2)에 수록된 '드론 활용 안전점검을 위한 표준절차 정립'(이석배 등)에 기초하고 있으며, 아울러 본 논문은 국토안전관리원의 2020~2021년도 연구용역사업 「드론을 활용한 시설물 안전점검 매뉴얼 및 표준품셈(안) 개발 연구용역」에 의하여 수행된 연구 결과이다.

1) 드론 안전점검 대상 교량의 선정

드론 활용 안전점검 대상교량으로 해상에 설치된 특수교량인 영종대교를 선정하였다. 영종대교는 트러스 블록으로 제작된 현수교로서 강재 주탑과 복잡한 케이블을 가진 특수 교량으로, 해상에 설치되어 바람의 영향을 크게 받고 있으며 교량의 길이가 길어 드론 촬영이 어려운 악조건이었으나 이러한 난관들을 극복할 수 있는지도 판별하기 위하여 드론 활용 안전점검 대상 교량으로 선정하였다.

영종대교는 다이아몬드형의 주탑을 적용한 세계 최초의 3차원 현수교로 섬이었던 영종도와 인천 서구의 육지를 이어주고 있는 교량이다. 1995년 12월에 착공되어 2000년 11월에 완공되었으며 주경간이 300m, 총 길이가 4,420m이며 교량너비 41m로 상부교량은 6차선 도로로, 하부교량은 2차선 도로와 복선철도, 다시 2차선 도로로 이루어져 있다. 주탑은 107m 높이의 강재 주탑이며, 주경간은 300m로 자정식 현수교 중에서 세계 최장 경간을 자랑하고 있다. 현수교 부분은 복층 와렌 트러스(Warren Truss) 블록을 여러 개 제작해 해상 크레인으로 운반하여 조립하는 방법으로 시공되었고, 주탑 부분을 제외한 나머지 교각들은 지질 구조를 고려한 다양한 가물막이 공법이 적용되었다. 고속도로 130호선 인천국제공항고속도로의 일부분으로, 완공 후 도로로의 기능만을 수행하다가 2005년 6월 철도 설치가 완료되었고

2007년 3월 23일부터 공항철도가 함께 운행되고 있다. 현재 영종대교는 구조물 안전성 모니터링을 위해 스트레인 게이지, 가속도계, 풍속계 및 GNSS 등이 교량에 설치되어 있다. 영종대교의 모습은 〈그림 3.14〉와 같으며, 〈그림 3.14〉의 (a)는 영종대교 전경을 (b)는 상부도로를 (c)는 하부도로를 보여주고 있다.

(a) 영종대교 전경

(b) 상부도로

(c) 하부도로

〈그림 3.14〉 영종대교의 모습

2) 영종대교 드론 촬영계획의 수립

영종대교를 대상으로 드론을 활용하여 안전점검을 수행하였다. 먼저 영종대교에 관련된 정보를 수집하고 교량 정보를 분석하였으며, 현장을 방문하여 교량의 부위별로 촬영계획을 수립하고, 촬영계획에 따라 드론 촬영을 수행하였다.

드론에 의한 비행계획은 〈그림 3.15〉와 같이 (a) 트러스 구간 외측면 2.8km 전체에 대한 촬영, (b) 현수교의 메인 케이블과 수직부재 연결 밴드부 550m 구간, (c) 현수교 두 개의 주탑에 대한 촬영, (d) 13개의 교각 외측면에 대한 촬영으로 구분하여 촬영계획을 수립하였다.

(a) 트러스 구간 외측면 2.8km 구간

(b) 현수교의 메인 케이블과 수직부재 연결 밴드부 550m 구간

(c) 현수교 두 개의 주탑 부분

(d) 13개의 교각 외측면

〈그림 3.15〉 영종대교 드론촬영 계획의 수립

3) 드론 촬영

영종대교 드론 촬영은 DJI M600 Pro, DJI M300, Intel Falcon 8+ 드론과 각각 Nikon 27, DJI P1, Sony A7R 카메라를 사용하였다. 영종대교 드론 촬영에 사용된 드론 및 카메라의 제원은 〈표 3.16〉과 같다.

〈표 3.16〉 촬영에 사용된 드론과 카메라

	DJI M600 pro	DJI M300	Intel Falcon 8+
드론 모델			
크기(size)	1668×1518×727 ㎜	810×670×430 ㎜	768×817×160 ㎜
중량(weight)	15kg	7kg	2.8kg
비행시간 (flight time)	About 20 min	About 43 min	Maximum 26 min
적용 풍속	10 m/s (max. 12m/s)	max. 15m/s	12m/s (GPS mode) 16m/s (Manual mode)
	Nikon Z7	DJI P1	Sony A7R
카메라 모델			
카메라 해상도 (resolution)	8,256×5,504 (45.75 MP)	8192×5460 (45 MP)	7,360×4,912 (36.15 MP)
주점거리 (focal length)	35㎜	35㎜	35㎜
영상 GSD	0.87 ㎜/pixel	0.88 ㎜/pixel	0.98 ㎜/pixel

영종대교 드론 촬영은 와렌 트러스 부분, 현수교 메인 케이블, 주탑, 교각의 네 부분으로 나누어 각 촬영대상 인근에 지상관제소를 설치하고 각각 수동촬영으로 촬영계획에 따라 진행

되었다. 교량 부재에 대한 촬영 고도 또는 촬영 거리를 7m를 기준으로 하여 수동촬영으로 진행하였으며, 촬영된 영상의 GSD(Ground Sample Distance)는 DJI M600 Pro의 경우 0.87mm, DJI M300의 경우 0.88mm, Intel Falcon 8+의 경우 0.98mm이었다.

4) 드론 데이터 처리

데이터 처리는 러시아 Agisoft사의 Metashape 소프트웨어를 사용하였다. Metashape을 사용하여 집성정사영상과 수치표면모델(DSM)을 생성하였으며, 사진처리를 위하여 Metashape 사용 전에 Lightroom을, Metashape 사용 후에 Photoshop을 사용하였다. Lightroom의 주요 기능은 각 카메라의 센서 크기나 초점거리 등으로 발생하는 화각 등의 왜곡을 보정하고 사진이 지나치게 어둡거나 밝을 때 동일하게 노출을 보정해 주며 원본 포맷인 raw 파일을 프로그램에서 작업 가능한 jpg로 추출하는 것이다. Photoshop의 주요 기능은 Metashape에서 출력된 정사영상의 주변부 배경의 왜곡된 부분을 잘라내는 것이다. 또한, Metashape에서 자동으로 정사영상을 생성할 수 없을 경우 이미지의 수직과 수평을 맞추고 수작업으로 사진을 이어 붙이는 기능을 수행하였다.

〈그림 3.16〉은 영종대교 각 부재별 드론 촬영계획에 따라 촬영을 실시하고 데이터를 처리한 후 얻은 각 부재별 정사영상을 나타내고 있다. 〈그림 3.16〉의 (a) 영종대교 트러스 구간 외측면을 촬영한 결과의 일부 구간을 보여주고 있고, (b)는 현수교의 메인 케이블 구간을 보여주고 있으며, (c)는 현수교 주탑 외측면에 대한 영상을 보여주고 있으며, (d)는 서측 4번 교각 외측면을 보여주고 있다. 〈그림 3.16〉과 같이 영종대교를 각 부재별로 촬영한 영상을 Metashape 소프트웨어로 처리하여 각 부재의 정사영상을 얻을 수 있었다.

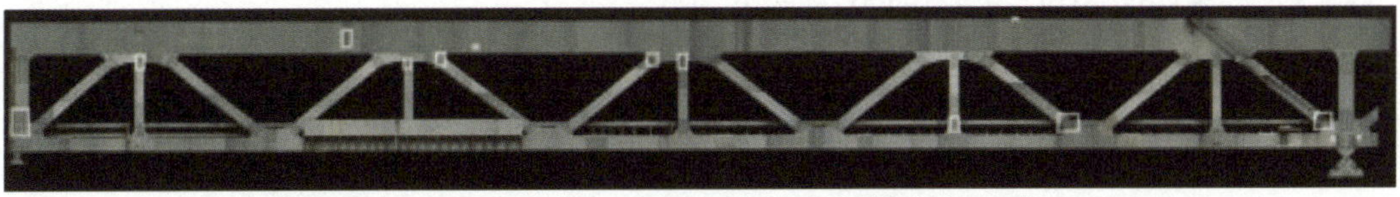

(a) 영종대교 와렌 트러스 구간 외측면(일부 구간)

(b) 현수교 메인 케이블 구간

(c) 현수교 주탑 외측면 (높이 107m)

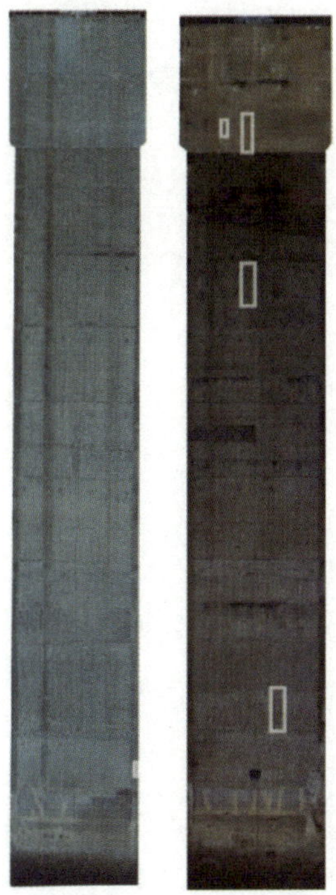

(d) 서측 4번 교각 외측면
(left: South image, right: North image)

〈그림 3.16〉 영종대교 각 부재별 정사영상

5) 드론 영상에 의한 외관조사 상태평가

드론으로 취득한 영종대교 각 부재의 단사진 및 정사사진을 활용하여 외관조사 상태평가를 수행하였다. 외관조사는 영종대교의 바깥쪽으로 노출된 부분의 영상을 활용하여 수행하였으며, 교량 보의 바닥 부분이나 교좌장치, 통로 내측 등에 대해서는 드론 영상을 촬영할 수가 없어서 상태평가에서 제외되었다. 본 연구에서 수행한 외관조사 상태평가 결과중 트러스 구간, 메인 케이블, 주탑 및 교각의 주요 부재별로 각각 2장씩의 사진을 선별하여 〈그림 3.17〉에 제시하였다. 〈그림 3.17〉에서 보는 것과 같이 사진 (a)와 (b)는 영종대교 서쪽 7번 교각과 8번 교각 사이의 와렌 크러스(warren truss) 구간으로서 (a)는 북쪽면의 도장박리를 보여주고 있으며, (b)는 볼트체결부에서 20개의 볼트가 부식되었음을 보여주고 있다. 사진 (c)와 (d)는 영종대교 현수교 메인 케이블로서 (c)는 케이블 연결부위의 확대사진을 보여주고 있고, (d)는 케이블 연결부위의 도장 손상을 보여주고 있다. 사진 (e)와 (f)는 영종대교 주탑부 사진으로서 (e)는 주탑 난간부 확대사진을 보여주고 있고, (f)는 주탑 난간부의 보수부위가 다시 손상되고 도장박리된 모습을 보여주고 있다. 사진 (g)와 (h)는 영종대교 교각 사진으로서 (g)는 서쪽 3번 교각 북쪽면의 철근 노출을 보여주고 있으며, (h)는 동쪽 7번 교각의 남쪽면에 백태가 발생하였음을 보여주고 있다.

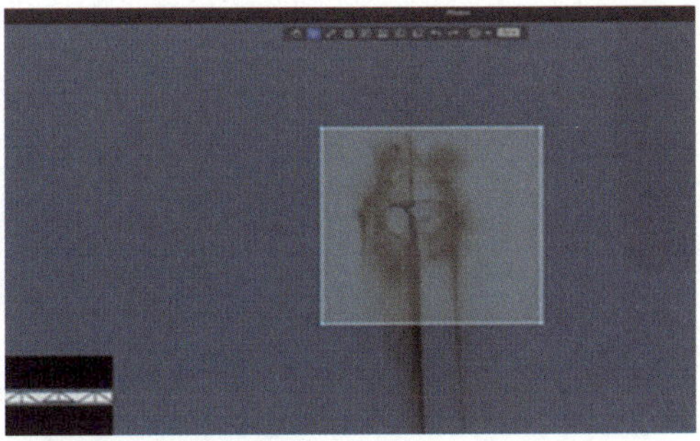

(a) 서측 피어 7번과 8번 사이의
트러스 북쪽면 도장박리

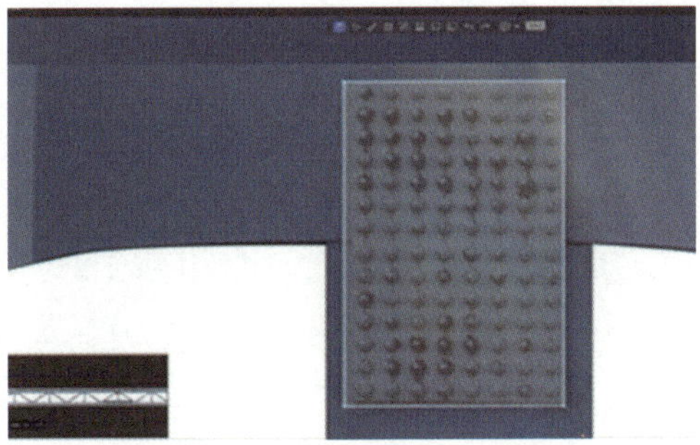

(b) 서측 피어 7번과 8번 사이의
트러스 볼트체결부 부식상태(20개 볼트)

(c) 케이블 연결부위의 확대사진

(d) 케이블 연결부위의 도장 손상

(e) 주탑 난간부 확대사진

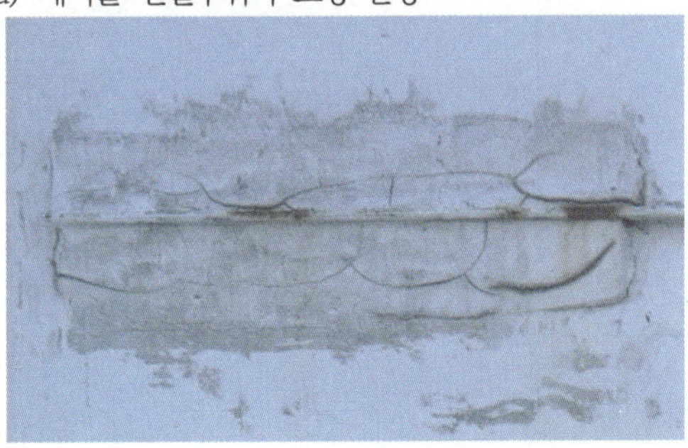

(f) 주탑 난간부 보수부위 손상 및
도장박리 모습

(g) 서쪽 3번 교각 북쪽면 철근 노출
(좌측 140mm, 우측:70mm length)

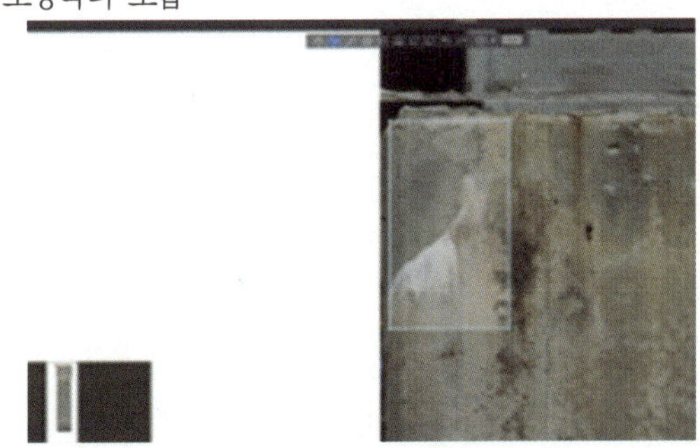

(h) 동쪽 7번 교각 남쪽면 백태 발생
(면적 0.01㎡ area)

〈그림 3.17〉 영종대교 각 부재의 외관조사 상태평가

6) 드론 활용 교량 안전점검의 표준절차

드론활용 교량 안전점검을 위하여 영종대교를 대상으로 드론 촬영계획에 따라 교량 측면부 트러스교, 현수교 메인 케이블, 주탑, 교각의 네 부분으로 나누어 드론 촬영을 실시하고 정사영상을 제작하였으며, 단사진과 정사영상을 분석하여 외관조사 상태평가를 수행하였다. 이 과정에서 먼저 영종대교에 대한 도면 정보 등을 수집하여 분석하였으며 또 안전점검이 완료된 후에는 외관조사망도를 작성하고 결과의 공유를 위하여 드론 안전점검시스템에 데이터베이스(DB)를 구축하였다. 이 과정에서 정리와 분석을 통하여 〈표 3.17〉과 같은 드론 활용 교량 안전점검의 표준절차를 정립할 수 있었다.

〈표 3.17〉 드론 활용 시설물 안전점검 단계별 주요 내용

단 계	업무	주요 내용
1단계	시설물 정보수집 및 확인	• 안전점검 대상 시설물의 제원, 도면 등 정보수집 • 안전점검 이력 및 시설물 상태 확인
2단계	취약부 분석 및 비행계획	• 전체 시설물에 대한 1단계 드론 촬영 계획 수립 • 시설물 안전점검 이력에 의한 취약부 분석 • 취약부를 중심으로 한 2단계 드론 중점촬영 부위 선정 • 2단계 드론 중점촬영 부위에 대한 촬영계획 수립
3단계	드론촬영 및 성과검수	• 드론 촬영 허가 및 비행 승인 • 시설물 드론 촬영 수행 • 데이터 처리 및 성과물 제작, 성과검수
4단계	외관조사 상태평가	• 정사영상 및 원본사진에 의한 외관조사 • 외관조사 상태평가 수행
5단계	외관조사망도 및 DB 구축	• 디지털 외관조사망도 작성 • 안전점검시스템에 데이터베이스(DB) 구축

드론 활용 교량 안전점검의 표준절차는 다섯 단계(stage)로 정리되었으며, 단계별 내용은 1단계: 시설물 정보수집 및 분석, 2단계: 취약부 분석 및 비행계획, 3단계: 드론 촬영 및 데이터 처리, 4단계: 외관조사 상태평가, 5단계: 외관조사망도 및 DB 구축이다. 각 단계별로 이루어져야 할 주요 내용을 살펴보면 〈표 3.17〉에서 보는 것과 같이 1단계인 시설물 정보수집 및 분석 단계에서는 안전점검 대상 시설물의 제원, 도면 등 정보수집과 안전점검 이력 및 시설물 상태 확인이 이루어져야 하며, 2단계인 취약부 분석 및 비행계획 단계에서는 시설물 안전점검 이력에 의한 취약부를 분석하며 전체 시설물에 대한 드론 촬영 계획과 취약부를 중심으로 한

드론 촬영계획을 수립하는 것이다. 3단계인 드론 촬영 및 데이터 처리 단계에서는 드론 촬영 허가 및 비행 승인, 시설물 드론 촬영 수행, 데이터 처리 및 성과물 제작, 성과검수가 주요 내용이며, 4단계인 외관조사 상태평가 단계에서는 정사영상 및 원본사진에 의한 외관조사와 외관조사 상태평가 수행으로 나누어진다. 마지막 5단계인 외관조사망도 및 DB 구축 단계에서는 디지털 외관조사망도를 작성하고 안전점검시스템에 데이터베이스(DB)를 구축하는 단계이다.

따라서 드론을 활용하여 교량 안전점검을 수행할 때에는 이와 같은 표준절차에 따라서 계획을 수립하고 안전점검을 수행한다면 보다 체계적이고 효율적으로 작업을 수행할 수 있을 것으로 기대된다.

CHAPTER

04 도로 및 철도측량

4.1 도로 및 철도

4.1.1 우리나라의 도로 및 철도

도로란 일반인의 교통을 위하여 제공되는 도로를 말하며 고속국도, 일반국도, 지방도 등으로 구분된다. 우리나라 도로의 현황은 2023년 기준으로 고속국도 4,973㎞, 일반국도 14,220㎞, 특별광역시도 22,160㎞, 지방도 18,349㎞, 시·군도 56,176㎞로 총연장은 115,878㎞이며 포장율은 95.4%에 이른다. 아울러 도로보급률은 국토면적당 연장이 1.14㎞/㎢, 인구당 연장이 2.22 ㎞/천명이어서 OECD 37개국중에서 하위권을 차지하고 있다.

철도란 여객 또는 화물을 운송하는 데 필요한 철도시설과 철도차량 및 이와 관련된 운영·지원체계가 유기적으로 구성된 운송체계를 말한다. 한국 철도의 출발은 1899년 제물포에서 노량진 사이의 경인선 철도가 개통된 것으로 지난 125년 동안에 놀라운 성장과 발전을 거듭하였다. 철도는 고속선, 준고속선, 간선과 지선, 도시철도로 구분되며, 2023년 기준으로 그 연장은 고속선 643.1㎞, 준고속선 326.1㎞, 간선 2,632.3㎞, 도시철도 1,610.1㎞이다.

토목인프라시설물에서 도로와 철도가 차지하는 비중은 매우 높고 현재 건설중인 도로와 철도도 매우 많아서 그 중요성이 높다고 할 수 있다. 도로와 철도의 생애주기는 〈그림 4.1〉과 같다. 계획단계를 거쳐서 기본설계가 이루어지며, 기본설계후 최종 노선에 대하여 실시설계가 이루어진다. 실시설계가 이루어지면 발주 단계를 거쳐서 시공자와 감리자를 결정하게 된다. 결정된 시공자는 실시설계 도서에 따라 시공을 하게 되고, 감리자 또한 실시설계 내용대로 시공이 이루어지는지 관리감독하게 된다. 시공이 완성되면 준공검사를 거쳐서 일반 국민들의 사용단계로 이어지게 되며, 이러한 사용단계에서 안전점검 등의 유지관리가 이루어지게 된다.

계획

↓

기본설계

↓

실시설계

↓

발주 (시공자·감리자 결정)

↓

시공 및 감리

↓

준공

↓

유지관리

〈그림 4.1〉 도로와 철도의 생애주기

4.2 도로 및 철도의 측량방법

도로 및 철도의 측량은 〈그림 4.2〉와 같이 이루어지며 이를 자세히 설명하면 다음과 같다.

작업계획

↓

기준점측량 및 수준점측량

↓

임시기준점측량 및 임시수준점측량

↓

지형현황측량

↓

용지측량

↓

지장물조사 및 지하시설물측량

〈그림 4.2〉 도로 및 철도의 측량

4.2.1 작업계획

설계측량 착수 전 도로 및 철도 측량 계획노선에 대해 조사팀을 구성하고, 선정된 모든 노선에 대한 현지답사 및 조사를 통하여 다음과 같이 최적의 측량계획을 수립한 후 측량에 착수하여야 한다.

① 세계측지계, 측량의 원점과 수치, 평면직각좌표의 기준은 공간정보의 구축 및 관리 등에 관한 법률에 따른다.

② 다만, 철도측량의 표고는 국토지리정보원이 고시한 표고에 100 m를 더하여 기준표고로 한다.

③ 철도선로의 곡선은 반지름으로 표시하며, 기울기는 ‰(천분율)로 표시한다.

④ 도로 및 철도 설계측량은 공공측량 작업계획서를 작성, 제출하여야 한다.

⑤ 도로 및 철도 설계측량 보고서에는 책임측량기술자가 서명·날인하여야 한다.

4.2.2 기준점측량

기준점측량은 국가기준점이나 기존 설계기준점을 기준하여 GNSS 측량 및 수준측량을 실시한다. 설계기준점은 지반이 견고하고 시계가 양호하며 GNSS 전파수신의 장애가 없는 지점에 선점해야 한다. 설계기준점은 예정노선을 따라 약 500 m 간격으로 2점 이상 배치함을 원칙으로 하며, 도로 및 철도 노선의 시작과 끝부분에 각각 2점 이상의 평면기준점을 설치하여야 한다. 산악지, 도심지 등 일정 간격으로 설치할 수 없는 경우에는 기준점 설치 간격을 조정할 수 있다. 또 설계기준점의 위치결정은 반드시 4점 이상의 국가삼각점을 사용하여 GNSS 측량, 삼각측량, 삼변측량, 트래버스측량 등의 방법으로 실시한다.

GNSS에 의한 설계기준점 측량 시 다음 사항을 고려하여 실시하여야 한다.

① 국가기준점 중 위성기준점, 통합기준점, 삼각점, 공공수준점과 설계기준점으로 구성하는데 세션 간 중복점이 2점 이상 되도록 GNSS 관측망을 구성해야 한다.

② 표고기준으로 사용될 설계기준점은 약 2 km마다 1점 이상 배치하여야 하며, GNSS 관측은 세션 모두 정지측위 방법 등으로 실시한다.

③ GNSS 관측은 정상 운영 중이며 고도각 15° 이상인 GNSS 위성신호를 동시에 4개 이상 수신해야 하고 세션당 2시간 이상 연속되어야 하며, 데이터 취득 간격은 30초로 한다.

④ GNSS 관측 데이터에 대한 점검 및 평균 계산을 실시하여 경위도, 평면직각좌표 등 설계기

준점의 성과를 결정한다.

⑤ 기선해석은 국가기준점을 고정한 고정해법으로 관측도에 표시된 모든 기선벡터를 산출한다.

⑥ 평균계산은 위성기준점, 통합기준점, 삼각점의 평면위치와 공공수준점과 공공기준점의 표고를 고정하여 실시한다.

4.2.3 수준점측량

설계수준점 표고는 1등·2등 수준점과 철도기준점을 연결하는 수준노선을 선정하여 직접수준측량을 실시하여 결정한다. 또 설계기준점의 표고는 1등·2등 수준점을 고정한 수준망 조정에 의하여 결정한다.

4.2.4 임시기준점측량

세부측량의 실측을 원활히 수행하기 위하여 설계기준점 사이에 임시기준점을 설치할 수 있다. 임시기준점측량은 설계기준점을 기준으로 한다. 임시기준점의 평면위치는 결합트래버스측량 또는 GNSS 측량에 의해 결정되고, 표고는 수준측량으로 결정한다.

4.2.5 임시수준점측량

임시수준점 측량은 왕복 관측을 실시 하고 최대시준거리는 70 m 이내로 하며, 표척의 읽음은 1 mm 단위로 한다. 임시수준점의 설치측량은 평지에서는 1 ~ 3급 수준측량, 산지에서는 1 ~ 4급 수준측량으로 하며 "공공측량 작업규정"의 정확도에 준하여 실시한다.

4.2.6 지형현황측량

지형현황측량은 토털스테이션, RTK-GNSS, 지상 레이저스캐너, 항공레이저측량, 유·무인비행장치 등을 이용하며, 지형·지물의 좌표를 관측하여 그 값을 도시하거나 컴퓨터 등 정보기기를 이용하여 수치데이터 형태로 제작하여 저장하여야 한다. 3차원 영상데이터를 이용한 지형현황측량은 항공사진측량과 무인비행장치 측량을 실시하여 취득한 3차원 영상데이터를 적용하여야 한다.

도로 및 철도 노선이 산악지형인 경우에는 터널 및 교량의 시 · 종점부는 무인비행장치측량으로, 토공사구간은 지상측량방법으로 보완측량을 실시하거나 항공레이저측량 등을 실시하여 수목에 의한 표고오차를 보정하며, 지형현황도면의 축척은 1:1,000으로 실시하는 것을 원칙으로 한다. 3차원 지형모델구축을 위하여는 3차원 점군데이터를 이용하여 LandXML, CSV, GIS 파일 등으로 작성하여 BIM 도로 및 철도 설계모델에 적용한다.

4.2.7 용지측량

도로 용지측량은 실시설계에 근거하여 노선중심선 직각 방향으로 용지경계 표지를 설치하는 측량과 실시설계의 과업지역에 편입되어 손실보상의 대상이 되는 토지등에 대해 손실보상을 위한 도면 및 토지의 세목조사서 작성을 위한 측량을 수행한다. 노선 횡단면도 및 용지도로부터 용지분할을 위한 용지경계 좌표를 취득하고, 현장에서 토털스테이션 또는 GNSS를 이용하여 해당 위치에 용지경계 표지를 설치한다. 용지경계 표지는 노선중심선의 측점 좌우에 설치하여야 하며, 신설구간 및 확장부는 20m, 기존 도로부 구간은 40m간격으로 설치한다.

철도 용지측량은 실시설계에 근거하여 선로중심선 직각 방향으로 용지경계 표지를 설치하는 측량과 실시설계의 과업지역에 편입되어 손실보상의 대상이 되는 토지등에 대한 손실보상을 위한 도면 및 토지의 세목조서 작성을 위한 측량을 수행한다. 선로 횡단면도 및 용지도로부터 용지분할을 위한 용지경계 좌표를 취득하고, 현장에서 토털스테이션 또는 GNSS을 이용하여 해당 위치에 용지경계 표지를 설치한다. 용지경계 표지란 경계점의 위치를 표시하는 것으로 용지경계 표지는 평지구간에서 200m 내외간격, 곡선구간에서 0~50m내외간격으로 설치한다. 산지부 경계 등 변화가 심한 곳에서는 거리와 관계없이 변곡점에 설치하여 철도 용지의 용지경계가 명확하도록 하여야 한다.

도로 및 철도 용지에 사용하는 지도는 해당지자체의 협조를 받아 취득한 연속지적도를 기반으로 작성한다. 용지도는 축척 1:1,000으로 작성한다. 아울러 지적도와 용지도를 참조하여 등기부등본 및 토지대장(임야대장)을 해당 법원 및 시·군·구 에서 발부받아 지적공부조사를 실시한다.

4.2.8 지장물조사측량

실시설계시 과업지역에 편입되어 손실보상의 대상이 되는 지장물건을 정확히 조사하여 '공익사업을 위한 토지 등의 취득 및 보상에 관한 법률' 등에 따른 손실보상에 필요한 현황조서를 작성한다. 도로 및 철도건설용지는 좌·우 경계선으로부터 충분한 범위 내의 지형, 경계, 형질변경상태, 건물, 분묘, 관정, 전주를 비롯한 제반 물건을 실측, 조사하여야 한다.

4.2.9 지하시설물측량

지하시설물 주변의 굴착이나 지하시설물의 이설, 변경 등의 행위를 할 때는 해당 지하시설물 관리기관의 협의나 승인을 받아야 한다. 실측된 지하시설물 현황은 「공공측량 작업규정」에 따라 수치화된 지하시설물도를 작성하여 납품하여야 하며 실측이 이루어지지 않은 지하시설물에 대하여는 탐사 방법에 의한 지하시설물도를 작성하여야 한다. 아울러 지하시설물도는 국가지리정보체계(NGIS)와 연계되어야 한다.

4.3 도로측량의 절차

4.3.1 노선답사

노선측량을 실시하기 전에 예정노선을 따라 현장답사를 실시한다. 현장답사에서 측량을 효율적으로 수행하기 위하여 지형·지물의 상태를 파악하고 답사로 얻어진 자료 등을 기초로 세부측량의 실시계획을 수립하여야 한다.

4.3.2 노선선점(선형결정)

측량의 능률, 정확도의 확보, 측표의 유지관리 등의 문제점을 고려하여 측량구역의 지형·지물에 알맞은 적절한 위치에 측점을 선점한다. 측점은 지반이 견고하고, 각과 거리측정에 편리하며 교통과 자연재해 등의 장애를 받지 않는 지점을 선점한다.

4.3.3 중심선측량

중심선측량이란 주요점 및 중심점을 현지에 설치하고 선형지형도를 작성하는 작업을 말하며, 측점번호가 기록된 중심선 측점을 현장에 견고하게 설치하여야 한다. 중심점 간격은 다음 〈표 4.1〉을 표준으로 한다.

〈표 4.1〉 중심점 간격

종 별		간 격
도 로	계획조사	100 m 또는 50 m
	실시설계	20 m

측점 간격은 20 m로 하고 지형상 종·횡단 변화가 있는 지점, 구조물 설치점, 곡선의 시 · 종점 또는 완화곡선의 시 · 종점 등의 시공상 중요한 지점에는 중간 측점을 설치하여야 한다. 다만, 하천 및 해안의 중심선측량 등에서는 측점 간격을 조정할 수 있다. 중심선측량을 RTK-GNSS측량으로 수행할 때에는 기준국과 이동국 간의 거리를 500 m 이내로 하며, 측량 착수 전과 종료 후에 현장 주변의 설계기준점 또는 중간점을 검측하여 그 위치의 정확도를 확인하여야 한다. 중심선형 평면도에는 지형현황도에 주요점 및 중심점의 좌표를 전개하여 작성한다.

4.3.4 종단측량

종단측량은 중심선에 설치된 측점 및 변화점 또는 중요점에 설치한 중심측점, 추가 측점, 보조측점을 기준으로 하여 중심선의 지반고를 결정하는 것을 말하며 지형 및 기타 주변 여건에 따라 직접수준측량에 의하여 실시한다. 단, 부득이한 경우 간접수준측량을 실시할 수 있다. 노선측량의 종단면도는 종단측량의 결과에 따라 작성하며, 가로의 축척은 선형지형도의 축척과 동일, 높이의 축척은 선형지형도의 축척의 5~10배를 표준으로 한다. 교량가설 지점의 전·후 20 m 구간은 매 5 m마다, 교량구간은 교각 설치지점마다 횡단측량을 실시하여야 한다.

4.3.5 횡단측량

횡단측량은 중심선형을 기준으로 하여 직각 방향으로 측량하되 좌·우로 지반고가 변하는 지점의 고저 또는 표고와 거리를 측정하며 좌·우 횡단측량 범위는 용지 경계 이상이 되도록 하여야 한다. 설계에 필요한 횡단측량의 범위는 토공 경계선에서 최소한 좌·우 50 m 이상으로 한다.

횡단측량의 지반고 측량은 지형 여건에 따라 직접수준측량 또는 간접수준측량에 의해 결정한다. 다만, 하천 및 해안에서 횡단측량을 실시할 경우에는 수심측량을 이용하는 점고법 측량 방법을 선택할 수도 있다. 수심측량은 음향측심기의 사용을 원칙으로 하고 장애물이나 측량선의 진입이 곤란한 곳에서는 육상수준측량, 연추 측량 등으로 실시할 수 있다. 수치표면자료, 수치표고모형, 3차원 수치지형도 등을 이용하여 횡단면도를 자동으로 작성할 경우에는 종·횡단측량을 생략할 수 있다.

4.4 철도측량의 절차

4.4.1 답사

국가기본도 또는 지방자치단체 · 공공기관 등이 제작한 지형도상에 계획한 선로의 시점, 종점, 통과지, 거리 및 최대 기울기, 곡선 최소반지름, 주요 구조물 등의 위치를 비롯한 제반 조건을 현장과 대조하여 철도분야 전자도면작성표준에 따라 선로평면도 및 선로종단면도를 작성한다.

4.4.2 예측

예측에서는 기본계획 또는 기본설계 단계에서 시행하며, 답사에서 선정한 노선을 따라 평면측량, 수준측량, 현황측량 등을 실시하여 선로중심선, 시공기면, 정거장, 신호소 및 기타 필요시설을 개략적으로 계획하고, 계획선로의 기능과 성능에 적합한 최적노선을 선정하는 근거자료를 작성한다. 평면위치측량은 예비선로 주위에 매설된 국가기준점, 철도기준점, 공공삼각점을 기준으로 중심선의 측점간격은 40 m 이하로 한다. 중심선 및 주요 지점의 표고는 1등·2등 수준점, 철도기준점, 공공수준점을 기준으로 직접수준측량으로 측정한다. 다만, 급경사지역, 산악지역과 같이 직접수준측량이 어려운 지역에서는 토털스테이션, GNSS 등에 의한 간접수준측량을 할 수 있다.

아울러 교량, 터널 등의 주요 시설물 설치위치를 예측·결정하는 기초자료로 활용하기 위하여 중심선에서 좌우 약 600 m 범위의 지형 및 지하·지상물 조사 측량을 실시해야 한다. 현장조사, 예측 등의 작업이 완료되면 철도 분야 전자도면 작성표준에 따라 선로평면도(1:5,000), 선로종단면도(가로 1:5,000, 세로 1:1,000), 선로일람도, 보고서를 작성하여야 한다.

4.4.3 실측

실시설계를 위한 현황측량, 중심선측량, 종단측량, 횡단측량, 기타측량으로 구분하여 시행한다.

실측을 원활히 수행하기 위하여 철도기준점 사이에 중간점을 설치할 수 있다. 중간점측량은 철도기준점을 기준하며, 그 방법 및 정확도는 다음과 같다.

① 중간점의 평면위치는 결합트래버스측량 또는 GNSS측량에 의해 결정하고, 표고는 수준측량에 결정한다.

② GNSS측량에 있어서 관측망은 철도기준점과 중간점을 연결하는 다각망을 구성한다. 관측은 세션당 1시간 이상 연속관측해야 하며, 데이터 취득간격은 30초로 한다. 망조정은 철도기준점을 고정점으로 하여 평균계산을 한다.

③ 수준측량은 왕복 관측을 해야 하고 최대 시준거리는 70 m 이내로 하며, 표척의 읽음은 1 mm 단위로 한다. 측량 결과 왕복차, 기지점간 결합오차, 환폐합차의 허용범위를 초과하는 경우 재측해야 한다.

4.4.4 현황측량

현황측량은 철도기준점을 기준으로 선로중심선 좌우 200 m 폭 내부의 지형 및 지장물과 1 m 간격의 등고선을 측정하여 수치현황도를 작성한다. 현황측량을 항공사진측량에 의해 수행할 때에는 「항공사진측량 작업 및 성과에 관한 규정」에 따라야 한다. 현황측량을 네트워크

RTK측량으로 수행할 경우에는「공공측량 작업규정」에 따라야 한다.

4.4.5 중심선측량

중심선측량은 철도기준점 또는 중간점을 기준점으로 수행하며, 선로의 교점, 곡선 시·종점, 완화곡선 시·종점, 구조물 설치지점의 표지는 견고하게 설치해야 하고 망실·훼손·변위를 대비하여 인조점을 설치한다. 중심점 설치간격은 20 m로 한다. 단, 지형상 종·횡단 변화가 심한 지점, 기타 주요 지점에는 중간점을 설치해야 하며, 하천, 해안, 도심지 등과 같은 장애물이 많은 지역에서는 사전 공사감독자의 승인을 얻어 중심점 설치간격을 20 m 이상으로 할 수 있다. 또 중심선측량을 RTK-GNSS측량으로 수행할 때에는 기준국과 이동국간의 거리를 500 m 이내로 하며, 측량 착수 전과 종료 후에 현장주변의 철도기준점 또는 중간점을 검측하여 그 위치정확도를 확인해야 한다.

4.4.6 종단측량

종단측량은 철도기준점 또는 중간점으로부터 폐합 또는 결합수준측량 방식으로 실시해야 하며, 직접수준측량 시준거리는 70 m 이내로 하고 표척은 1 mm 단위까지 읽는다. 지형 및 기타 주변여건상 직접수준측량이 불가능한 산림지, 도심지 등에서는 GNSS 및 토털스테이션 등에 의한 간접수준측량을 할 수 있다. 선로중심선이 하천, 저수지 및 홍수 시 범람지구를 경유할 경우에는 평수위와 과거 최대홍수위 및 발생연월일을 조사해야 하고, 해안에 근접할 경우에는 약최고고조면 및 평균해면을 조사해야 한다.

4.4.7 횡단측량

중심점을 기준으로 중심선의 직각방향 좌·우 횡단에서 지반고가 변하는 지점의 표고차와 거리를 측정한다. 표고차는 직접수준측량 또는 토털스테이션에 의한 간접수준측량으로 측정하며, 거리는 거리측량기 또는 줄자 등을 사용한다. 또한 하천 및 해안에서의 횡단측량이 필요한 경우에는 수심측량방법에 의하여 실시한다. 횡단측량의 폭은 중심점으로부터 좌우 50 m 이상으로 하나, 설계조건과 작업지역의 지형여건에 따라 결정한다. 횡단측량시 지하시설물을 포함한 지상구조물은 재질, 형태, 명칭, 용도와 지하시설물의 경우 지하시설물탐사장비 등에 의해 측정된 지하심도, 위치를 별도로 기록해야 한다.

실측이 완료되면 철도분야 전자도면작성표준에 따라 선로평면도(1:1,000), 선로종단면도(가로 1:1,000, 세로 1:400), 선로횡단면도(1:100), 정거장 평면도(1:1,000)를 작성한다. 기준점, 중심선 및 종·횡단측량 결과를 항공사진측량 등에 따라 작성된 현황도에 투영하여 성과품을 상호 비교·검수해야 하며, 허용정확도에 미치지 못하는 성과품에 대하여는 보완 또는 재측량을 하여야 한다.

4.5 3차원 디지털측량

4.5.1 도로 및 철도설계를 위한 3차원 디지털측량

도로설계를 위한 수치지형모델 구축은 3차원 점군데이터를 이용하여 수치표고모형을 작성하고 BIM 설계모델링을 중첩하여 노선의 최적 선형을 검토한다. 3차원 기준점측량은 GNSS, RTK-GNSS, 토털스테이션을 이용하여 3차원 위치데이터를 취득한다. 영상데이터를 이용한 도로 및 철도 설계측량은 항공사진측량과 무인비행장치 측량이 있으며, 3차원 영상데이터를 취득하여 지형현황측량에 활용한다.

포인트클라우드로 형성되는 레이저데이터를 이용한 도로 및 철도 설계측량은 항공레이저측량, 무인비행장치 측량, 지상 레이저스캐너측량, 이동형 레이저스캐너측량을 실시하여 3차원 점군데이터를 취득하고 지형 및 시설물의 형태와 규격, 수량, 면적 등을 산출하는 설계에 적용한다. 그리고 3차원 기준점측량 성과, 수치표면모델, 수치지형모델, 수치표고모형, 불규칙삼각망자료 등을 이용하여 3차원 모델을 작성하고 BIM 설계모델과 결합하여 3차원 지형모델을 작성한다. 3차원 지형모델은 CSV, GIS, LandXML 스키마 구조를 가진 LandInfraGML 형식 등 BIM 설계모델에 적용할 수 있는 데이터를 적용한다.

4.6 도로 및 철도 측량의 품질관리

4.6.1 평면위치측량의 허용오차

설계기준점 평면위치측량에서 GNSS 관측데이터 점검계산은 단위 삼각망의 환폐합차 및 중복관측된 기선벡터의 교차를 구하며, 다음 〈표 4.2〉의 허용범위를 초과할 경우 재측량을 하여야 한다.

〈표 4.2〉 설계기준점 평면위치측량 허용범위

대상	점검사항	허용범위	비고
단위삼각망	기선해석에 의한 △X, △Y, △Z, 각 성분의 폐합차	25 mm $\sqrt{N}$	N: 기선(변)수
중복 관측변	기선해석에 의한△X, △Y, △Z, 각 성분의 교차	25 mm	

중심선측량 점검측량은 인접하는 중심점 등의 점간 거리의 계산값과 측정값과의 교차를 구하여 실시한다. 교차의 허용범위는 다음 〈표 4.3〉 에 따른다.

〈표 4.3〉 중심선측량 점검측량 허용범위

구분 \ 거리	20 m 미만	20 m 이상	비 고
평 지	0.01 m	S/2,000	S는 점간 거리의 계산값
산 지	0.02 m	S/1,000	

횡단측량에서 중심점과 끝점의 거리 및 표고의 측정값과 점검 측량값의 교차의 허용범위는 다음 〈표 4.4〉에 따른다.

〈표 4.4〉 횡단측량 허용범위

구 분	거 리	표 고	비 고
평 지	L/500	0.02 m + 0.05 m $\sqrt{L}$	L은 중심말뚝과 말단 기준말뚝 간의 측정거리(m 단위)
산 지	L/300	0.05 m + 0.15 m $\sqrt{L}$	

4.6.2 표고측량 허용오차

설계기준점 표고측량에서 수준측량계산부로부터 노선왕복차, 환폐합차 또는 기지점에서 다른 기지점까지 폐합차를 구하고 다음 〈표 4.5〉의 허용범위를 초과할 경우 재측량하여야 한다.

〈표 4.5〉 설계기준점 표고측량 허용범위

대상	점검 사항	허용 범위	비고
수준노선	왕복차	$5\text{ mm}\sqrt{S}$	S: 편도거리 (km)
	기지점간 결합오차	$15\text{ mm}\sqrt{S}$	
수준환	환폐합차	$5\text{ mm}\sqrt{S}$	

4.6.3 지상기준점 배치밀도

지형현황 세부측량을 위한 지상기준점의 배치는 작업 대상 지역의 형상, 측량기기, 현지 지형의 시통상태 등을 고려하여 정하여야 한다.

〈표 4.6〉 지상기준점 배치 밀도

10,000 ㎡당 배점 밀도			
축척 \ 지역	시가지	시가지근교	산지
1:250	7점	6점	7점
1:500	6점	5점	6점
1:1,000	5점	4점	4점

지형도의 정확도 표준은 다음 〈표 4.7〉과 같다.

〈표 4.7〉 지형도의 정확도 표준

축척	평면위치의 표준편차	표고점의 표준편차
250	0.12 m이내	0.25 m이내
500	0.25 m이내	0.25 m이내
1,000	0.70 m이내	0.33 m이내
2,500	1.75 m이내	0.66 m이내
5,000	3.50 m이내	1.66 m이내
10,000	7.00 m이내	3.33 m이내

지상측량방법에 의한 지형지물의 평면 위치 및 표고의 정확도는 모두 ±0.10 m이다.

4.7 곡선의 종류와 관계식

4.7.1 곡선의 종류

도로와 철도의 노선은 직선부와 곡선부로 나뉘어진다. 따라서 중심선이 굴절되는 경우 직선에 곡선을 연결하여 노선의 흐름을 원활히 할 필요가 있다. 또 중심선은 평면선형과 종단선형으로 나뉘어지게 되는데 평면선형에서 사용되는 곡선을 수평곡선(horizontal curve), 종단선형에서 사용되는 곡선을 수직곡선(vertical curve)이라 한다. 또 수평곡선은 원곡선과 완화곡선으로 구분되며, 원곡선은 다시 단곡선, 복심곡선, 반향곡선, 헤어핀 곡선(배향곡선) 등으로 나뉘고 완화곡선은 클로소이드, 렘니스케이드, 3차 포물선 등으로 나뉘어 진다. 직선부에서 곡선부로 바뀔 때 바로 곡선을 연결하는 것이 아니라 곡선의 곡률을 완화시켜 주는 곡선을 삽입하게 되는데 이를 완화곡선이라 하며, 교통의 원활한 흐름과 안전한 주행을 위하여 설치하게 된다. 또 종단선형의 흐름을 원활하게 하기 위해 사용되는 종곡선은 원곡선과 2차 포물선이 주로 사용된다.

- 곡선의 종류
  - 수평곡선
    - 원 곡 선
      - 단 곡 선
      - 복심곡선
      - 반향곡선
      - 헤어핀곡선(배향곡선)
    - 완화곡선
      - 클로소이드
      - 렘니스케이드
      - 3차포물선
  - 수직곡선 — 종 곡 선
    - 원 곡 선
    - 2차포물선

① 단곡선(simple curve) : 반경이 일정하며 어느 한 점을 중심으로 원호를 그린다.

② 복심곡선(compound curve) : 두 개의 반경이 다른 단곡선으로 이루어지며 도로의 어느 한쪽 같은 방향에 중심이 있는 곡선을 말한다.

③ 반향곡선(reverse curve) : 두 개의 반경에 다른 단곡선으로 이루어지며 도로를 중심으로 서로

반대 방향에 중심이 있어 S-curve라 부르기도 한다.

④ 헤어핀 곡선(배향곡선) : 가파른 산악지를 넘어가는 도로를 만들 때 마치 헤어핀 곡선과 같은 형태로 복심곡선과 반향곡선을 혼합하여 만든 곡선으로, 등을 마주보고 있어 배향곡선이라 부르기도 한다.

⑤ 클로소이드(clothoid) : 클로소이드는 도로에 가장 많이 사용되는 완화곡선으로서 곡률반경이 곡선장에 반비례하는 나선(spiral)의 일종이다. 자동차의 핸들을 등각속도로 돌렸을 때에 자동차의 주행궤적에 정확히 일치하는 이상적인 완화곡선의 선형이다.

⑥ 렘니스케이드(lemniscatr) : 렘니스케이드는 곡률반경이 완화곡선 시점부(beginning of transition curve: B.T.C)에서의 현장에 비례하는 곡선이다. 이 곡선은 곡률반경이 점차로 변환할 때의 비율이 클로소이드보다 완만하지만 3차포물선 보다는 급하다. 시가지철도나 지하철과 같은 급한 각도의 곡선에서 완화곡선으로 많이 사용된다.

⑦ 3차포물선 : 3차포물선은 곡률반경이 완화곡선의 시점(B.T.C)에서의 접선상에 반비례한다. 이 곡선은 계산식이 간단하여 곡선설치가 쉬우므로 철도에 널리 사용한다. 일반적으로 철도는 궤도가 어긋나기 쉽고 복잡한 선형을 유지하기가 어렵기 때문에 보선관리를 쉽게 하기 위하여 완화곡선은 3차 포물선을 사용한다.

도로의 평면선형을 구성할 때 직선과 곡선외에 완화곡선을 조합하여 선형을 구성하게 되는데, 다음과 같은 대표적인 다섯가지 종류로 나뉘게 된다.

① 기본형 : 직선과 원곡선(단곡선) 사이에 완화곡선을 배치하는 기본적인 형태이다.

② S형 : 반향곡선의 사이에 두 개의 완화곡선을 배치하는 형태이다.

③ 계란형 : 복심곡선 사이에 한 개의 완화곡선을 배치하는 형태이다.

④ 凸형 : 직선과 직선 선형 사이에 완화곡선 1과 완화곡선 2를 차례로 배치하는 형태이다.

⑤ 복합형 : 직선과 원곡선 사이에 완화곡선 1과 완화곡선 2를 차례로 배치하며, 곡률을 점차 변화시켜 접합부의 곡률이 일치하게 만드는 형태이다.

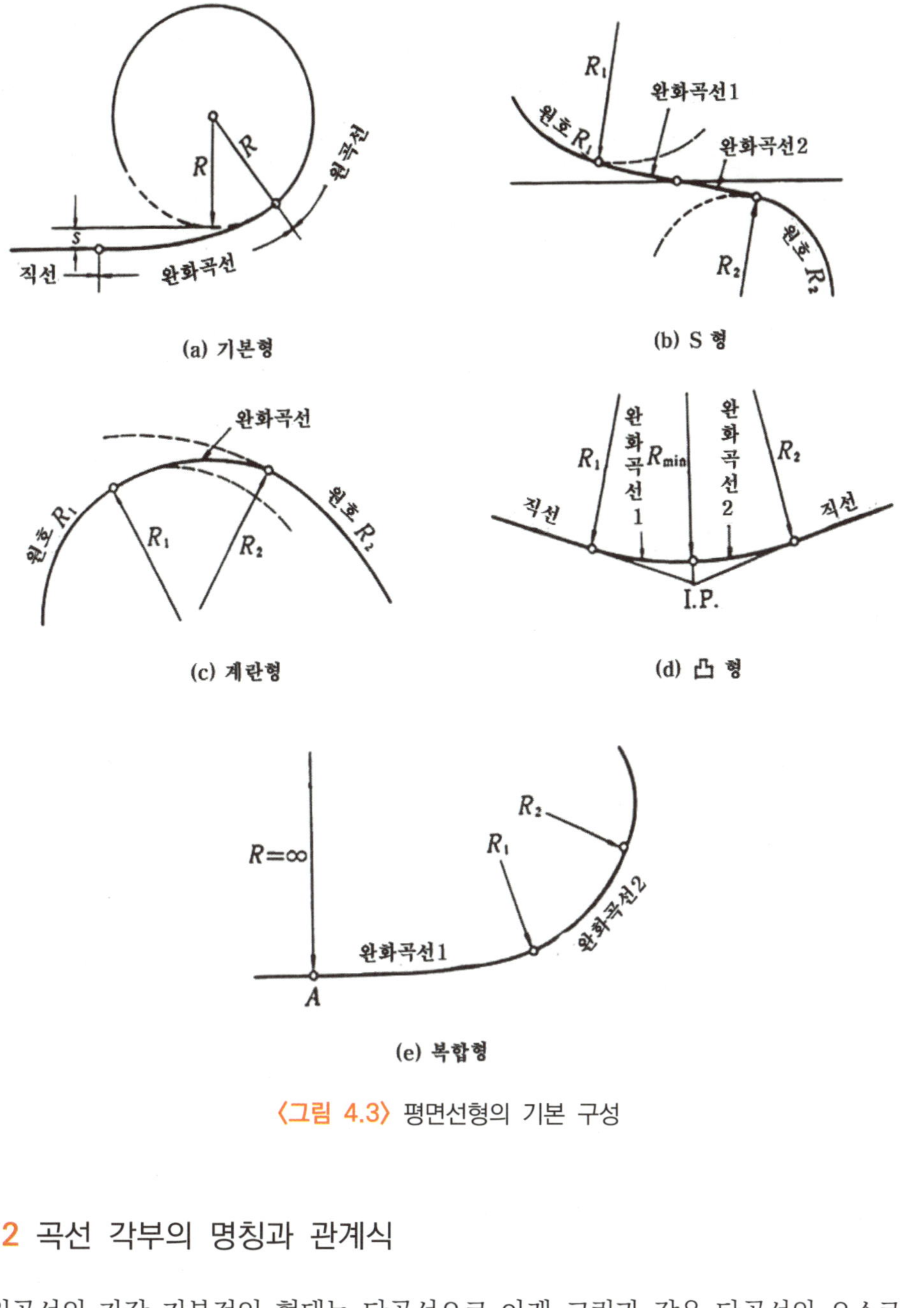

〈그림 4.3〉 평면선형의 기본 구성

4.7.2 곡선 각부의 명칭과 관계식

원곡선의 가장 기본적인 형태는 단곡선으로 아래 그림과 같은 단곡선의 요소로 구성되며 곡선 각 부에 대한 명칭과 계산식은 다음과 같다.

우선 직선부와 직선부 사이에 단곡선이 설치되게 되는데 하나의 직선과 만나는 단곡선의 시작점을 곡선의 시점(Beginning of Curve: BC)이라 하며 다른 직선과 만나게 되는 단곡선의 끝점을 곡선의 종점(End of Curve: EC)이라 한다. 또 단곡선은 일정한 곡률반경(R)과 중심점(O)을 갖게 되며. 〈그림 4.4〉에서 C로 표시되는 곡선의 중점을 Secant Point라 하며, 곡선의 중심점에서 이 SP까지의 거리를 중앙종거(Middle ordinate), 이 SP에서 D점까지의 거리를 외할거리(E)라 한다. 여기서 D점은 두 개의 직선을 끝까지 연장시켰을 때 만나는 직선의 교점(Intersection Point: IP)을 말한다.

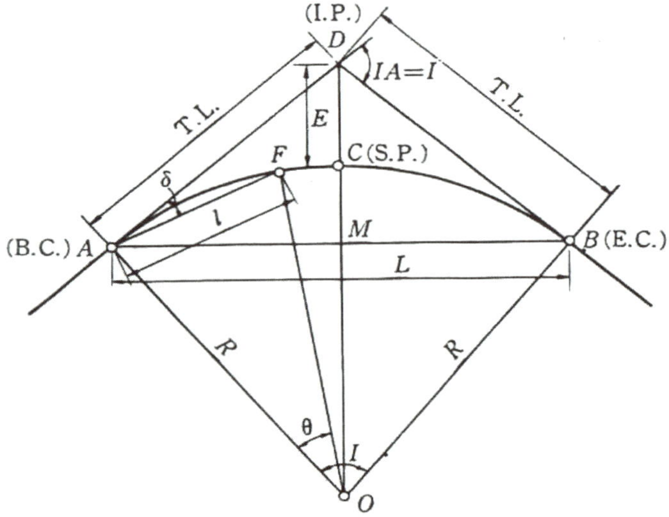

〈그림 4.4〉 단곡선의 요소

〈표 4.8〉 곡선 각부의 명칭

기 호	용　　어	적　요
$B.C$	곡선의 시점 (Beginning of Curve)	A
$E.C$	곡선의 종점 (End of Curve)	B
$I.P$	교　　점 (Intersection Point)	D
R	곡선의 반경 (Radius of Curve)	$OA = OB$
$T.L$	접 선 장 (Tangent Length)	$AD = BD$
E	외 할 거 리 (External Distance)	CD
M	중 앙 종 거 (Middle Ordinate)	CM
$S.P$	곡선의 중점 (Secant Point)	C
$C.L$	곡 선 장 (Curve Point)	$\overset{\frown}{ABC}$
L	장　　현 (Long Chord)	$\overline{AB}$
l	현　　장 (Chord Length)	$\overline{AF}$
C	호　　장 (Arc Length)	$\overset{\frown}{AF}$
$I.A$ or I	교　　각 (Intersection Angle)	= 중심각
δ	편　　각 (Deflection Angle)	$\angle DAF$
Θ	중 심 각 (Center Angle)	$\angle AOF$
$\frac{I}{2}$	총 편 각(Total Deflection Angle)	$\angle DAB = DBA$

〈표 4.8〉에 나타난 곡선 각부를 구하는 공식은 다음과 같다.

$$접선의\ 길이\ (TL) = R\tan\frac{I}{2} \tag{4.1}$$

$$곡선의\ 길이\ (CL) = R\cdot I\ radian = R\cdot I\cdot\frac{\pi}{180} \tag{4.2}$$

$$외할(E\ 또는\ SL) = R(\sec\frac{I}{2} - 1) \tag{4.3}$$

$$중앙\ 종거\ (M) = R(1 - \cos\frac{I}{2}) \tag{4.4}$$

$$현의\ 길이\ (L) = 2R\sin\frac{I}{2} \tag{4.5}$$

곡선의 시점(BC) 위치 = IP점 까지의 거리 - TL
곡선의 종점(EC) 위치 = BC + CL
시단현의 길이 = 앞 측점까지의 길이 - BC
종단현의 길이 = EC - 전 측점까지의 거리

$$\text{편각}\ (\delta) = 1718.87' \frac{l}{R} = \frac{180°}{2\pi} \times 60' \tag{4.6}$$

4.7.3 완화곡선의 종류

차량의 운행중 직선부에서 곡선부로 들어갈 때는 원심력이 바깥쪽으로 작용함으로 차량과 승객이 바깥쪽으로 쏠리는 느낌을 받게 되고 차량의 운행이 불안전해진다. 따라서 차량의 안전한 주행을 위하여 노선의 직선부와 원곡선 사이에 곡률을 완화시켜 주는 완화곡선을 설치하게 된다. 완화곡선의 반지름은 그 시작점에서 ∞이고, 종점에서는 원곡선의 반지름 R과 같고, 완화곡선의 접선은 시점에서 직선에, 종점에서는 원호에 접하고 있다. 완화곡선에 접한 곡선 반경은 감소하지만 칸트는 증가율과 같다. 즉, 종점 칸트는 원곡선의 칸트와 같다는 의미이다.

완화곡선의 종류는 칸트의 양이 원곡선 부분으로부터 직선 부근으로 갈수록 그 양이 감소되는데, 그 체감법에는 직선 체감법과 곡선 체감법이 있는데 직선 체감법에는 3차원 포물선, 램니스케이트, 클로소이드 곡선 등이 있으며 곡선 체감법에는 Sine 체감 곡선이 있다.

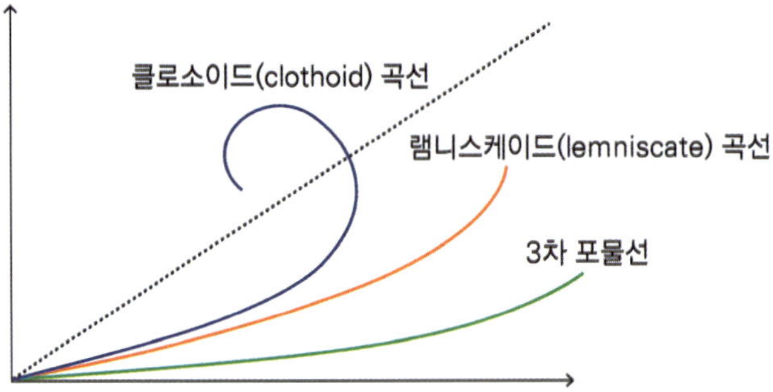

〈그림 4.5〉 완화곡선의 종류

① 클로소이드(clothoid) 곡선

클로소이드는 완화곡선의 일종으로 주로 고속도로 완화곡선 설계시 주로 사용된다. 곡률 즉, 곡률반경의 역수가 곡선장에 비례하는 곡선을 클로소이드라 한다. 차의 앞바퀴의 회전 속도를 일정하게 유지할 경우 등속도로 회전할 경우 생기는 자동차의 궤적이 클로소이드가 된다.

② 램니스케이드(lemniscate) 곡선

램니스케이드 곡선은 곡선 반경이 동경에 반비례하여 변하는 곡선으로 접선각이 135° 까지 적용되며 시가지 철도, 지하철과 같이 곡률이 급한 완화 곡선에 주로 이용된다.

③ 3차포물선

3차원 포물선은 곡률이 완만하고 근사식을 이용하므로 계산이 용이하며 일반적 수식은 아래와 같다.

$$y = a^2 x^3 \tag{4.7}$$

철도와 같은 완화 곡선에 주로 많이 사용하고 있으며 완화곡선의 길이는 완화곡선 정수에 칸트를 곱한 값을 1000으로 나눈 값을 이용하고 있다.

4.7.4 완화곡선 설치의 세가지 문제

차량의 운행중 직선부에서 곡선부로 들어갈 때는 원심력이 바깥쪽으로 작용함으로 차량과 승객이 바깥쪽으로 쏠리는 느낌을 받게 되고 차량의 운행이 불안전해진다. 따라서 차량의 안전한 주행을 위하여 노선의 직선부와 원곡선 사이에 곡률을 완화시켜 주는 완화곡선을 설치하게 된다. 직선부의 반지름이 무한대에서 점차 작아져서 원곡선의 반지름 R이 되는 곡선을 넣고 동시에 이 곡선중의 칸트와 슬랙이 0에서 점차 커져 원곡선부에 정해진 값이 되도록 설치하는 완화곡선을 넣어 선형을 개량해 주게 되며, 완화곡선에서는 다음 세가지 문제를 해결하여야 한다.

① 편구배와 칸트

차량이 곡선부를 주행하게 되면 차량에 작용하는 원심력에 의하여 바깥쪽으로 미끌어지는 횡활(sliding)이나 심한 경우 전도(overturning)를 일으킬 위험이 있다. 이를 방지하기 위하여 도로나 철도의 바깥쪽을 높게 하는 편구배(도로) 또는 칸트(철도)를 설치하게 된다. 편구배와 칸트를 설치하게 되면 곡선부에서도 차량이나 철도가 고속으로 안전하게 주행할 수 있다. 편구배의 설치는 아래 그림에서 보는 것과 같이 차량의 자중 W와 원심력 P의 합력 R의 작용선이 양쪽 차바퀴의 중앙부근을 지나면서 노면에 수직하게 되도록 하는 것이 기본적 원리이다.

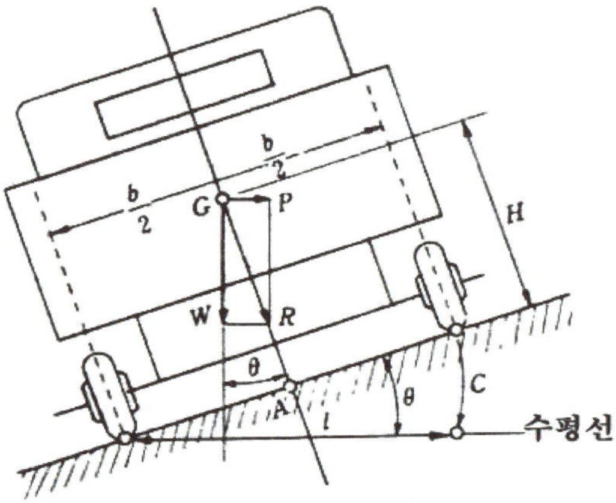

〈그림 4.6〉 편구배와 힘의 작용

도로에서는 곡선부의 바깥쪽을 높게 한 직선상의 횡단면을 채택하여 이 경사를 편구배(super-elevation)라고 하고 i로 표시한다. 한편 철도에서는 레일이 있으므로 슬라이딩의 위험은 없으나 전도를 방지하기 위하여 곡선부 레일의 바깥쪽을 안쪽보다 높게 한다. 이 내외 레일의 높이차를 칸트라 하고, C로 표시한다. 도로의 경우에 그림에 표시한 바와 같이 합력 R이 노면에 수직이라고 하면 노면의 경사 i는

$$i = \tan\Theta = \frac{P}{W} = \frac{M\,V^2/R}{M \cdot g} = \frac{V^2}{g \cdot R} \tag{4.7}$$

여기서, M은 차량의 질량을, V는 차량의 주행속도를, R은 곡률반경을 의미한다. 철도의 경우에는 칸트 C와 궤도간격 b를 사용하여

$$\tan\Theta = \frac{C}{l} = \frac{P}{W} = V^2/g \cdot R \fallingdotseq \frac{C}{b} \tag{4.8}$$

여기서, 속도를 $V = km/hr$, 중력가속도를 $g = 9.80m/\sec^2$ C, b, R을 모두 미터 단위로 하면

$$
\left.\begin{aligned} i &= \frac{V^2}{127R} \\ \frac{C}{b} &= \frac{V^2}{127R} \end{aligned}\right\} \tag{4.9}
$$

이 된다.

② 확폭과 슬랙

곡선부에서 자동차가 주행할 때에 앞바퀴가 뒷바퀴보다 곡선의 안쪽으로 더 치우치기 때문에 직선부보다 차선의 폭을 증가시켜야만 차량의 안전한 주행을 하게 되는데, 이렇게 차선의 폭을 증가시켜 주는 것을 확폭(widening)이라고 한다. 차선 중심선의 곡률반경을 R, 앞바퀴와 뒷바퀴간의 거리를 L이라고 한다면 필요한 확폭의 크기는 다음과 같이 계산한다.

$$
\varepsilon = R - \sqrt{R^2 - L^2} \fallingdotseq \frac{L}{2R} \tag{4.10}
$$

완화곡선이 있는 구간에 대해서는 원래의 도로폭 W_0를 완화곡선의 길이에 비례하도록 차선의 폭을 결정하는 것이 좋다.

$$
W = \frac{l}{L} W_0 \tag{4.11}
$$

철도의 경우에는 바퀴축 간의 거리가 고정되어 있기 때문에 반경이 작은 곡선구간을 주행할 때 레일간의 간격이 직선구간과 같게 된다면 탈선이나 손상의 위험이 있으므로 확폭이 필요하다. 이때 철도의 확폭의 크기를 슬랙(slack)이라고 하며 곡선안쪽에 있는 레일을 이동시킨다. 그러나 슬랙이 과대하면 위험하므로 약 30mm를 최대 한계로 한다.

③ 시거(sight distance)

자동차가 도로상을 주행하는 경우에 노상 장애물에 대한 회피, 마주 오는 차량과의 충돌방지, 또는 진로변경 때문에 전방에 충분한 시야가 확보되어야 하는데, 이 시준거리를 시거라고 한다. 특히 고속국도에서는 차량의 속도가 빠르므로 자동차의 시거를 확보하는 것이 중요하다. 시거는 차의 속도, 노면상황에 따라서 다르다.

시거는 ‘차도중심선상 1.3m의 높이에서 중심선상에 있는 높이 15cm의 물체를 볼 수 있는 거리를 차도중심선에 따라서 잰 거리'라고 정의된다. 설계속도에 따라서 시거의 크기는 달라지게 되며 자세한 기준은 「도로의 구조·시설 기준에 관한 규칙」을 참고할 수 있다.

4.7.5 클로소이드곡선

클로소이드는 등속도로 주행하고 있는 자동차의 핸들을 회전시킨 상태에서의 주행궤적을 구성하며 임의점에서 곡선길이 L과 반경 R은 서로 반비례의 관계에 있다.

$$R \cdot L = \frac{1}{a} \text{ (일정)} \tag{4.12}$$

여기서 양변의 단위를 일치시키기 위하여 $\frac{1}{a}$ 대신에 A^2이라 놓으면 한 클로소이드상의 모든 점에서 다음 항등식이 성립한다.

$$R \cdot L = A^2 \tag{4.13}$$

식 (4.13)을 클로소이드의 기본식이라 부른다. 여기서, A를 클로소이드의 매개변수(parameter)라 하며 A는 길이의 단위를 나타낸다. 원에 있어서 R이 정해지면 원의 크기가 정해지는 것과 같이 클로소이드에 있어서 A가 정해지면 클로소이드의 크기가 정해진다. 하나의 클로소이드 상에서 각 점에서의 반경 R과 곡선장 L은 클로소이드상의 장소에 따라 모두 틀리나 R과 L의 곱은 언제나 일정한 값 A^2이 된다. 그러므로 R, L, A중 두 가지를 알면 다른 하나는 간단히 구할 수 있다.

클로소이드란 곡률이 곡선길이에 비례하는 곡선으로 정의할 수 있으며, 차량이 일정한 속도로 달릴 때 회전속도를 일정하게 유지할 경우 이 차량이 그리는 운동궤적을 형성한다.

클로소이드의 특징은

① 나선의 일종이며 모든 크로소이드는 닮은 꼴이다.

② 단위 크로소이드 표를 이용한 크로소이드 계산이 가능하다.

③ 접선각은 라디안으로 구하고 30도 정도가 적당하다.

④ 단위가 있는 것도 있고 없는 경우도 있으며 확대율을 가지고 있다.

클로소이드의 종류에는 기본형, S형, 란형, 요철형, 난형, 복합형 등이 있다. 기본형은 직선 - 크로소이드 - 원곡선 - 크로소이드 - 직선의 형태를 취하는 것이며, S형은 반향곡선 사이에 두 개의 클로소이드가 있는 형태이다. 요철형은 두 개의 클로소이드를 직선에 삽입한 형태이고 란형은 복심 곡선사이에 클로소이드가 있는 형태이다. 복합형은 같은 방향의 두 개 이상의 클로소이드를 이은 형태로 구성되어 있다.

클로소이드 설치 방법은 주접선에서 직각 좌표에 의한 설치법, 현에서 직각좌표 설치법, 접선에서 직각좌표에 의한 설치법, 극각 동경법에 의한 설치법, 극각 현장법에 의한 설치법, 현각 현장법에 의한 설치법, 2/8 법에 의한 설치법 및 현다각법에 의한 설치법이 있다.

클로소이드의 설치는 다음과 같은 순서로 진행한다. 즉, 매개변수 A의 결정, 주요점의 설치, 중간점의 설치 등 세가지로 대별된다.

① 매개변수 A의 결정: 매개변수 A를 결정하는 경우에는 자동차의 주행, 운전자의 시각, 지형과의 조화 등 세 가지 관점에 대하여 고려하여야 한다. 먼저 클로소이드를 협의의 완화곡선으로 하여 자동차의 완화주행상의 곡률이라는 관점에서 A는 다음 식에 의하여 결정된다.

$$A = \sqrt{0.0215\ V^3/P} \tag{4.14}$$

여기서, V는 설계속도(km/hr)이고, P는 원심가속도 변화율(m/sec2)을 의미한다. 그런데 P의 허용최대치는 일반도로에서 0.6m/sec2, 산악도로에서 0.755m/sec2, 고속도로에서 0.345 m/sec2이다.

지형과의 조화된 선형이란 운전자가 자연스러운 느낌을 받을 수 있는 선형을 말한다. 운전자의 시각에 영향을 주는 것은 평면선형만이 아니고 종단선형과 평면선형의 조합, 절토사면을 주로 하는 주변의 자연조건 등 여러 가지가 있지만 시점부근의 한정된 작은 부분에서는 클로소이드를 사용하는 경우에도 종반부에서 곡률의 증가율이 급격하게 되어 역시 자연스러운 시감을 주지 못하게 된다.

이러한 이유 때문에 A의 범위로서의 헤어핀 곡선(hair pin curve)곡선과 같은 특수한 경우를 제외하고서는 다음의 범위가 가장 바람직하다.

$$R \geqq A \geqq \frac{R}{3} \tag{4.15}$$

또한 지형과의 조화가 중요시된다. 이 때문에 원심가속도의 변화율을 고려하는 이외에 별도로 직선과 원곡선과의 사이의 전이량 ⊿R을 어느 정도로 잡느냐가 문제가 된다.

② 주요점의 설치 : 완화곡선의 시점과 종점이 주요점이 된다. 클로소이드 요소 가운데 차원을 가지는 한 개를 포함한 두 개의 요소가 결정되면 단위 클로소이드 표에 의해서 다른 요소를 구하여, 차원을 갖지 않는 요소는 그대로 사용되고 길이의 차원을 가진 것은 A배 하면, 구하고자 하는 클로소이드 요소가 결정된다. 주요점으로서는 클로소이드 양단법을 구한다.

③ 중간점의 설치 : 지형조건, 클로소이드 조건으로부터 여러 가지 방법이 있지만 여기서는 주접선을 기준선으로 한 직각좌표, 극각과 동경에 의한 설치방법에 대하여 설명하기로 한다.

i) 직각좌표에 의한 방법 : 이 방법은 Y 좌표값이 그렇게 크지 않을 경우(보통 30m이하)에 적용하며 다음 순서로 설치한다.

ⓐ 크로소이드가 원에 접속하는 P점까지의 전장 L을 구한다.

ⓑ 원곡선의 경우와 마찬가지로 전장을 시단현과 종단현 및 일정간격의 현장(보통 20㎝)으로 분할한다.

ⓒ 크로소이드의 시점 $K.A$로부터 각 점까지의 곡선장을 A로 나누어서 l을 구한다.

ⓓ l을 기준으로 하여 단위 크로소이드 표로부터 각각의 l에 대한 x, y를 구하여 A배 하면 크로소이드상의 각 점의 좌표를 결정한다.

ii) 극각의 동경에 의한 방법 : 직각좌표에 의한 방법과 똑같이 하여 l을 구하고 각각의 l에 대한S_0, σ를 구하여 S_0를 A배하여 S_0를 구하면 크로소이드상의 각 점의 동경 S_0와 P점의 극각 σ를 결정할 수 있다.

4.8 원곡선 설치법

4.8.1 편각설치법

편각설치법은 반경이 큰 원곡선을 정밀하게 설치할 때 사용되는 방법으로, 일반적으로 토탈스테이션이나 트랜싯을 곡선의 시점에 설치하고 미리 계산된 편각을 측정하고 동시에 테이프로 거리를 측정하여 토탈스테이션 또는 트랜싯의 시준선과 테이프로 측정한 거리가 만나는 점에 측점을 연속적으로 설치함으로써, 최종적으로 원곡선을 설치하는 방법으로서 철도, 도로 등에 널리 이용된다. 편각이라 함은 곡선의 시점(A)과 직선의 교점인 IP점(D)을 연결한 선분을 기준으로 곡선의 시점과 곡선상에 설치되는 중심점 말뚝을 각각 연결한 선분이 이루는 각을 말한다.

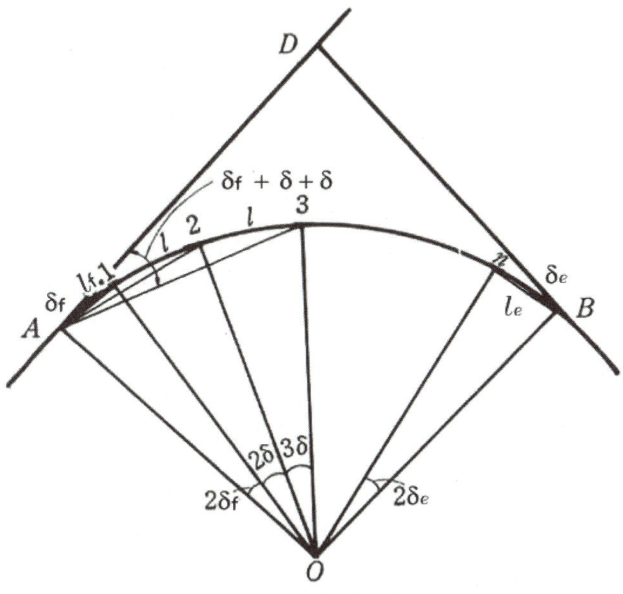

〈그림 4.7〉 편각설치법의 개념도

도로의 중심선은 보통 20m 간격으로 설치하게 되며 설계서에 나타난 측점의 위치를 현장에서 측량하여 그 위치에 말뚝을 설치하여 표시하게 된다. 중심선의 위치가 좌표로 나와 있는 경우에는 토탈스테이션이나 GNSS를 이용하여 그 좌표값을 바로 찾아 설치하면 되나 좌표값으로 나타나 있지 않거나 설계 단계에서는 직접 편각설치법을 적용하여 중심말뚝을 설치하게 된다.

〈그림 4.7〉은 어떤 도로의 원곡선을 보여주고 있다. 그런데 곡선의 시점 A와 종점 B는 20m 간격으로 설치되는 중심말뚝의 위치와 일치하는 경우는 매우 드물다. 그 중심말뚝의 위치가 원곡선상에서 1, 2, 3, 4... 등으로 전개될 때 곡선의 시점 A와 그 바로 다음의 중심말뚝 1번점의 거리는 20m보다 짧아지게 된다. 이는 곡선의 종점 A와 그 바로 앞에 설치된 중심말뚝 n번점 사이의 거리도 마찬가지이다. 이렇게 20m보다 짧아진 현의 길이를 단현이라고 한다. 따라서 $A1$의 현의 길이가 최초의 단현이 되므로 시단현(first subchord, l_f)이라 하고, nB의 현이 마지막 단현이 되므로 종단현(end subchord, l_e)이라고 부른다.

편각설치법에서는 이러한 시단현과 종단현 그리고 일반적인 현의 길이인 20m 현에 대한 세가지 편각을 계산하여 원곡선을 설치하게 된다. 20m 현 l 과 시단현 l_f , 종단현 l_e 에 대한 편각을 δ, δ_f , δ_e라고 하면 다음과 같이 구할 수 있다.

$$\delta = \frac{l}{2R} \cdot \frac{180°}{\pi} = 1718.87' \frac{l}{R} \tag{4.16}$$

$$\delta_f = \frac{l}{2R} \cdot \frac{180°}{\pi} = 1718.87' \frac{l_f}{R} \tag{4.17}$$

$$\delta_e = \frac{l}{2R} \cdot \frac{180°}{\pi} = 1718.87' \frac{l_e}{R} \tag{4.18}$$

이 방법은 철도, 도로에서 많이 사용되고 있으나 호장과 현장을 같다고 가정하고 있으므로, 곡선반경이 작을 때는 오차가 생기기 때문에 보정이 필요하다.

예제 4.1 기점부터 1229.36m지점에 교점(I.P)이 있고 반경 $R = 150\,\text{m}$, 교각 $I = 39°26'30''$ 인 단곡선을 편각법으로 측설하라. 단, 중심말뚝의 거리는 20m로 한다.

풀이 4.1 단곡선의 측설작업을 계산과 측설로 나눈다.

① 단곡선의 계산

a. 접선장 $T.L = R \cdot \tan\frac{I}{2} = 150 \cdot \tan\frac{1}{2}(39°36'30'')$

$= 150 \times 0.3585442 = 53.78m$

b. 곡선장 $C.L = R \cdot I(\text{호도}) = 150 \times \frac{(39°36'30'')\pi}{180}$

$= 103.26m$

c. 곡선의 시점까지의 거리 $= 122.36 - 53.78 = 1175.58m$

d. 곡선의 종점까지의 거리 $=$ 곡선의 시점의 거리 $+ C.L$

$= 1175.58 + 103.26 = 1278.84m$

e. 최초의 단현 $l_f = 1180.00m - 1175.58m = 4.42m$

f. 최후의 단현 $l_e = 1278.84m - 1260.00m = 18.84m$

g. 편각의 계산

$$\delta = \frac{l}{2R} = \frac{20}{2\times150} \times \frac{180°}{\pi} = 3°49'11''$$

$$\delta_f = \frac{l_f}{2R} = \frac{4.42}{2\times150} \times \frac{180°}{\pi} = 50°39'$$

$$\delta_e = \frac{l_e}{2R} = \frac{18.84}{2\times150} \times \frac{180°}{\pi} = 3°35'53''$$

h. 곡선중심표 작성 : 이상의 계산결과를 사용하여 곡선측설에 편리하도록 다음 표와 같은 곡선중심측설표를 작성한다. 현장의 합이 곡선장과 같고 곡선의 종점에 대한 편각 $\delta_6 = 19°43'16''$와 $I/2 = 19°43'15''$와 같아야 하는데 계산상 1″의 차이가 있으나 측설에 영향을 주지 않으므로 그대로 사용한다.

기점으로 부터의 번호	곡선상 중심번호	현 장	측 각	
59	1	4.42	$\delta_1 = \delta_f$	0° 50′ 39″
60	2	20.00	$\delta_2 = \delta_f + \delta$	4° 39′ 50″
61	3		$\delta_3 = \delta_f + 2\delta$	8° 29′ 01″
62	4		$\delta_4 = \delta_f + 3\delta$	12° 18′ 12″
63	5		$\delta_5 = \delta_f + 4\delta$	16° 07′ 23″
	$E.C$	18.84	$\delta_6 = \delta_f + 4\delta + \delta_e$	19° 43′ 16″
		103.26m		19° 43′ 16″

② 단곡선의 측설

계산이 끝나면 그 결과를 가지고 현장에서 측설하는데 그 순서는 다음과 같다.

a. 토탈스테이션 또는 트랜싯을 교점 $I.P$에 세우고 두 방향선을 시준하여 $I.P$부터 $T.L$의 길이를 취해 곡선의 시점 $B.C$및 종점 $E.C$를 정한다.

b. 토탈스테이션 또는 트랜싯을 곡선의 시점 $B.C$에 옮겨 세우고 교점 $I.P$부터 $\delta_1 = 50'39''$만큼 회전한 시준선 중 $B.C$부터 $l_f = 4.42$m를 잡아 곡선상 1점을 측설한다.

c. 교점 $I.P$부터 $\delta_2 = 4°39'50''$되도록 망원경을 회전한 시준선중에 1점부터 $l = 20$m를 잡아 2점을 측설한다.

d. 위와 같은 방법을 계속하여 곡선의 종점 $E.C$를 측설한 것과 a에서 측설한 $E.C$점과의 편위가 측설오차이다.

4.8.2 중앙종거법

중앙종거(Middle ordinate)는 약자로 M이라 표시하며 노선측량에서 곡률반경 R에서 곡선의 시종점을 연결하는 현의 중심점에서 곡선중점까지 연결한 길이를 빼서 얻을 수 있다. 중앙종거법은 곡선반경 또는 원곡선의 길이가 작은 시가지의 곡선이나 기존 도로의 수정, 점검 등에 주로 사용된다. 원곡선에서 하나의 중앙종거를 구한 뒤, 다시 곡선의 시점과 원곡선의 중앙점 또는 원곡선의 중앙점과 곡선의 종점을 대상으로 다시 두 개의 중앙종거를 구한다. 이런 방법으로 계속 여러개의 중앙종거를 구하여 현장에 원곡선을 설치하는 방법으로 대략 1/4씩 줄어들기 때문에 1/4법이라고도 한다. 아래 그림과 같은 중앙종거를 식 (4.19)에 의하여 구하게 된다. 여기서, I 는 교각을 의미한다.

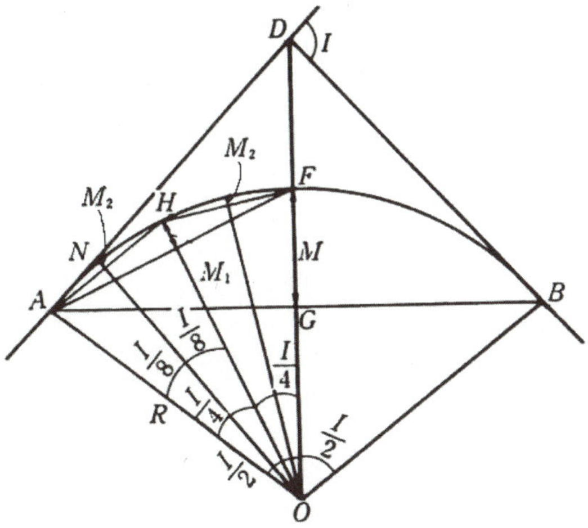

〈그림 4.8〉 중앙종거법

$$M = R\left(1 - \cos\frac{I}{2}\right) \tag{4.19}$$

$$M_1 = R\left(1 - \cos\frac{I}{4}\right)$$

$$M_2 = R\left(1 - \cos\frac{I}{8}\right)$$

$$M_3 = R\left(1 - \cos\frac{I}{16}\right)$$

4.8.3 접선편거와 현편거에 의한 방법

토탈스테이션이나 트랜싯을 사용하지 않고 폴(pole)과 줄자만을 이용하여 곡선을 설치하는 방법으로 주로 농로 측설 등과 같이 높은 정밀도를 요하지 않는 경우에 활용된다. 현편거와 접선편거를 구하는 기본 공식은 다음과 같다.

$$현편거 = \frac{l^2}{R} \tag{4.20}$$

$$접선편거 = \frac{l^2}{2R} \tag{4.21}$$

4.9 종곡선

4.9.1 종곡선의 계산과 설치

선형(線形)이란 중심선이 그리는 입체적 형상을 말하며 평면선형과 종단선형의 조합으로 이루어진다. 종단선형이란 산을 넘거나 계곡을 넘어갈 때 높낮이의 변화를 나타내는 선형으로 종곡선을 사용하여 설치하게 된다.

산을 올라가는 도로의 노선 중에서 올라가는 구배선과 내려가는 구배선 즉, 두 의 구배선이 교차되는 지점에서는 일반적으로 구배가 급변하게 되므로 탈선이나 충격 등이 일어나게 된다. 이와 같은 충격을 없애고 원활한 주행을 하게 하려면 종단구배가 변하는 곳에 필요한 시거(sight distance)를 확보하기 위해 구배변화점에 적당한 곡선을 삽입하여 두 개의 구배선을 원활하게 연결할 필요가 있다. 이와 같은 곡선을 종곡선이라 한다. 도로의 종단곡선에는 통상 2차 포물선을 이용하지만 측설은 근사적으로 원곡선에 가깝게 표시하는 것이 일반적이다.

〈그림 4.9〉에서와 같이 상향구배 +m %, 하향구배 −n %인 도로구간에 종곡선을 설치하는 문제를 고려하자. 이때 구배가 작은 것으로 취급하여 종곡선의 길이인 $\widehat{AB}$ 와 노선의 수평거리 $\overline{AB}$, 그리고 $\overline{AB'}$가 같다고 가정될 수 있다. 그림 3.9의 A점을 원점으로 하고 AB'를 x축으로 할 때의 포물선 방정식은 다음과 같다.

$$y = \alpha x^2 \quad (4.22)$$

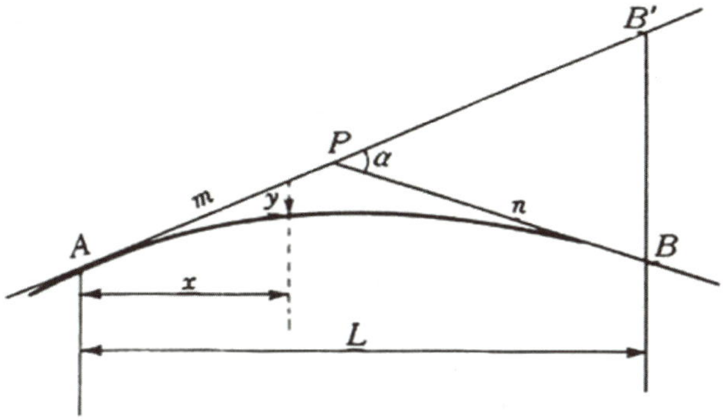

〈그림 4.9〉 종곡선

여기선 $x = L$(종곡선 길이)일 때 $y = BB'$이므로 $BB' = aL^2$이 성립하고 BB'는 $\frac{L}{2}\tan\alpha = BB'$을 만족하고 다음이 성립한다.

$$\frac{L}{2}\tan\alpha = \alpha L^2 \tag{4.23}$$

이 식에서 계수 a를 구하고 $\tan\alpha \fallingdotseq m - n$의 가정을 적용하면 다음과 같은 포물선에 의한 종곡선 방정식이 구해진다.

$$y = \frac{m - n}{2L} x^2 \tag{4.24}$$

종단곡선의 중점에서의 값은 $x \fallingdotseq L / 2$ 로 가정하면,

$$y_p = \frac{m-n}{8}L \tag{4.25}$$

이다. 이상과 같이 도로에서는 종단곡선을 포물선으로 취급하는 것이 일반적이지만 곡선표시는 원곡선으로 근사시켜 도시하며 이때의 $R = L/(m-n)$을 이용한다.

도로의 종단선장은 자동차 주행시의 격돌과 안전시거의 확보를 고려해서 정하는데 「도로의 구조·시설기준에 관한 규정」에 최소 종곡선장을 규정하고 있다.

우리나라 도로의 종곡선은 포물선을 식 (4.24)에 의해 x에 대한 y의 값을 계산하고 이 값을 구배선의 계획고에 가감하여 종곡선의 계획고를 산정하여 종단도에 구배선 및 종곡선의 계획고를 병기한다.

$$H' = H_0 + mx \tag{4.26}$$

$$H = H' \pm y = H' \pm \frac{(m-n)x^2}{2L} \tag{4.27}$$

여기서, H'는 구배선의 계획고, H는 종곡선의 계획고, H_0는 종곡선 시점의 계획고이며 x는 수평거리, m은 종단구배이다.

예제 4.2 상향구배 m = 3.5 %, 하향구배 n = -2.5 % 종곡선 시점의 계획고가 78.26 m일 때 종곡선설치를 계산하라. 단, 종곡선장을 160m로 한다.

풀이 4.2 $y = \dfrac{(m-n)x^2}{2L}$의 계산

$$x_1 = 20m,\ y_1 = \frac{0.06 \times 20^2}{2 \times 160} = 0.075m = y_7$$

$$x_2 = 40m,\ y_2 = 0.06 \times 40^2 / 320 = 0.300m = y_6$$

$$x_3 = 60m,\ y_3 = 0.06 \times 60^2 / 320 = 0.675m = y_5$$

$$x_4 = 80m,\ y_4 = 0.06 \times 80^2 / 320 = 1.200m = y_4$$

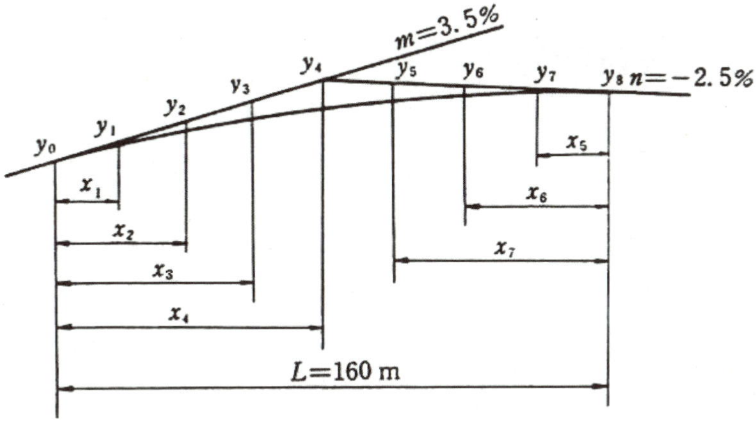

〈그림 4.10〉 종곡선 설치예

종곡선의 계산

중 심 점	0	1	2	3	4	5	6	
구배선의 계획고 $(H' = H_0 + mx)$	78.260	78.960	79.660	80.360	81.060	80.560	80.060	79
$y = \frac{(m - n)x^2}{2L}$	0.000	0.075	0.300	0.675	1.200	0.675	0.300	0.
종곡선의 계획고 $H = H' - y$	78.260	78.885	79.360	79.656	79.860	79.885	79.760	79

CHAPTER

05 터널측량

5.1 개요

터널은 지표 아래나 강 밑(하저터널) 또는 바다 밑(해저터널)을 뚫어 사람이나 자동차 및 철도 등이 통행할 수 있도록 만든 통로를 말한다. 순우리말로는 굴길 또는 동굴이라고도 한다. 터널이라 함은 보통 수평에 가까운 가늘고 긴 통로를 말하지만, 넓은 의미로 해석하면 수직으로 뚫고 들어가는 수직갱(垂直坑)과 경사지게 뚫은 사갱(斜坑) 또는 지하저장소로 사용하기 위하여 만든 인공적 공동도 포함된다. 오늘날 도로나 철도의 요구속도가 높아져 노선이 직선화되면서 터널이 많이 늘어나게 되었다. 또 대도시 등에서는 도로나 철도가 대심도 터널로 지하 깊숙이 건설되는 경우가 늘어나게 되었으며, 전기공급을 위한 지하 공동구 역시 터널로 건설되는 경우가 늘어나게 되었다. 따라서 터널을 정확한 위치에 정확하게 측량하여 건설하여야 하는 터널측량의 중요성도 높아지게 되었다.

〈표 5.1〉 터널의 종류와 특징

용도	터널의 종류	특징
교통용	도로 터널 철도 터널 지하철 대심도 철도터널(GTX)	장대터널 증가 터널 단면 증가 대심도터널 증가 측량 난이도 증대
수로용	도수로 광역상수도	상수 운반용 터널
공동구 관로	전력구 터널 통신구 터널 공동구 박스	지하 50m 정도의 수직구 쉴드 터널 타입이 많음
기타	가스 저장시설 원유 저장시설	지하 100m 정도의 수직구 거대한 용적의 인공 공동구 용적측량이 필수적

터널을 용도별로 구분하면 〈표 5.1〉에서 보는 것과 같이 교통용, 수로용, 공동구 관로 및

기타로 구분된다. 교통용 터널은 도로 터널, 철도 터널 및 지하철 등으로 구분되며, 수로용 터널에는 도수로와 광역상수도가 있으며, 공동구 관로로는 전력구 터널, 통신구 터널, 공동구 박스 등이 있다. 또 지하 깊숙이 거대한 크기의 인공적인 공동구를 만들어 가스 또는 원유 저장 시설로 사용하기도 한다.

(a) 우리나라 최장 고속도로터널
인제-양양터널(10.9㎞) 인제방면 입구

(b) 세계 최장 고속철도터널
율현(수서-평택,50.3㎞)터널 입구

〈그림 5.1〉 고속도로 터널 및 고속철도 터널 사례

위 〈그림 5.1〉 (a)는 고속도로 터널 사례로 우리나라에서 최장 터널(연장 10,965m)인 인제-양양터널의 인제방면 입구를 보여주고 있으며, 〈그림 5.1〉 (b)는 우리나라뿐 아니라 세계에서 철도터널로 최장인 SRT 수서-평택간 대심도터널인 율현터널(연장 50.3㎞)의 내부 모습을 보여주고 있다. 〈그림 5.2〉는 공사당시 용담댐 도수터널 계획도(a)와 완성된 도수터널의 내부 단면(b)을 보여주고 있다.

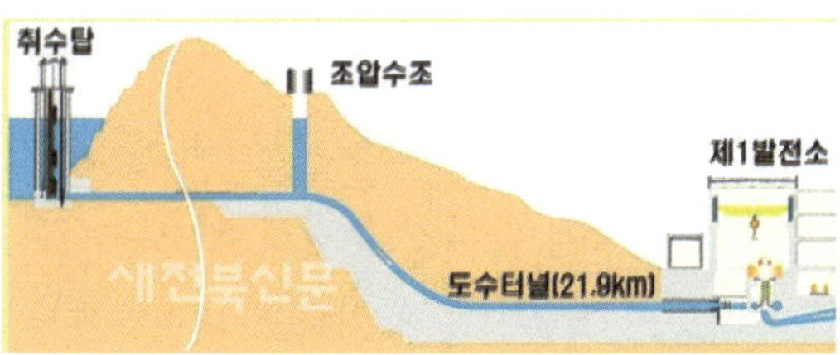

(a) 용담댐 도수터널 계획

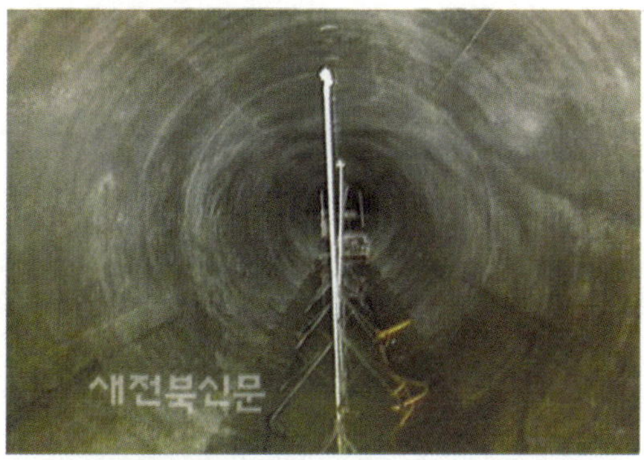

(b) 완성된 도수터널의 내부 단면

〈그림 5.2〉 도수터널의 계획과 시공 단면(출처: 새전북신문)

이와 같은 터널을 뚫기 위해서는 먼저 터널이 놓여질 위치 부근의 지상에 기준점을 끌어다

놓는 갱외측량을 하여야 하고, 터널시공과 함께 터널 외부 기준점을 터널 내부로 연결시키는 갱내외 연결측량을 하여야 한다. 터널 내부로 기준점이 연결되면 이를 바탕으로 터널 굴진과 함께 터널 내부에서 노선과 위치를 잡아나가는 갱내측량을 실시하여야 한다. 터널공사에 필요한 각종 측량은 터널 설계시 노선결정 이후에 각 단계에 걸쳐 이루어지게 되며, 터널측량의 개략적인 작업절차는 다음과 같다.

① 답사 : 노선설계시 지형도상에서 수립된 개략적인 계획에 따라 예비노선의 현장을 답사하여 부근의 지형이나 지질을 조사하고 터널의 위치를 예정한다.

② 예측 : 답사 및 조사의 결과에 따라 터널 위치를 약측에 의하여 지표에 중심선을 표시하고, 도면상에 터널을 설치할 위치를 검토하여 결정한다.

③ 지표 설치 : 예측의 결과 정한 중심선을 현지의 지표에 정확히 설정하고, 갱구의 위치를 결정하며 터널의 연장도 정밀히 관측한다.

④ 중심선 설치 : 지표에 설치된 중심선을 기준으로 하고, 갱구에서 굴착을 시작하고, 굴착이 진행함에 따라 갱내의 중심선을 설정하는 작업을 한다.

5.2 터널 외부측량

5.2.1 갱외 기준점측량

터널을 뚫기 위해서는 터널이 지나갈 지형 주변에 먼저 높은 정밀도로 기준점을 설치하여야 한다. 터널측량을 위한 기준점은 터널 시작 지점과 끝 지점에 위치시켜야 하며, 터널 연장이 긴 경우나 지하철의 경우 터널 중간 지점에도 수직갱 등을 이용하여 외부 기준점을 내부로 연결할 수 있도록 기준점을 위치시켜야 한다. 지형의 유형에 따른 기준점의 배치는 〈표 5.2〉와 같다. 일반적으로 터널(갱) 입구 주변에 두 점 이상의 기준점을 배치하고 평면좌표는 인근의 삼각점 또는 통합기준점에서 측량해 오고, 표고좌표는 인근의 수준점에서 수준측량을 하여 연결시킨다.

〈표 5.2〉 지형의 유형에 따른 기준점의 배치

지형의 유형	지형 유형 그림	기준점의 배치
1) 산 정상에서 두 개의 갱입구가 보이는 경우	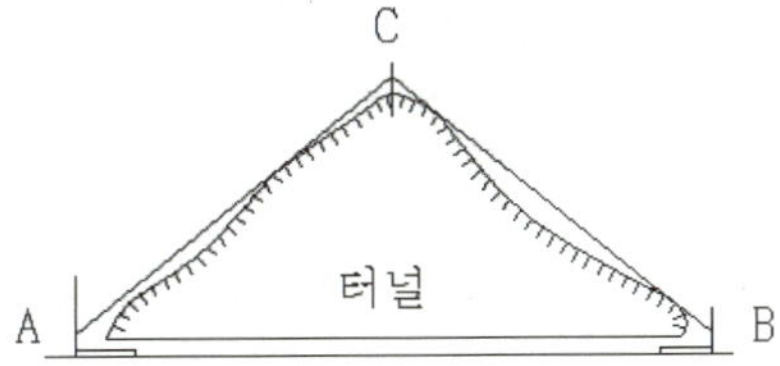	터널의 입구 A와 끝부분 B, 산정상 C에 기준점을 두 개 이상씩 배치한다
2) 산 정상에서 한 개의 갱입구만 보이는 경우	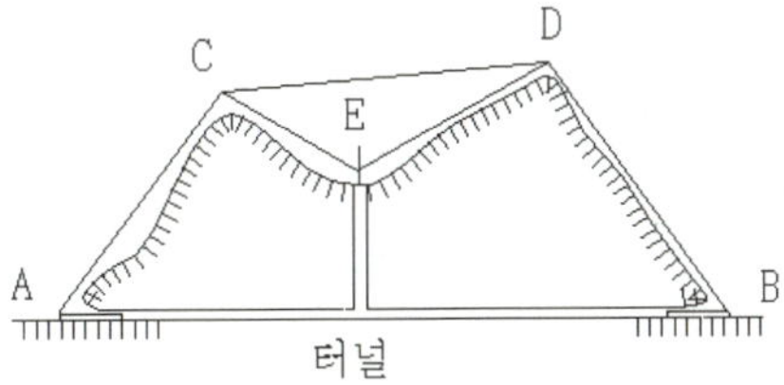	터널의 입구 A와 끝부분 B, 산정상 C와 D, 그리고 중간지점 E에 기준점을 두 개 이상씩 배치한다
3) 지형이 복잡한 경우	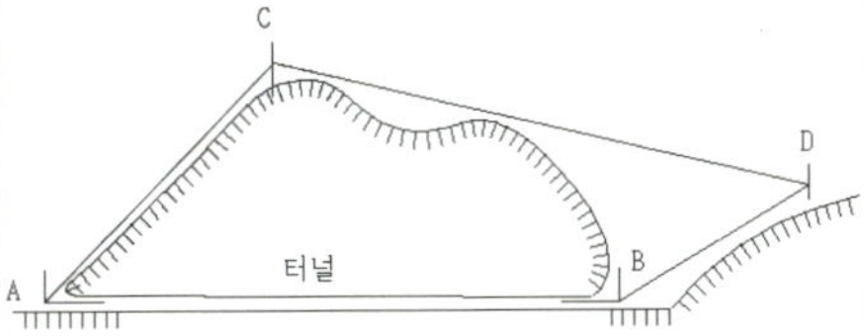	터널의 입구 A와 끝부분 B, 산정상 C와 연장지점 D에 기준점을 두 개 이상씩 배치한다

터널 입구 주변에 기준점을 배치하는 갱외 기준점 측량방식으로는 토탈스테이션 측량 방법과 GNSS 측량방법이 있다. 이전에는 주로 토탈스테이션 방법으로 3차원 좌표측량을 하였으나, 오늘날에는 GNSS 측량방식이 많이 활용되고 있다.

1) 토탈스테이션에 의한 방법

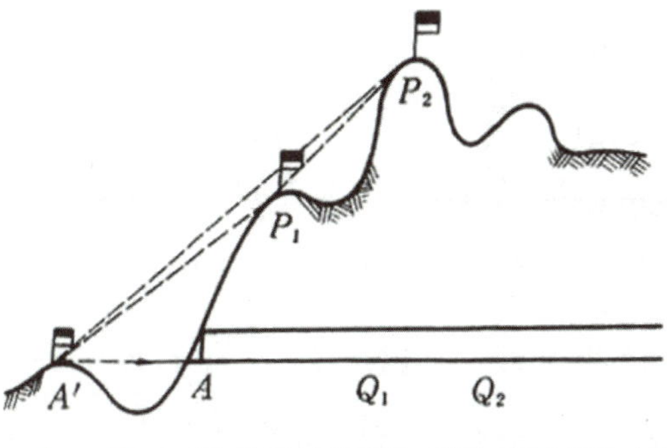

〈그림 5.3〉 토탈스테이션측량에 의한 기준점의 설치

〈그림 5.3〉과 같이 산속에 터널을 뚫기 위해 터널 입구에 기준점을 설치하고자 할 때, 터널 입구 A' 산 정상 P_2에서 직접 시준이 잘 안되므로 터널입구 A점 바깥쪽으로 A'점을 잡아 토탈스테이션으로 기준점을 설치하고 터널 입구 갱구부에 A점을 잡아 연결한다.

① P_2는 이미 삼각측량에 의하여 좌표가 결정된 기준점이다.

② P_2에서 터널 입구가 바로 보이지 않으므로 중심선상에서 터널입구의 A점을 시준할 수 있는 방위기준점 A'를 선정한다.

③ 점 A'에 토탈스테이션을 세워 점 P_1또는 P_2를 시준하고 그 시준선 내에서 터널입구의 기준점 A를 선정한다.

④ 점 A에서 A'를 시준하고 망원경을 반전하여 터널 내에 기준점 Q_1, Q_2 … 를 순차적으로 설치해 간다.

⑤ 이때 점 A, Q_1, Q_2 … 에 있어서의 직선의 연장은 터널 굴착과 더불어 진행되어야 하며 반드시 망원경을 정, 반 위치에서 두 번 확인하여야 한다.

2) GNSS측량에 의한 방법

GNSS측량에 의한 갱외 기준점의 설치는 전체 기준점의 정확도가 균일하고 시간과 비용을 절약할 수 있는 장점이 있어 많이 활용되고 있다. GNSS측량에 의한 방법은 다음과 같다.

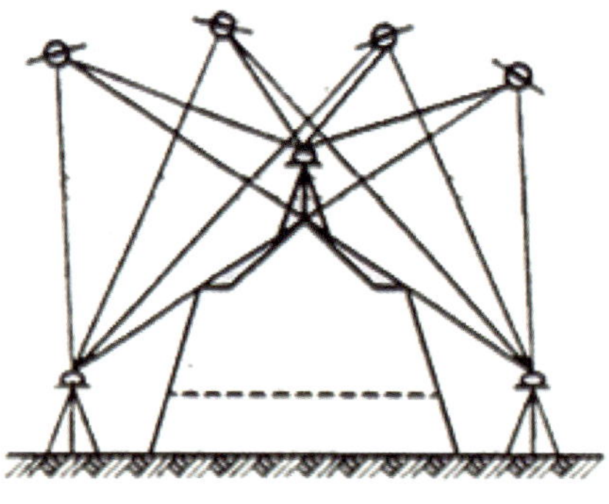

〈그림 5.4〉 GNSS측량에 의한 기준점의 설치 원리

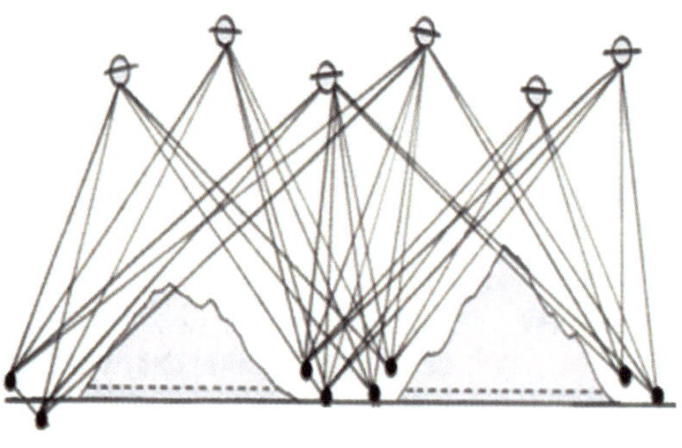

〈그림 5.5〉 GNSS측량시 기준점의 배치

① GNSS측량에 의한 기준점의 설치 원리는 〈그림 5.4〉와 같다. 터널 입구 및 터널 정상에 GNSS 수신기를 설치하고 동시에 GNSS측량을 실시하는 것이다.

② 이 때 터널 입구마다 기준점을 두 점씩 배치하여야 하므로 기준점의 배치는 〈그림 5.5〉와

같이 하여야 한다.

③ 그러나 그림 5.3에 까만 점으로 표시된 기준점은 8개 이지만 8점 모두 미지점이므로 기지점과 연결시켜야 한다.

④ 기지점과 연결시킨다는 의미는 세 점 이상의 평면기준점 및 두 점 이상의 표고기준점을 말한다. 평면기준점은 삼각점 또는 통합기준점을 의미하며 표고기준점은 수준점 또는 통합기준점을 의미한다.

⑤ 평면기준점이 세 점인 이유는 두 점은 망조정시 평면 고정점으로 사용하고 한 점은 정확도 체크에 사용한다.

⑥ 마찬가지로 표고기준점이 두 점인 이유는 한 점은 망조정시 표고 고정점으로 사용하고 나머지 한 점은 정확도 체크에 사용한다.

⑦ 이 때 GNSS측량과 망조정 및 좌표계산은 「국가기준점측량 작업규정」(국토지리정보원 고시 제2022-3246호)을 따르도록 한다.

5.3 터널 내부측량

〈그림 5.6〉 경춘선 복선전철 6공구 갱문 시공사진

터널 내부의 기준점 및 수준점은 터널 외부에 설치한 기준점으로부터 도입하며, 측량은 필요한 정밀도가 유지되도록 실시하여야 한다. 또한 터널 내부의 기준점 및 수준점은 시공중에 움직이지 않도록 견고하게 설치하고, 손상되지 않도록 보호하여야 한다. 터널 내부의 기준점 및 수준점의 간격은 직선부에서 100m를 표준으로 하고, 곡선부에서는 터널의 곡선반경, 단면의 크기, 경사도 등을 고려하여 적절한 간격을 결정하되 하나의 측점을 전후로 하여 적어도 2점 이상 관측될 수 있는 측점간격을 취하여야 한다.

측량작업시에는 조명, 환기, 작업공정간의 마찰이 적은 시간대 지정 등 필요한 조치를 취하여 관측에 지장이 없도록 계획을 수립하여야 하며, 터널이 설계상의 평면 및 종단선형에 따라서 정확하게 시공되었는지 여부를 확인하기 위하여 선형확인 측량을 실시하여야 하며, 굴진때마다 발생하는 편차의 누적을 방지하기 위해 매 막장마다 선형을 확인하여야 한다. 터널 내 측점의 검측은 굴진속도에 따라 적당한 빈도로 실시하되 감독원의 입회하에 터널외부 기준점으로부터 실시한다. 검측횟수는 터널의 규모, 굴진속도, 시공방법에 따라 적어도 1개월에 1회 이상 실시하여야 한다.

5.3.1 갱내기준점측량

터널 내에서의 중심말뚝이 차량 등에 의하여 파손되지 않도록 견고하게 기준점을 설치한다. 설치장소는 작업상의 반출입(搬出入)에 지장이 없고 측량기계를 세우기가 용이한 중심선상에 설치한다. 다얼(dowel)은 나무·플라스틱·금속을 못같이 접합용으로 갈아서 만든 것을 말하며 터널 바닥에 기준점을 설치하는 경우 차량 출입으로 금방 파손되기 때문에 터널 내에서는 다얼을 설치하여 기준점 대신 사용한다. 기본 다얼은 100m마다에, 보조 다얼는 20m마다에 설치하는 것이 보통이다.

터널의 굴착이나 복공이 끝난 구간에는 다얼의 손상을 줄이고자 〈그림 5.7〉과 같이 다얼을 천정에 설치한다. 천정 다얼를 설치할 때에는 기설콘크리트에 설치한 보조 다얼을 포함하여 최소 3점 이상으로부터 검사하여 정확도를 확보하여야 한다.

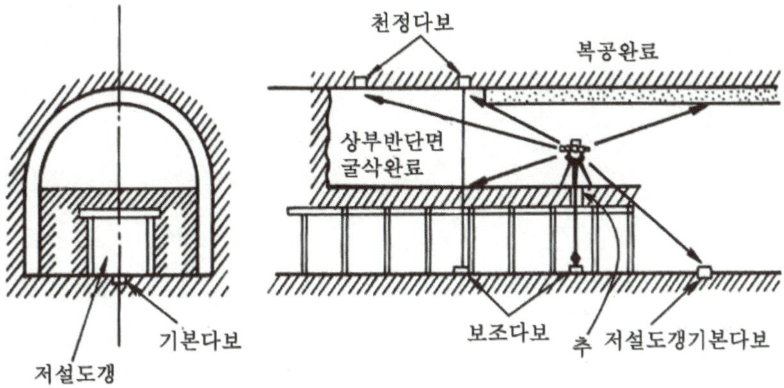

〈그림 5.7〉 천장 다얼(dowel)의 설치

5.3.2 갱내곡선 설치

터널이 직선일 때는 데오돌라이트 또는 토탈스테이션을 이용하여 중심선을 연장하면 되나 곡선일 때는 터널 내에 정확한 곡선설치가 필요하다. 이를 위해서는 지상에서 이용되는 곡선 설치법을 신중하게 실시하면 되나 터널 내가 좁으므로 절선편거(切線偏距)와 현편거법 또는 트래버스 측량에 의하게 된다. 트래버스 측량을 할 때는 가능한 범위에서 현장(弦長)을 길게 잡고 기계를 세우는 회수를 적게 하여 측각은 배각법으로 되풀이하고 거리측정도 기선측량에 준하는 방법으로 하면 충분히 정확한 측량이 된다. 측량 방법은 다음과 같다.

① 작업상의 절취중심을 내려면 연장을 될 수 있는 범위에서 길게 잡고 절선편거와 현편거를 계산하여 이에 따라 절선편거법과 현편거법을 적용시킨다. 보통은 현편거법도 〈그림 5.8〉 지거(d)를 이용하는 간략법을 활용하게 된다. 이렇게 하여도 $R \geqq 300m$ 이면 $l = 20m$에 대해서는 실제 오차는 생기지 않는다.

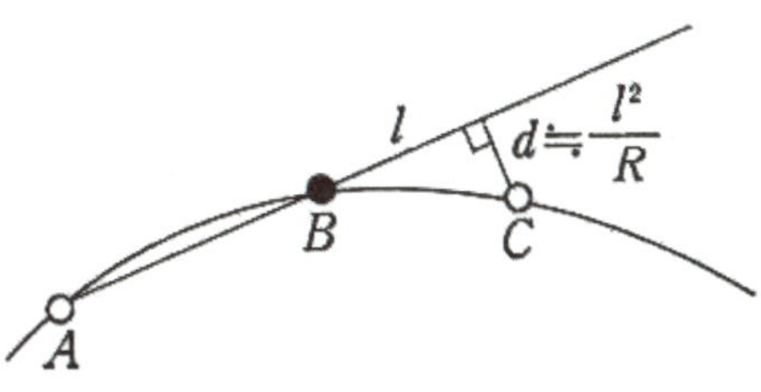

〈그림 5.8〉 현편거법(간략법)

② 그러나 곡선이 긴 경우 위의 방법으로는 오차가 누적될 위험이 있기 때문에 어느 정도 길게 되면 트래버스를 짜고 거리와 내각을 측정하여 정확한 위치를 정한다. 이 트래버스법에는 〈그림 5.9〉의 내접다각형법과 〈그림 5.10〉처럼 외접다각법형의 두 가지가 있다.

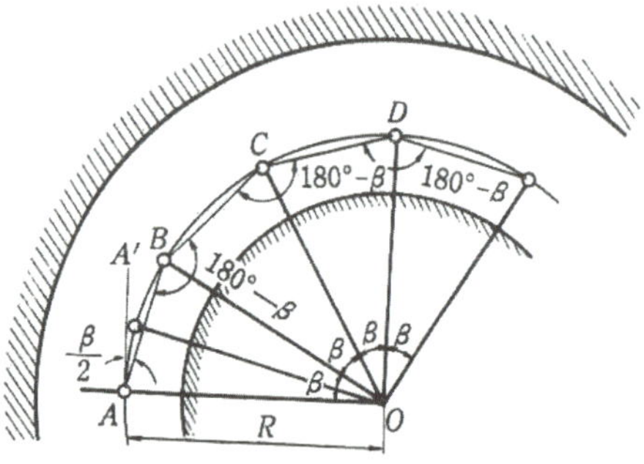

〈그림 5.9〉 내접다각형법

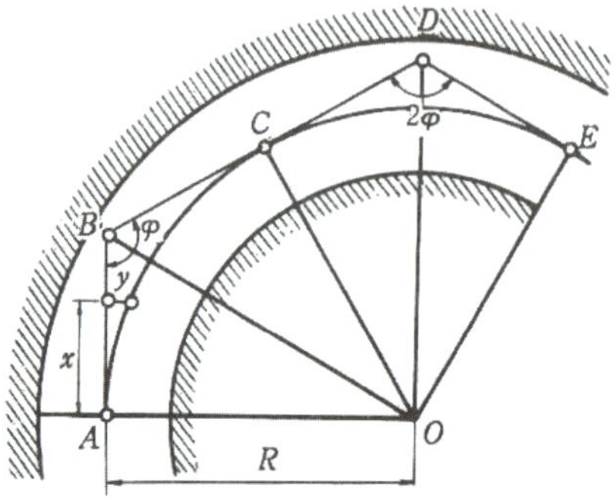

〈그림 5.10〉 외접다각형법

5.3.4 갱내수준측량

터널내의 수준점은 보통 중심점에 설치한다. 중심점이 평면좌표와 표고를 동시에 갖는 3차원 기준점이 된다. 터널 내에서 측점 말뚝 대신에 사용하는 다월(dowel)을 이용하여 중심점에 설치하며 굴착이 끝난 천정에 설치하는 경우도 있다.

또, 터널내에서 터널 바닥면의 표고 변화가 생기는 지역을 피하여 천정에 표척을 세워 시준하는 경우가 있다. 〈그림 5.11〉처럼 표척을 거꾸로 천정에 고정하여 시준하는 경우 역표척이라 하며 다음 (5.1)식으로 표고를 계산하게 된다.

$$\text{표고} = \text{후시} + \text{전시} + \text{후시점의 표고} \tag{5.1}$$

5.4 터널 연결측량

5.4.1 갱내외 연결측량

1) 수직터널의 깊이 측정

〈그림 5.11〉와 같이 일반적인 터널의 경우 지상 좌표와 표고를 터널 입구에서 바로 터널 내부로 연결시킬 수 있지만, 지하철이나 대심도 터널의 경우 시공을 위하여 수직터널을 뚫게 되며, 지상의 표고를 터널 내부 지하로 연결시키기 위해 이 수직터널을 이용하게 된다. 이를 위해 수직터널의 깊이 측정이 필요하다.

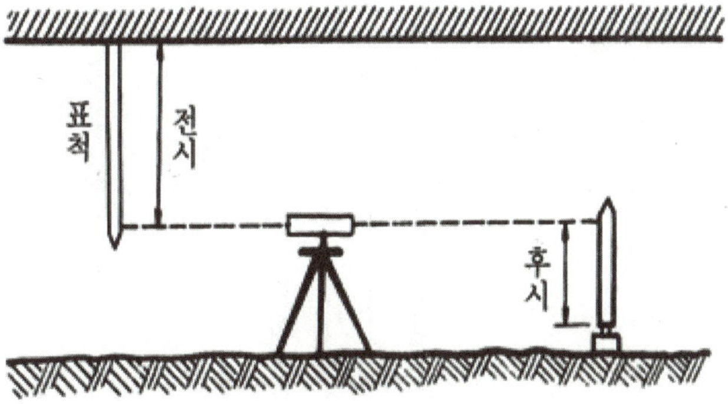

〈그림 5.11〉 역표척 예시

지상의 수직터널 입구에 〈그림 5.13〉과 같이 강철 테이프의 한 끝을 고정시키고 다른 한 끝에 추를 달아 강철테이프를 수직터널 내부에 내린다. 지상에서 높이가H_{BM}인 BM점에 세운 후시 표척의 읽음값을 a, 전시 강철 테이프의 읽음값을 b라 하고, 다시 터널 내에 레벨을 세워 강철테이프의 읽음값을 c, P점에 세운 표척의 읽음값을 d 라 하면 터널 내 P점의 표고 H_P는 다음 식과 같이 얻게 된다.

〈그림 5.12〉 경전선(10공구) 터널 내부 연결측량

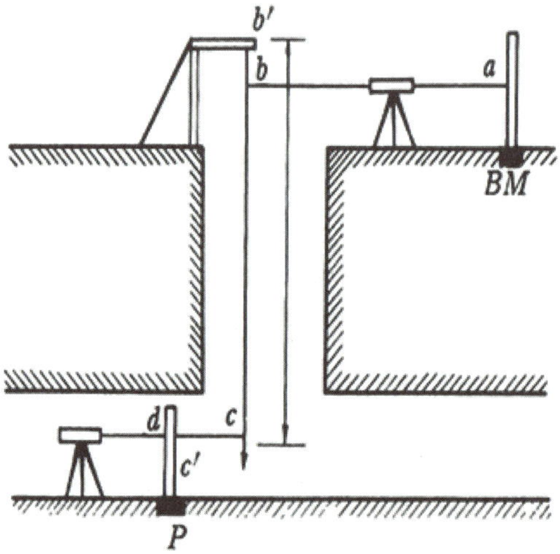

〈그림 5.13〉 수직터널의 깊이 측정

$$H_P = H_{BM} + a - (b - c) - d \tag{5.2}$$

위 측정에서 온도 및 인장에 대한 보정을 기선측량에 준해서 해야 하며, 측정시의 온도는 지상과 지하에서 측정하여 그 평균값을 사용한다.

2) 중심선의 연결측량

① 수직 터널입구를 이용하는 경우

수직터널이 소정의 깊이에 달했을 때는 연결측량을 하여야 한다. 〈그림 5.14〉에서 선분 $CABD$를 지상의 중심선이라 하면 데오돌라이트를 A, B점에 세우고 AD와 BC의 시준선을 터널 내에 옮겨 D', C' 점을 설치하면 C', D' 선이 터널내에서 중심선이 된다. 수직터널이 깊고 단면이 작을 때는 연직각 α가 크게 되고 $C'D'$의 간격이 가까워져 이것을 연장하면 큰 오차가 생길 수 있어 주의해야 된다.

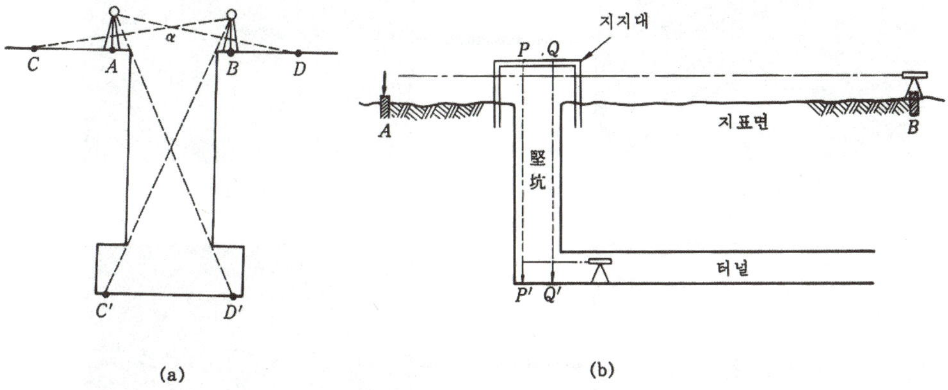

〈그림 5.14〉 중심선의 연결

② 추선에 의한 방법

수직터널이 깊을 때는 수직터널에 두 개의 추를 내려 이것으로 연직을 만들고 그 방위각을 지상에서 관측하여 지하 터널에 연결한다. 〈그림 5.14〉 b.에서 다음과 같이 작업을 실시한다.

a. 지상의 터널 중심선 AB를 지지대상에서의 P, Q점으로 옮겨 잡는다.

b. 추선을 P, Q에서 각각 내려 터널 내의 점 P', Q'를 잡는다. 이때 P', Q에는 추의 진동을 방지하기 위하여 수조 등을 두고 추를 넣어두면 좋다.

c. 터널 내에서 P', Q 직선상에 데오돌라이트를 세운다. 이때는 두 추선이 데오돌라이트의 시준선에 꼭 일치되도록 수회 반복하여 터널 내에 두 개의 기준점을 설치한다. 실제 지하철 현장에서 수행된 추선에 의한 중심선의 연결 사례를 그림으로 도시하면 다음과 같다.

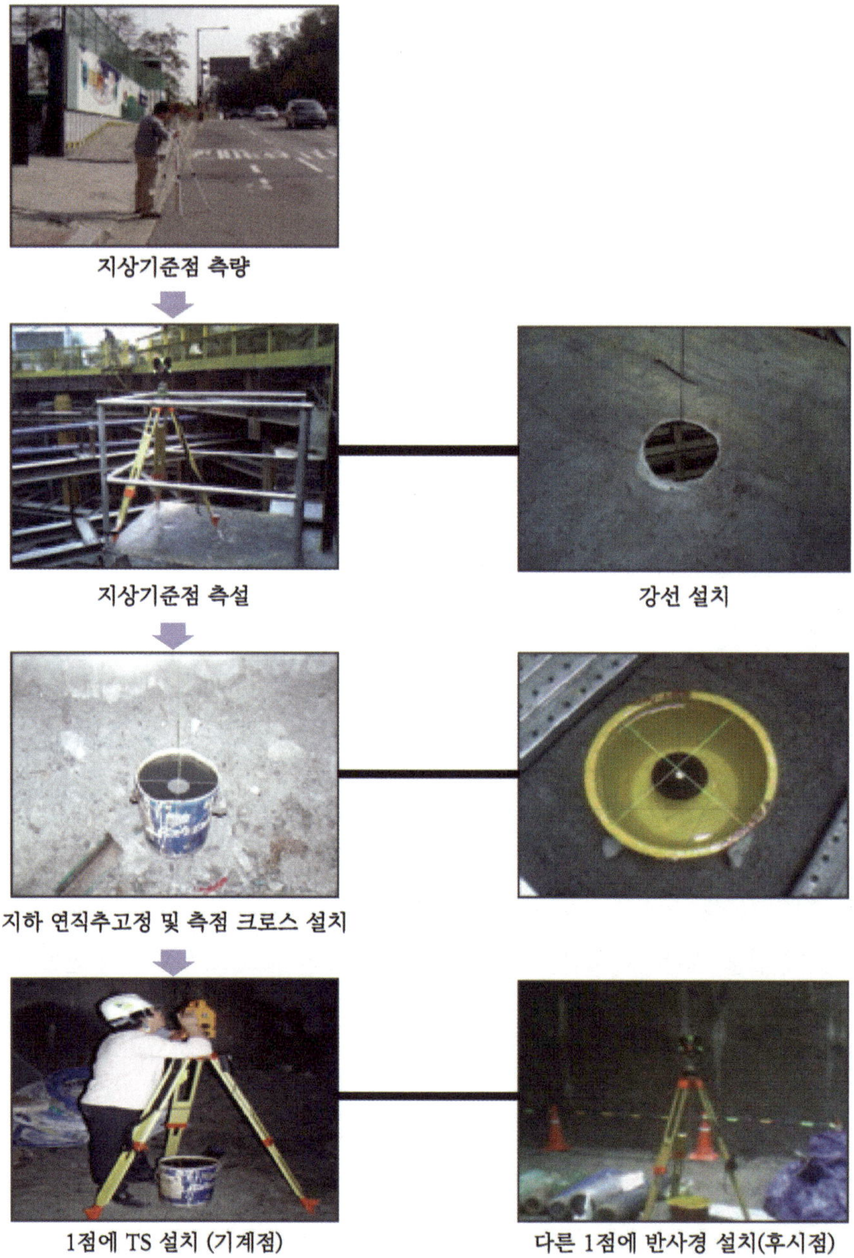

〈그림 5.15〉 강선에 의한 지상기준점의 지하 터널 연결

5.5 터널 단면측량

5.5.1 터널 단면측량

터널 내공단면 측정은 현장상황을 고려하여 감독자의 지시에 따라 측정간격을 설정해야 하며, 감독자의 지시가 없을 경우에는 5m 마다 내공단면을 측정하여야 한다. 내공단면은 토탈스테이션이나 3D 레이저스캐너 등을 이용하여 여굴량과 함께 측정한 후, 측정결과를 감독자에게 제출하여야 한다. 터널 내부방향으로의 내공은 50㎜ 이내의 시공오차를 허용한다. 〈그림 5.16〉은 경전선 철도 터널에서 사용된 작업흐름도이다. 이 흐름도에서 보는 것과 같이 내공단면에 대한 측량은 터널 발파 및 버럭 처리후와 숏크리트 타설 후 등 여러차례 수행되고 있음을 알 수 있다. 그만큼 내공단면측량은 터널시공의 완성도를 높이기 위해 꼭 필요하고 중요한 측량이다.

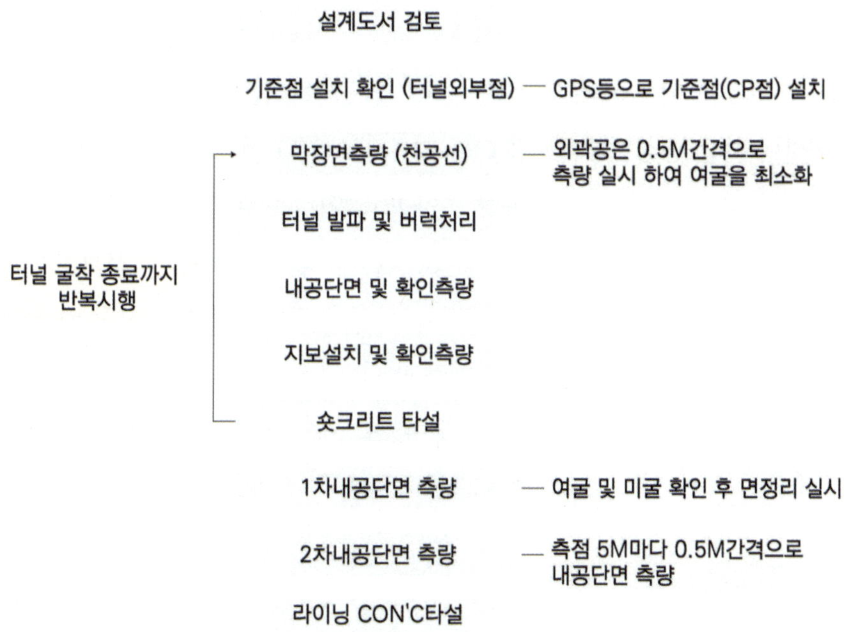

〈그림 5.16〉 경전선 철도터널 작업흐름도

터널의 내공 단면측량의 목적은 터널의 굴착 정도에 따라 첫째, 굴착된 터널단면의 3차원 좌표를 관측하고 둘째, 관측좌표와 설계좌표의 차이를 계산하여 디스플레이 해주며 셋째, 여굴량 또는 숏크리트 및 라이닝 콘크리트의 수량을 파악하고자 하는 것이다.

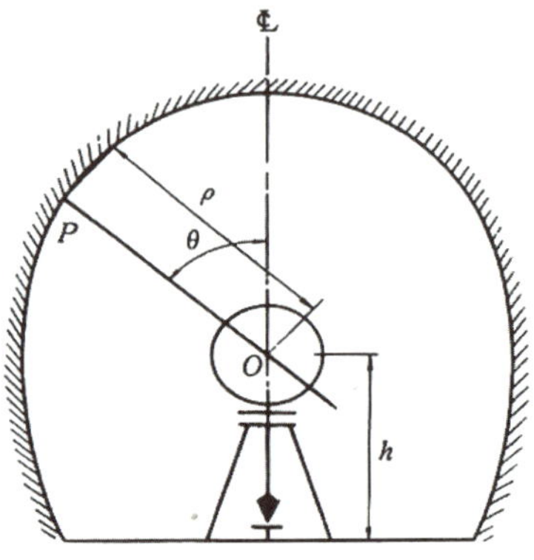

〈그림 5.17〉 터널 단면측정의 원리

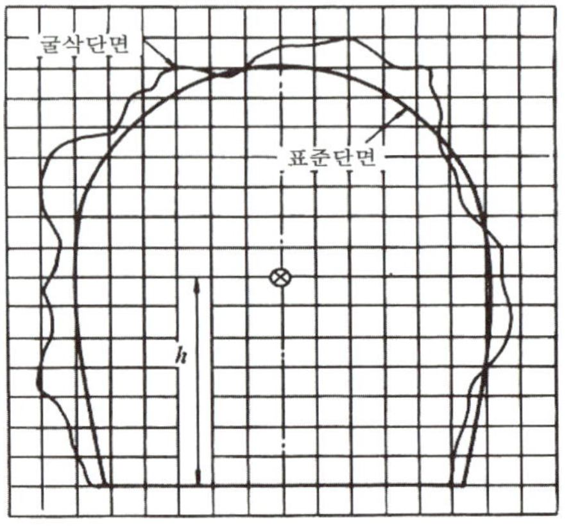

〈그림 5.18〉 시공단면과 설계단면의 비교

내공단면 측정의 원리는 기계의 중심점에서 각도를 달리하며 거리를 측정한 결과를 종합하면 현재 시공된 터널의 단면을 얻게 된다. 〈그림 5.17〉과 같이 터널내면의 임의점 P의 위치를 구하기 위하여 터널 중심선상의 1점 O를 기준으로 거리 ρ와 연직각 Θ를 관측한다. 이때 중심선과 직각방향을 잡을 수 있는 기계를 사용하고, 거리는 레이저에 의한 EDM을 이용하면 좋다. 점 O의 높이를 h로 일정하게 잡으면 (ρ , Θ)에 의해 단면도를 작성하기가 매우 편리하다. 또 곡선부분에 대해서는 중심선에 직각방향을 잡는 데에 주의가 필요하고, 급경사인 터널에서는 경사중심선에 직각인 단면을 측정해야 한다.

측량방법은 토탈스테이션을 이용하는 방법과 3D 레이저 스캐너를 활용하는 방법이 있다. 오늘날에는 주로 3D 레이저 스캐너를 활용하는 방법이 사용되고 있다.

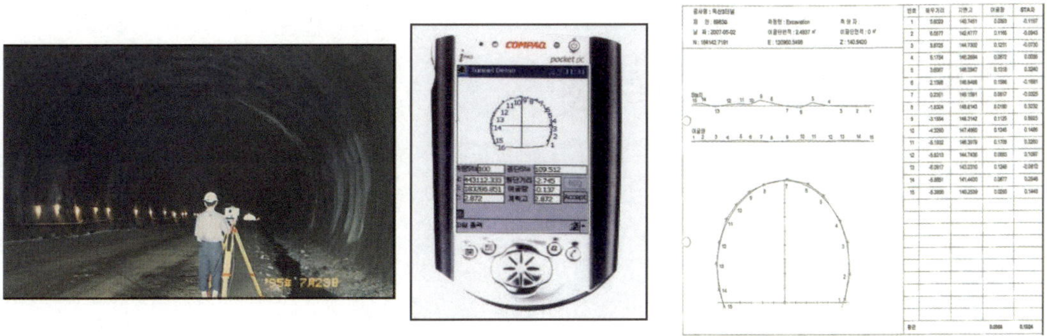

(a) 토탈스테이션 터널단면측량 (b) PDA 프로그램 (c) 내공단면 측량 결과

〈그림 5.19〉 토탈스테이션에 의한 터널 단면측량

〈그림 5.19〉는 토탈스테이션에 의한 터널 단면측량 모습과 결과를 보여주고 있으며 PDA에 내장된 단면적 계산 프로그램을 사용하였다. 〈그림 5.20〉은 레이저 스캐너에 의하여 터널 단면을 측정하는 모습과 내공단면 측량 결과를 보여주고 있다. 이와 같은 3차원 내공단면과 설계단면을 중첩시켜 보면 터널의 여굴량 상태를 파악할 수 있으며 이를 활용하여 터널에 대한 BIM을 구축할 수 있다.

(a) 레이저스캐너에 의한 터널 단면측정 (b) 내공단면 측량 결과

〈그림 5.20〉 3D 레이저스캐너에 의한 터널 단면측량

CHAPTER

06 하천 및 댐측량

6.1 개요

하천측량(Hydrographic surveying)은 하천의 계획, 조사, 설계 및 유지관리 등에 필요한 자료를 수집하기 위하여 지형지물의 위치와 형상, 수위와 수심, 단면과 구배를 측정하여 평면도, 종단면도, 횡단면도 등을 작성하는 작업을 말한다. 따라서 하천을 유지하고 관리하기 위하여 하천을 측량하는 것으로, 평면측량, 수준측량, 수위관측 및 유량측정의 작업이 포함된다.

댐측량은 댐건설을 위한 설계측량과 댐 운영을 위한 유지관리 측량으로 구분되며 본 장에서는 주로 설계측량 중심으로 설명하고자 한다.

수준측량은 하천의 종단 및 횡단면도를 만드는 것이 목적이며, 횡단측량에서는 수심측량이 필요하다. 유량측정의 방법에는 여러 가지가 있으나, 실지의 하천에서는 유속을 측정하여 이것으로부터 유량을 구하는 방법과, 양수표의 수위부터 계산하는 방법 등이 가장 많이 이용된다. 하천측량은 환경부에서 운용하는 「하천법」(법률 제20333호) 및 관련규정과 「공공측량 작업규정」을 준용하여 실시한다.

6.1.1 평면측량

하천측량을 하고자 하는 구역은 일반적으로 그 폭은 제방이 있는 유제부에서는 제외지 전부와 제내지 300m 이내로 하며, 제방이 없는 무제부에서는 홍수 때에 수위가 도달하는 지점부터 다시 100m 정도 더 넓은 범위에까지 이른다. 평면측량은 측량구역에 기준점을 내리기 위한 골조측량을 먼저 수행하고 그 다음에 지형을 상세히 파악하기 위한 세부측량을 실시한다.

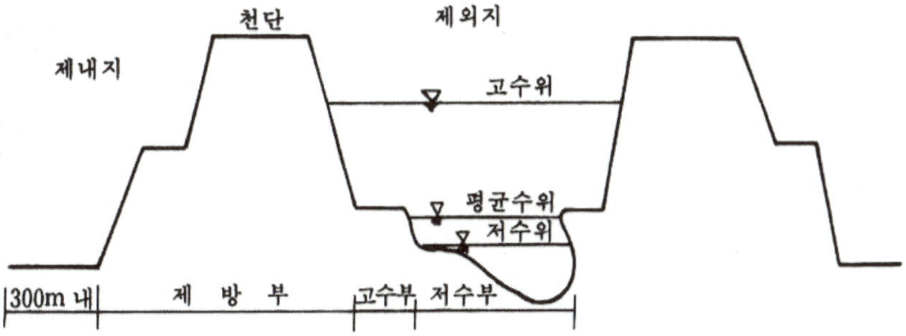

〈그림 6.1〉 하천의 단면

측량하고자 하는 지역(하천)의 평면 위치를 정하기 위해서 보통 GNSS측량이나 토탈스테이션측량을 실시한다. GNSS측량은 국토지리정보원에서 서비스하는 VRS(Virtual Reference Syatem) 측량방법인 네트워크 RTK(Real Time Kinematic) 방법이 주로 사용된다. 기준점측량을 통하여 측량구역에 기준점이 결정되면 유제부에서는 제내지 약 300m의 범위에 걸쳐 세부측량을 실시하며, 이 구역에 민가가 밀집해 있는 경우는 트래버스 측량에 의해서 다시 도근점을 설치하여야 한다.

평면도는 보통 축척 1/2500로 그려지게 되며 다만, 하천폭이 50m이하의 경우에는 1/1000 축척이 사용된다. 평면도는 측점을 모두 직각좌표에 의해서 전개하고, 이것을 기준으로 정확한 지형도를 만들게 된다.

6.1.2 수준측량

수준측량의 작업은 ① 종단측량, ② 횡단측량, ③ 수심측량, ④ 하구수심측량으로 구분된다. 수준측량을 할 때에는 거리에 따른 높이의 변화를 기록하여야 하므로 우선 거리표와 양수표를 설치하여야 한다. 거리표는 어떤 기준 위치로부터의 거리를 나타내는 표지이고, 양수표는 수면 높이를 알 수 있도록 설치한 표지를 말한다.

수준측량을 하기 전에 하천의 양안을 따라 5㎞ 간격으로 수준기표를 설치하고 기준이 되는 기본수준점으로부터 정확하게 표고를 측정하여야 한다. 수준기표를 설치하는 위치는 지반 침하의 우려가 있거나 교통의 방해가 있는 곳은 피해야 한다. 하천에서 좌안과 우안의 구별은 하류에서 상류를 보았을 때를 기준으로 한다.

1) 거리표의 설치

거리표는 한쪽 하천 방향을 따라서 하구 또는 합류점부터 200m의 간격을 표준으로 하여 설치하고, 다른 쪽 하천 방향에는 설치된 거리표로부터 하천의 직각방향으로 선을 설치한다. 거리표를 설치하는 경우 그 위치를 정할 때, 직접거리측정을 하면서 결정해 나가도 좋으나, 도중에 장애물이 있을 때는 오히려 복잡하므로 미리 평면도에 거리표의 위치를 정해 놓고 이것을 현지에 옮겨 설치하는 것이 좋다. 평면도상의 점을 현지에 옮길 경우, 기준이 될 점이 없을 때는 상하류의 거리표를 기준으로 직접 측정하여 정해둔다. 거리표에는 1㎞마다 표지를 설치하고, 그 중간에는 나무말뚝을 사용한다.

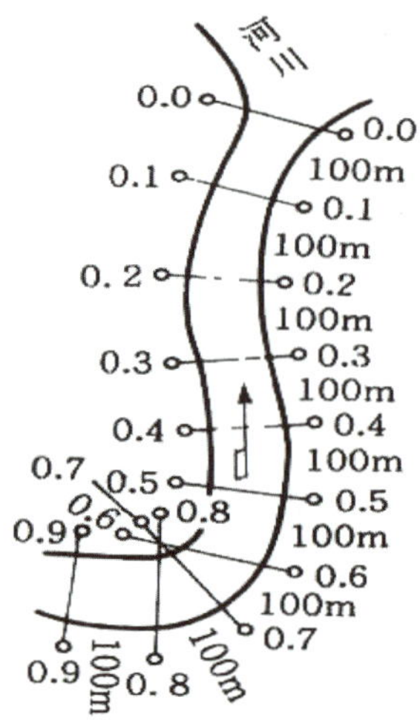

〈그림 6.2〉 거리표의 배치

2) 종단측량

종단측량은 좌우 양안에 설치한 거리표, 양수표, 수간, 통문 그 밖의 중요한 장소의 높이를 측정하여 종단면도를 작성하는 것이 목적이다. 수준측량은 모든 측량구역을 통하여 기본수준점을 기준으로 하게 되어 있으나, 계획의 편의상 그 하천에서 정한 기준을 사용할 때가 있다. 하천의 종단측량은 높은 정확도를 필요로 하므로 왕복 2회 이상 측정해야 하며, 그 측정오차는 5㎞마다에 설치된 수준기표를 기준으로 공공수준측량 3급(허용 왕복차 10mm $\sqrt{S}$) 정확도를 만족하여야 한다. 즉, 종단측량의 오차는 감조부 12mm, 완류부 15mm, 급류부

20mm의 범위 내에 있으면 좋다.

종단면도는 거리를 1/1000, 높이 1/100의 축척으로 그린다. 양안의 거리표·지반고·하상고, 기왕의 최고수위, 양수표·교대고·수문 및 용배수(用排水)의 통문·통관, 그 밖의 하천공작물의 위치 및 높이를 기입한다. 종단면도는 하류를 좌측으로 하여 제도한다.

3) 횡단측량

횡단측량은 200m마다 양안에 설치한 거리표를 기준으로 하여 시행한다. 횡단측량의 범위는 평면측량 범위에 준하여 실시하나 단면이 급변하는 장소에 있어서는 말뚝을 다시 설치하고 그의 거리는 적당히 단축하고 측정구역은 평면 측량할 구역을 고려하여 유제부에 있어서 제외지는 전부, 제내지는 300m 이내로 한다. 또 홍수량을 조사할 때에는 홍수가 도달하는 구역까지 측량하는 것으로 한다. 횡단측량은 육상의 횡단과 하천 본체의 횡단으로 나눌 수 있다.

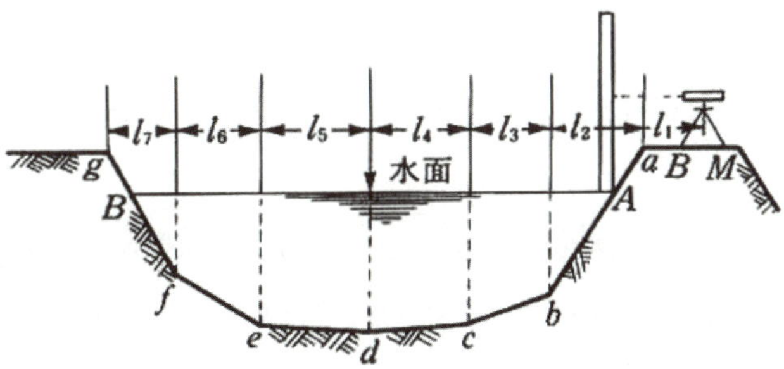

〈그림 6.3〉 횡단면도

육상에서는 지반의 고저와 횡단거리, 하천에서는 하상의 고저와 횡단거리 또는 최대홍수위 등 횡단면도 작성에 필요한 제반 사항을 조사 측량한다. 횡단측량은 횡단선에 따라 수륙(水陸) 모두 20m마다 측량을 실시하나, 그 사이에 고저의 변화가 심한 장소는 횡단측량을 실시하고 단면을 추가한다. 또 수력발전을 목적으로 하는 유량 조사에 있어서의 수심측량의 수평거리는 하폭의 크기에 따라 1~2m로 하고, 하저가 균일한 장소에 있어서는 보통 측정 방법으로 하며, 굴곡이 심한 장소에서는 정밀하게 측정하여야 한다. 횡단측량은 양수표·교량·갑문 등 구조물이 있는 개소에서는 특별한 측량을 실시한다.

횡단면도는 폭을 1/1000, 높이를 1/100의 축척으로 그리는 것이 보통이다. 하천개수(河川

改修) 그 밖의 공사에서는 좌안을 좌로 하고 좌안의 거리표를 기점으로 하여 제도하지만, 댐·저수지의 계획에서 물의 흐름을 계산할 때 사용되는 도면은 하류에서 상류를 보았을 때의 단면, 즉 좌안은 우, 우안은 좌가 되도록 그린다.

6.2 수위와 유량관측

6.2.1 하천의 수위

하천측량에서 관측하는 수위는 다음과 같이 구분된다.

① 최고수위(H.W.L)와 최저수위(L.W.L) : 어떤 기간(period)에 있어서 최고·최저의 수위로 연 단위나 월 단위의 최고와 최저로 구분한다.

② 평균최고수위(N.H.W.L)와 평균최저수위(N.L.W.L) : 이것은 년과 월에 있어서의 최고와 최저의 평균으로 나타낸다.

③ 평균수위(M.W.L) : 어떤 기간의 관측 수위를 합하여 관측 횟수로 나누어서 평균값을 구한 수위를 말한다.

④ 평균고수위(M.H.W.L)와 평균저수위(M.L.W.L) : 어떤 기간에 있어서의 평균 수위 이상인 수위의 평균 또는 평균 수위 이하의 수위로부터 구한 평균 수위를 말한다.

⑤ 평수위(O.W.L) : 어떤 기간에 있어서의 수위 중 이것보다 높은 수위와 낮은 수위의 관측 횟수가 똑같은 수위로 일반적으로 평균 수위보다 약간 낮다.

6.2.2 수위관측소의 위치

하천의 수위관측은 하천의 개수계획(改修計劃), 하천구조물의 신축 공사, 하천수의 이수(利水)계획을 세우기 위해 하는 것으로, 관측소를 선정할 때에는 다음과 같은 사항을 고려하여야 한다.

① 관측소의 위치는 그 상하류의 상당한 범위까지 하안과 하상이 안전하고, 세굴이나 퇴적이 되지 않아야 한다.

② 상하류의 길이 약 100m 정도는 직선이어야 하고 유속의 크기가 크지 않아야 한다.

③ 수위를 관측할 경우 교각이나 기타 구조물에 의하여 수위에 영향을 받지 않아야 한다.

④ 홍수 때는 관측소가 유실, 이동 및 파손될 염려가 없는 곳이어야 한다.

⑤ 평시는 홍수 때보다 수위표를 쉽게 읽을 수 있는 곳이어야 한다.

⑥ 지천의 합류점 및 분류점으로 수위의 변화가 생기지 않는 곳이어야 한다.

하천의 수위에 따른 유소군포는 〈그림 6.4〉와 같다.

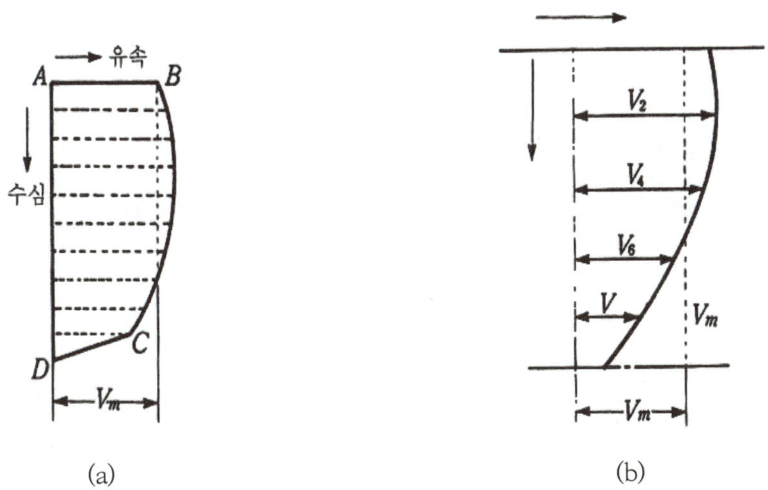

〈그림 6.4〉 유속분포도

6.2.3 유량관측

유량은 어떤 횡단면을 단위시간(1초)에 흐르는 수량[㎥]으로 표시하며, 일반적으로 그 평균 유속($m/\sec$)에 유역면적(㎡)을 곱하여 구하고 그 단위는 $m^3/\sec$이 된다. 즉, 유량 Q와 유속 V, 유역면적 A의 사이에는 다음 식이 성립한다.

$$Q = VA \tag{6.1}$$

유량관측은 하천측량에서의 중요한 작업의 한 가지이다. 그러나 하천의 흐름은 매우 복잡하여 관측 방법도 복잡하다. 일반적인 유량관측 방법은 다음과 같다.

① 유수를 일정용량의 용기에 받아 만수에 이르기까지의 시간을 관측하여 유량을 구한다.

② 벤투리미터(venturimeter), 오리피스(orifice)나 양수계 등의 계기에 의해 구하며, 관로 등의 경우에 이용된다.

③ 수로 내에 둑을 설치하고, 사방(砂防)댐의 월류량의 공식을 이용하여 유량을 구한다.

④ 수위유량 곡선을 미리 만들어서 필요한 수위에 대한 유량을 그래프 상에서 구한다.

⑤ 유량과 유역면적의 관계로부터 하천유량을 추정하는 방법이 있으며, 하천개수계획이나 수력발전계획 등의 자료로 이용된다. 하천의 유속·유량을 관측하기 위해서는 다음과 같은 장소를 선정할 필요가 있다.

i) 직류부로서 흐름이 일정하고, 하상의 돌출(凹凸)이 적고 하상 경사가 일정한 곳

ii) 수위의 변화에 의해 하천 횡단면 형상이 급변하지 않고, 하상이 안정되어 퇴적이 일어나지 않는 곳

iii) 관측 장소의 상·하류의 유로는 일정한 단면을 갖는 곳

iv) 관측이 편리한 곳, 예를 들면 다리 등을 이용할 수 있는 곳

6.2.4 평균유속을 구하는 방법

단면 내에서도 하저에 이르기까지 유속이 변화하는데, 하저의 상태, 하폭, 풍향 등에 따라 달라지게 된다. 따라서, 유량을 계산하려면 각 단면의 평균유속을 구할 필요가 있다. 유속분포는 현재까지 모든 경우에 적용되는 완전한 이론은 없다. E. C. Murphey는 수로가 비교적 곧고 규칙적인 단면을 갖고, 하상도 평활한 상태에 있는 개소를 많이 관측한 결과 다음의 결론을 얻었다.

i) 수면에서 평균유속의 위치까지의 깊이는 수심의 증가, 수심과 하폭과의 비가 증가하는데 따라 커지고, 보통 수심 0.50~0.65 사이에 있다.

ii) 하폭이 비교적 넓고, 수심이 얕은(0.1~0.3m 정도의) 수로로 하상(下床)이 잔자갈(砂利)인 경우는, 평균유속은 수면에서 0.50~0.55의 위치에 있다.

iii) 하폭이 넓고, 수심이 0.3~1.0m 정도의 수로로 하상이 자갈이면, 평균유속은 수면에서 0.55~0.60의 위치에 있다.

iv) 하상의 수면이 거칠수록 평균유속의 위치는 높아지고, 평활할수록 낮아진다.

1) 유속계에 의한 유속관측

평균유속을 구하는 데 있어서는 유속분포곡선도를 정확히 그리고, 이 분포곡선도로부터 구하는 것이 좋다. 이 방법에 의하면 시간과 노력이 많이 필요하다. 왜냐하면 수면으로부터 하저

와의 깊이, 즉 연직선상에서 두 점 이상 여러 점의 유속을 측정하고 평균유속을 구하기 때문이다. 그리고 어떤 깊이의 유속을 측정하느냐 하는 것이 평균유속에 영향을 미치게 되는데 다음과 같은 방법들이 있다.

① 1점 측정일 경우

1점 측정의 경우 수면으로부터 수심의 $\frac{6}{10}$되는 곳의 유속을 측정하면 되지만 약 5% 정도의 차이가 있다.

$$V_m = V_{0.6} \tag{6.2}$$

② 2점 측정일 경우

일반적으로 사용되는 방법으로 수면으로부터 수심 $\frac{2}{10}$ 와 $\frac{8}{10}$이 되는 곳의 유속을 측정하여 다음 식으로 구한다.

$$V_m = \frac{V_{0.2} + V_{0.8}}{2} \tag{6.2}$$

③ 3점 측정일 경우

수면으로부터 수심 $\frac{2}{10}, \frac{6}{10}, \frac{8}{10}$ 되는 곳의 유속 $V_{0.2}$, $V_{0.6}$, $V_{0.8}$로부터 평균유속을 구한다.

$$Vm = \frac{1}{4}(V_{0.2} + 2V_{0.6} + V_{0.8}) \tag{6.3}$$

수심이 크고 유속이 빠르고 유수와 기타로 인하여 위의 방법으로 측정하지 못할 때는 수심의 2% 되는 곳의 유속을 측정하고 이것에 적당한 계수를 곱하여 평균유속을 구한다. 계수는 평수시(平水時)에 측정하고 결정한다.

④ 4점 측정 경우

이것은 수심 1.0m 내외의 장소에서 적합하고, 평균유속은 다음 식으로 구한다.

$$Vm = \frac{1}{5}\left\{(V_{0.2} + V_{0.4} + V_{0.6} + V_{0.8}) + \frac{1}{2}\left(V_{0.2} + \frac{V_{0.8}}{2}\right)\right\} \tag{6.4}$$

여기서, $V_{0.4}$는 수면으로부터 수심 $\frac{4}{10}$ 지역의 유속을 말한다.

2) 부자에 의한 유속관측

유속이 매우 빠르거나 유속관측기에 의해 관측이 어려운 경우, 부자를 하천에 띄어 흐르게 한 다음 흘러간 거리와 시간을 측정하여 유속을 결정하는 방법이다. 부자의 종류로는 표면부자, 2중 부자, 봉부자라고도 하는 막대부자가 주로 사용된다.

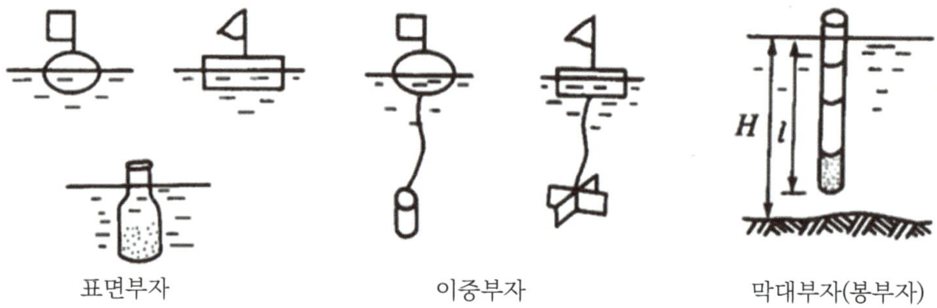

〈그림 6.5〉 부자의 종류

부자의 유속관측은 하천의 직선부를 선정하여 실시하며 다음 식에 의하여 평균유속을 구한다.

$$V_m = CV \tag{6.6}$$

여기서 V_m : 평균유속, V : 봉부자의 속도(L/t), C : 보정계수

3) 하천의 기울기를 이용한 유속관측

부자나 유속측정기에 의한 유속관측이 불가능하거나 수로신설에 따른 설계에 이용, 하천의 수면기울기, 하상(상류에서 하류로 흐르는 하천바닥)상태, 조도계수로부터 평균유속을 구한다.

① Chezy의 식

$$V_m = C\sqrt{RI} \tag{6.7}$$

여기서 V_m : 평균유속, C : Chezy의 계수, R : 경심(단면적/윤변), I : 수면기울기

② Manning의 식

$$V_m = \frac{1}{n} R^{2/3} I^{1/2} \tag{6.8}$$

여기서 n은 하도의 조도계수를 의미한다.

6.3 수심측량

6.3.1 수심측량

하천측량을 하는 목적중의 하나는 유량측정을 위한 것인데, 유량을 측정하기 위해서는 유속과 하천 단면의 크기를 알아야 한다. 이 때 하천 단면의 크기를 알기 위해서 하천 수심을 측정하는 것은 중요한 작업이 된다. 또 바다 특히 육지에 가까이 있는 연안에서 해저지형을 아는 것은 대단히 중요하다. 선박들의 잦은 사고가 주로 연안에서 발생하기 때문이며, 선박들의 안전한 항해를 위해 연안의 수심과 해저지형을 파악하여 많은 국가에서 연안해역도를 작성하기도 한다.

이렇게 바다, 강, 운하, 호수, 저수지 등에서 수면 아래 바닥의 깊이를 측정하는 것을 수심측량(Bathymetry)이라고 한다. 등심선이란 지형 등고선과 같이 수역의 표면 아래에서 동일한 깊이에 있는 모든 지점을 연결한 가상의 선을 말한다. 따라서 해저의 지형 변화는 〈그림 6.6〉과 같이 등심선과 함께 수심 색상으로 표현된 수심 측량도에 표시되며, 수심측량도는 수중 지형을 나타내는 중요한 도표가 된다.

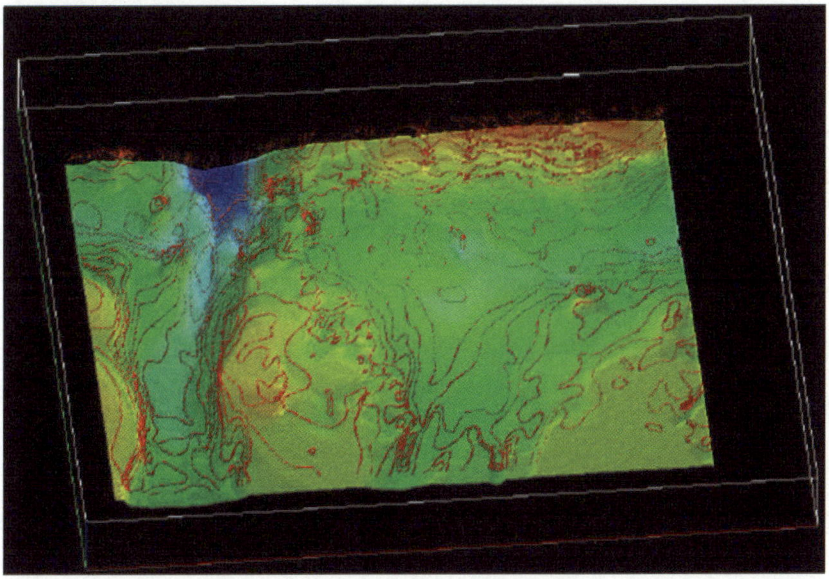

〈그림 6.6〉 등심선과 수심측량도

옛날에는 수심측량을 위해서 배를 타고 계획된 지점을 다니면서 줄자 끝에 매단 납덩어리를 내려서 물속에 들어간 줄자의 길이를 재서 수심을 측정하였다. 그러나 오늘날에는 휴대용 프로브나 게이지 폴과 같은 수심 측정 장비에서부터 음향측심기나 항공 및 위성 레이저 시스템과 같은 원격측정시스템에 이르기까지 비약적인 기술의 발전을 이루어 가고 있다.

21세기에 들어서 기후 변화와 지구 온난화로 인한 해수면의 지속적인 상승으로 인해 연안 지역 관리를 위한 모니터링이 중요한 문제가 되고 있으며, 아울러 강바닥과 수심에 대한 모니터링은 홍수 시뮬레이션, 퇴적물 이동 모델링, 서식지 매핑과 같은 수문학 및 수리학, 수생물학 분야의 많은 작업을 수행하는 데에 필요하다.

6.3.2 음향측심기(Eco Sounder)에 의한 방법

음향측심기는 전자파 거리측정의 원리를 이용한 것으로, 물의 표면에서 음파(sound)를 보내 바닥면에서 반사되어 돌아오기까지의 시간(t)을 측정하여 거리, 즉 수심(H)을 알아내는 방법이다. 수심 계산의 기본식은 식 (6.9)와 같다.

$$H = \frac{1}{2}\alpha\,(V \cdot t) \tag{6.9}$$

여기서 V는 음파의 속도이며 t는 음파의 왕복시간, α는 장비 특성에 따른 계수값이다. 한편 음향측심기는 해저면과 직각(90°)을 이루었을 때 정밀도가 가장 높고, 기울어지게 되면 실제보다 거리가 늘어나기 때문에 수심이 실재와 다르게 측량될 수 있다. 바다에서 음향측심기를 이용하여 수심을 측량하는 경우, 음파가 전달되는 해수의 특성, 즉 온도나 염분, 수압 등에 따라 음파의 전달속도(V)가 달라지기 때문에 이를 보정해 주어야 한다. 이러한 음파의 전달속도 보정을 위하여 해수의 온도와 염분을 측정하기도 한다.

음향측심기는 단일빔을 이용하는 방법과 멀티빔(다중빔)을 이용하는 방법이 있다. 여기서 빔(beam)이란 a beam of light를 줄인 말로서 한 줄기의 광선을 뜻한다. 즉 음파를 수직방향으로 한번씩 발사해서 수심을 측정하는 기계를 단일빔 음향측심기라고 하고, 한번에 다양한 방향으로 다중으로 음파를 발사해서 수심을 측정하는 기계를 멀티빔 음향측심기라고 한다. 복잡한 지형이나 넓은 해역을 측량하고자 하는 경우에는 멀티빔 음향측심기를 사용하는 것이 유리하다.

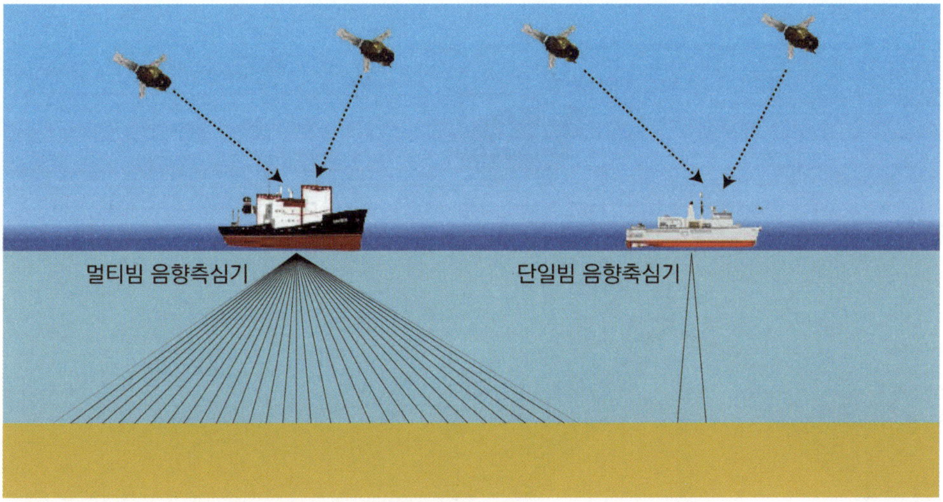

〈그림 6.7〉 멀티빔 음향측심기와 단일빔 음향축심기

6.3.3 사이드 스캔 소나(Side Scan Sonar)에 의한 방법

소나(Sonar) 역시 음향측심기와 같은 원리로 작동하며 sound navigation and ranging의 명칭을 줄인 것이다. 소리를 이용하여 방향과 거리를 측정하는 장비로서 소나의 아래쪽에 있는 수중 물체의 탐지나 표정(標定), 2차원 지형조사 등의 목적으로 사용된다.

사이드 스캔 소나(Side scan Sonar)는 주로 해저 지형의 음파 이미지를 고해상도로 제공하기 위해 고안된 것으로, 일반적인 소나(Sonar)는 아래 방향을 확인하는 것에 비하여, 사이드 스캔 소나는 주로 옆쪽(side) 방향을 확인하는 구조로 되어 있다. 사이드 스캔 소나는 비교적 작은 크기로 제작하므로, 일반적으로 선박에서 예인하면서 사용하게 된다. 소나는 송출하는 초음파의 주파수에 따라 송출각도를 조절하게 되며, 이러한 송출각도 조절에 따라 탐색 반경이 결정된다. 〈그림 6.8〉은 선박 견인식 사이드 스캔 소나의 모습을 보여주고 있다. 수중 난파선과 같이 이미 그 위치가 파악된 경우 대상물의 형상을 정확히 파악하기 위하여 사이드 스캔 소나를 투입하여 측면 스캔을 통하여 3차원 형상을 제작하게 된다.

〈그림 6.8〉 선박 견인식 사이드 스캔 소나

6.3.4 그린 라이다 수심측량(Green LiDAR Bathymetry)

LiDAR 수심측량에서는 물을 더 잘 투과할 수 있는 청록색 파동을 사용한다. 긴 파동은 물에 흡수되기 때문에 사용할 수 없으며, 짧은 파동은 물 입자에 의해 산란되고 흡수되기 때문이다. 수심측량 스캐닝 시스템의 개념은 적외선과 녹색 레이저의 두 가지 레이저를 동시에 사용하는 것이다. 적외선 펄스는 수면이나 육지에서 반사되고, 녹색 펄스는 수면을 투과하여 수역 바닥에서 반사되기 때문이다. 빔은 일반적으로 공중 지형 레이저 스캐닝처럼 지형 표면에 수직이 아니라, 15~20° 각도로 전방으로 향하게 되며, 수심은 수면에서 반사되는 빔과 바닥에서 반사되는 빔의 수신되는 시간차에 따라 결정된다.

수심측정 스캐너는 〈그림 6.9〉와 같이 파장 532nm의 청록색(green) 레이저와 파장 1064nm의 적외선(NIR; Near Infra Red) 레이저의 두 가지 레이저를 사용하게 된다. 이러한 두가지 레이저 시스템을 장착한 플랫폼을 이전에는 항공기를 주로 사용하였으나 최근 들어 드론을 많이 활용하고 있다. 플랫폼에서 두 레이저 펄스를 동시에 전송하게 되며, 적외선은 수면에서 산란되거나 부분 반사되는 반면, 청록색 광선은 물을 투과하여 확산되고 바닥에서 부분적으로 반사된다. 수심은 두 레이저 빔에서 기록된 거리의 차이에 따라 결정되게 된다. 또한 정밀한 수심을 결정하기 위하여 수심측량 대상구역의 중간중간에서 유속과 탁도를 측정하여 수심 보정을 하여야 한다.

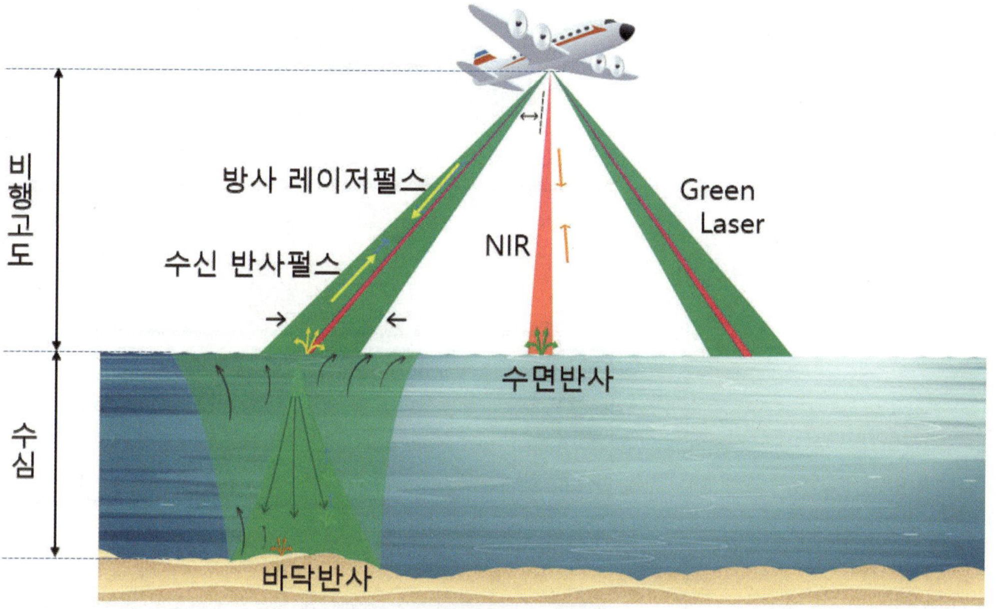

〈그림 6.9〉 그린라이다 수심측량(Green LiDAR Bathymetry)

〈그림 6.10〉와 〈그림 6.11〉은 진주 남강지역에서 수심측량을 위한 그린라이다 수심측량 결과의 일부를 보여주고 있다. TDOT 드론 라이다 시스템에 의하여 촬영 및 결과처리를 하였으며 〈그림 6.11〉은 드론라이다 촬영결과 촬영대상지역의 포인트 클라우드 데이터 처리결과와 강바닥에서의 하저면 굴절보정 모습을 보여주고 있으며, 〈그림 6.11〉은 촬영대상지역의 횡단면도 작성 예를 보여주고 있다. 횡단면을 확대해 보면 수면의 레이저 데이터들도 살짝 흩어져 있는 모습을 보여주고 있기 때문에 정확한 단면을 처리하기 위한 수학적 필터링이 필요하다.

(a) 포인트 클라우드 데이터	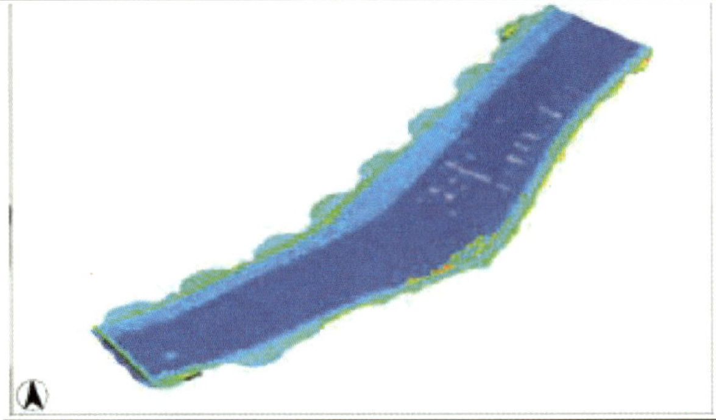
(b) 강바닥 refraction correction line의 보정	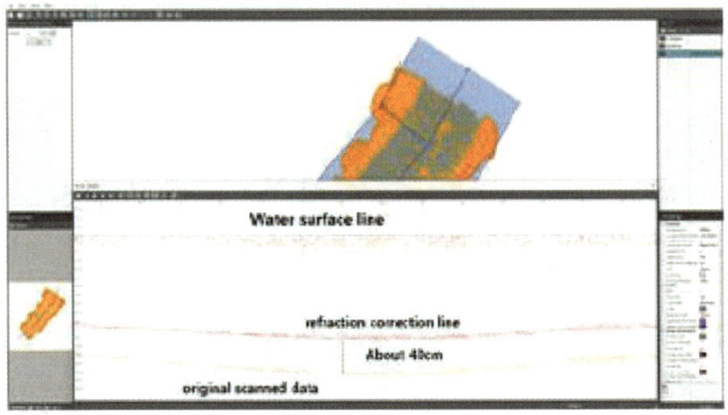

〈그림 6.10〉 남강에서의 그린라이다 드론촬영 결과

(a) 하천 횡단면도 작성	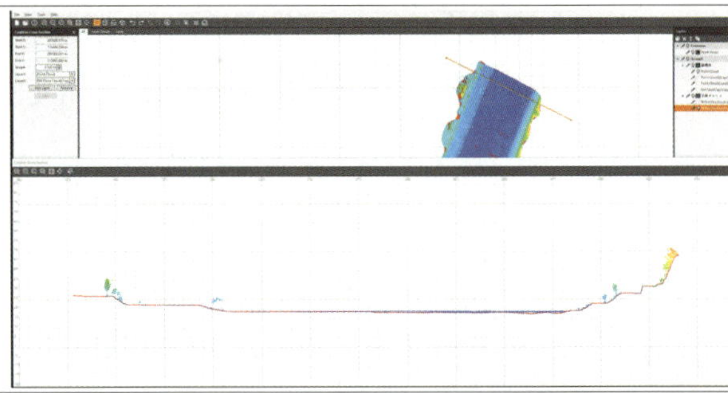
(b) 횡단면 확장, 수면과 하저의 표시	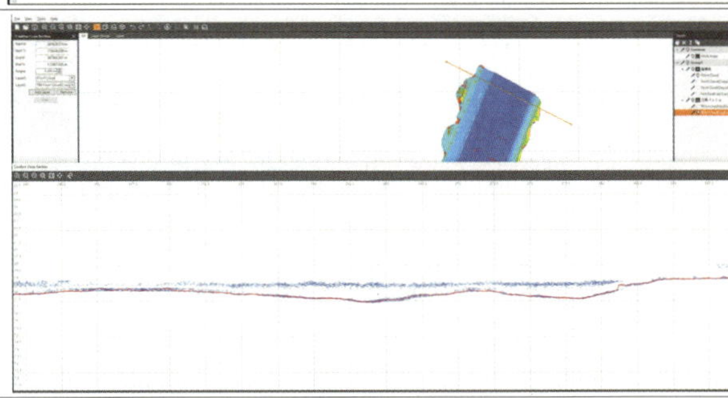

〈그림 6.11〉 그린라이다 드론촬영에 의한 하천 횡단면도 작성

6.4 하천측량

6.4.1 작업계획

작업계획은 작업착수전 하천구역을 따라 현장조사를 실시하여 하천측량을 수행할 수 있는지를 파악하고 수립하게 된다. 하천설계측량 공종별로 과업명, 목적, 위치 및 수량, 소요기간, 투입인원 및 장비, 사용할 측량성과의 종류 및 내용 등 포함한 측량작업계획서를 작성하고 검토한다. 하천 및 댐 설계측량 보고서에는 책임측량기술자가 서명·날인하여야 하며, 3차원 지형모델구축 및 3차원 측량성과 등 중요사항에 대하여는 측량전문가의 기술검토의견서를 첨부하여야 한다.

6.4.2 하천 기본계획을 위한 측량

1) 하천 계획수립을 위한 측량의 종류

하천기본계획 수립을 위한 측량의 종류 및 목적은 〈표 6.1〉과 같다.

〈표 6.1〉 하천측량 종류

측량 작업명	측량의 종류	목적
계획용, 기본도작성	지형현황측량	계획수립
기준점측량	설계기준점측량	기준점의 좌표설치
하천종단측량	종단측량	하천에 관한 계획 수립
하천횡단측량	횡단측량 수심측량	하천에 관한 계획 수립
수준점측량	국가의 기준점(BM)으로부터 조사지역 내 중심까지 측량	종 · 횡단 및 지형현황 측량의 표고 결정기준

2) 하천 종횡단측량의 간격

하천의 종·횡단측량 간격은 하천 및 소하천의 하폭을 기준으로 결정하며, 하폭에 따른 하천 종·횡단측량 간격은 다음 〈표 6.2〉와 같다.

〈표 6.2〉 하폭에 따른 종·횡단측량 간격

<table>
<tr><th rowspan="3">하폭
(m)</th><th>하천종단측량</th><th colspan="5">하천횡단측량</th></tr>
<tr><th rowspan="2">하천유심의
직각방향 간격</th><th rowspan="2">하천유심의
직각방향 간격</th><th colspan="2">무제부</th><th colspan="2">유제부</th></tr>
<tr><th>제내지</th><th>제외지</th><th>제내지</th><th>제외지</th></tr>
<tr><td>5 ~ 50</td><td>50 m 내외</td><td>50 m 내외</td><td rowspan="4">계획 홍수위 이상까지</td><td rowspan="4">전부</td><td>50 m 이상</td><td rowspan="4">전부</td></tr>
<tr><td>50 ~ 200</td><td>100 m 내외</td><td>100 m 내외</td><td>100 m 이상</td></tr>
<tr><td>200 ~ 500</td><td>200 m 내외</td><td>200 m 내외</td><td>200 m 이상</td></tr>
<tr><td>500 이상</td><td>500 m 내외</td><td>500 m 내외</td><td>500 m 이상</td></tr>
</table>

3) 기준점측량

기준점측량은 「공공측량 작업규정」에 따라 일반 지상측량 및 항공사진측량 방법에 의해 실시하며, 필요한 지점의 기준점은 차후에 실시하는 공사측량에 활용할 수 있도록 가급적 영구표석 또는 원형동판으로 제작하여 매설한다.

4) 수준점 및 종단측량

수준점 측량은 국토지리정보원에서 매설한 1등 또는 2등 수준점으로부터 조사구간 내에 설치한 측점까지의 수준측량을 통해 표고를 결정한다.

종단측량은 하천의 종단선형을 구하기 위하여 좌, 우 양안에 설치한 측점의 표고 및 지반고 등을 측량하는 작업을 말한다. 종단측량 시에는 측점의 표고를 비롯한 측량구간 내에 위치한 수위표 영점표고 및 수위표, 임시수준점, 수문 및 갑문의 문턱, 교량, 보 등 각종 하천시설물의 필요한 표고를 측정하여야 한다.

5) 지형현황측량

지형현황측량은 토털스테이션, GNSS, 지상 레이저스캐너, 항공 레이저스캐너, 항공기 및 무인비행장치 등을 사용하여 지형·지물의 좌표를 관측하여 그 값을 도시하거나 컴퓨터 등 정보기기를 이용하여 수치데이터 형태로 제작하여 저장하는 것을 말한다. 지형측량은 계획 하폭선을 중심으로 제방이 설치된 구간의 제내지측은 해당 하천 특성을 고려하여 결정하며, 제방이 설치되지 않은 구간은 계획홍수위 또는 과거 최고 홍수위선 이상까지 시행한다. 제내지 부분의 하천지형측량의 범위는 제방이 설치된 구간의 국가하천은 200~300 m 이상, 지방하천은 50~100 m 이내를 원칙으로 하고 제방이 설치되어 있지 않은 구간에서는 최대홍수위선 이상까지로 한다.

6) 하천횡단측량

하천횡단측량은 하천의 양안에 설치해 놓은 종단측점을 기준으로 하여 그 시준선상의 높낮이를 측량하여 측점의 횡단면형이 나타날 수 있도록 한다. 급류하천, 일반하천의 만곡부, 하폭 변화가 많은 경우, 하천 내 교량 등 하천 횡단시설물이 설치된 경우에는 추가 측점을 두어 횡단측량을 실시하여, 지형변화에 의한 현황이 제대로 반영되도록 한다. 토털스테이션, GNSS, 레벨 등에 의한 횡단측량은 반드시 종단측량시 측량한 좌우안의 측점에 연결하여 횡단측량의 정확도를 확인하여야 한다. 한 단면의 횡단측량을 실시할 때 점간 거리는 하폭에 따라 5~20 m를 원칙으로 하나, 급격한 변화가 있는 지점이나 저수로 등에서는 최소한 1~5 m 간격의 추가지점을 측량하여 상세하고 완전한 횡단면형을 작성할 수 있도록 한다.

무인비행장치 드론을 이용한 하천 횡단측량은 하천의 수치표고모형에서 추출한 정보를 이용하되 하천 양안의 종단측점을 기준으로 하여 하천의 직각방향으로 거리와 지반고를 발췌하여 횡단면도를 작성한다.

7) 하천수심측량

하천수심측량은 횡단측량의 측선상에서 좌우안측의 수면고를 측정한다. 그리고 5 m 내외의 간격으로 각각 수심을 측량하되, 하상의 급변화가 이루어진 지점이나 저수로 등에서는 1~5 m 간격으로 추가 측점을 선정하여 측량한다. 일반 하천구간에서의 측량시 조사한 수면표고와 조사시 관측한 수위관측소의 자료와 동시 관측수위 등을 분석하여 보정한다.

수심이 0.5 m 이내인 수저부의 지형측량은 RTK-GNSS, 네트워크 RTK 및 토털스테이션 등을 이용하여 3차원 좌표를 직접 관측하고, 수심이 0.5 m 이상인 수저부의 지형측량은 음향측심기 및 GNSS를 이용하여 수심측량을 실시한다. 음향측심기는 정확도가 ±0.1 m+d/1,0(d는 수심, m단위) 이내이어야 하며, 기록지에는 측심위치에 대한 GNSS 또는 네트워크 RTK 좌표, 측량시각 및 수심을 동시에 기록한다. 수심측량 전에는 바체크(bar check)를 반드시 실시하고 음향측심기기에 그 결과가 나타나도록 하여야 한다. 바체크는 수심이 2 m 이내인 지역에서는 0.5 m 간격으로 실시하고 수심이 2 m 이상인 지역에서는 1 m 간격으로 실시한다. 수위관측은 레벨을 이용하여 매 10분 간격으로 직접수준측량에 의해 수위면의 표고를 관측하거나 조위계 등을 이용하여 수위를 자동으로 관측한다.

수심측량의 허용오차는 일반적인 경우 다음 〈표 6.3〉과 같다.

〈표 6.3〉 수심측량의 허용오차

구분	허용오차
수심 5 m 이내	0.2 m
수심 5 m 이상	0.2 m × d/10 (d: 수심(m)), 최대 0.25 m 이내

8) 홍수흔적측량

홍수흔적측량은 홍수시의 유수가 남긴 하천 종횡단 상의 흔적을 조사하는 측량으로 홍수직후 하천의 양안에 대하여 측량을 실시하거나 항공사진측량, 무인비행장치측량에 의하여 전체적인 현황을 파악할 수 있도록 하여야 한다. 홍수흔적을 알 수 있도록 주요 하천시설물 등에 홍수흔적을 표시하고, 홍수직후 지역 주민들에게 탐문 조사하여 측량하고, 수계 전체의 통일을 기하기 위하여 이상치는 보정한다.

6.4.3 하천공사 시행을 위한 측량

1) 하천공사시행을 위한 측량의 종류

하천공사 시행을 위한 측량이란 사업시행구간에 대한 세부측량으로서 기본적으로 공사 목적에 적합한 측량을 실시하여야 하며, 하천공사시행을 위한 측량의 종류 및 목적은 다음 〈표 6.4〉와 같다.

〈표 6.4〉 하천공사 시행을 위한 측량의 종류

측량작업명	측량의 종류	목적
지형현황측량	항공사진측량, 지상현황측량, 무인비행장치측량	시행계획서 작성 법선 등의 계획
법선 및 종 · 횡단 측량	중심선 측량 종단측량 횡단측량	법선결정, 토공량 등의 산정
용지측량	공사용 기준점측량 지형측량 또는 용지측량 용지경계측량	용지폭 말뚝 또는 경계말뚝의 결정, 용지매수

2) 지형현황측량

지형현황측량은 하천 정비공사 시행을 위한 측량으로서 계획 및 설계에서 가장 중요한 측량이며, 설계기준점측량 및 보조기준점의 성과를 활용하여 계획 제방 중심으로 주변의 지형·지물 및 하천시설물의 위치 등을 측량하여 계획평면도를 작성하기 위한 측량이다.지형현황측량은 토털스테이션, GNSS 또는 항공사진측량, 무인비행장치 측량 등에 의해 실시하고, 지형현황 측량은 계획법선에서 제외지측은 유심부까지 측량하고 제내지측은 하천구역 및 하폭, 하천부지 등을 감안하여 측량한다.

3) 제방중심선 및 종횡단 측량

공사용 물량을 구하기 위한 측량에는 제방 중심선 측량과 종단측량 및 횡단측량이 있다. 제방법선을 결정할 때는 지형현황측량도에 계획평면도 상에 기본계획에서 제시한 법선을 선정하고, 현장 답사를 실시한 후 설계측량시행자와 충분한 협의를 거쳐 결정한다. 제방법선이 결정되면 수준측량과 종·횡단측량을 실시하며, 횡단측량은 제방중심선의 접선에 직각방향으로 실시하며 정확한 물량을 산출할 수 있는 횡단면도가 작성될 수 있도록 측량한다. 종단측점의 간격은 40 m를 원칙으로 하며, 횡단측량의 범위는 제외지측은 제방둔치 정비계획 등을 수립할 수 있도록 유심부까지 실시하고, 제내지측은 하천구역 및 하폭, 하천부지와 관개시설 등 배후지 시설계획과 관련하여 충분한 폭원으로 측량해야 한다.

4) 용지측량

용지측량은 용지도 작성 및 지장물 보상을 위한 측량을 말하며 지적경계측량은 제외된다. 용지경계는 제내지측의 계획 제방의 토사 유출을 고려하여 1.0 m 이상의 여유를 확보하도록 한다.

6.4.4 하상 변동조사를 위한 측량

1) 지형현황측량

하상의 평면적인 변동 상황을 조사하기 위하여 지형현황측량을 실시한다. 지형현황측량은 토털스테이션, GNSS, 항공사진측량, 무인비행장치측량 등에 의해 실시하고, 지형지물 및 주요 하천구조물의 위치 등을 지형 현황도에 표시하여 작성한다. 하천의 기본계획 수립 및 댐의 수몰지 조사측량 등의 조사가 완료된 구간의 지형측량은 기작성된 지형현황도를 활용하여 변동된 부분만 보완측량을 실시하여 작성한다.

2) 종단 및 횡단측량

하천의 하상변동 조사를 위하여 종단 및 횡단측량을 실시한다. 과거에 측량을 실시한 실적이 있는 구간에 대해서는 그 측점을 이용하여 하도 내의 변동 상황을 규명할 수 있도록 측량을 실시한다. 조사측량을 완료한 후 하상 변동량을 산정할 때는 자연적인 변동량과 인위적인 변동량을 구분하여 산정하여야 한다.

3) 기타사항

대규모 지역 하천 측량 결과는 지리정보시스템 등에 활용될 수 있도록 기본계획에서 측량범위 및 목적, 내용, 그리고 활용 방향 등에 대한 계획을 수립하고 각 목적에 맞는 측량방법을 이용하여 조사한다. 홍수흔적조사와 같이 대규모 하천에서 전체가 일관된 측량을 위해서는 항공사진측량, 무인비행장치 측량과 같은 방법 등 다양한 방안을 강구하는 것이 필요하다.

6.4.5 하천측량에서의 드론 활용

「하천법」(법률 제19702호)은 하천관리 기관이 '하천기본계획 수립지침'에 따라 10년마다 하천이용 및 자연친화적 관리·보전에 필요한 기본사항을 포함한 하천기본계획을 수립하도록 규정하고 있다. '하천기본계획 수립지침'에서 하천기본계획의 주요 내용은 유역종합계획, 하천기본계획, 상세설계의 3가지 부분으로 나뉜다. 이를 위해 기본적으로 하천지형측량을 실시해야 한다. 익산지방국토관리청은 「무인항공기(UAV)를 활용한 하천지형측량 업무지침」을 마련해 효율적인 하천유지관리계획을 수립한 바 있다. 〈그림 6.12〉는 기존의 하천지형조사 방법과 개정된 드론측량방법의 예를 나타낸 것이며, 〈표 6.5〉는 기존의 하천 정비 방법과 개정(안)을 비교하여 설명한 것이다.

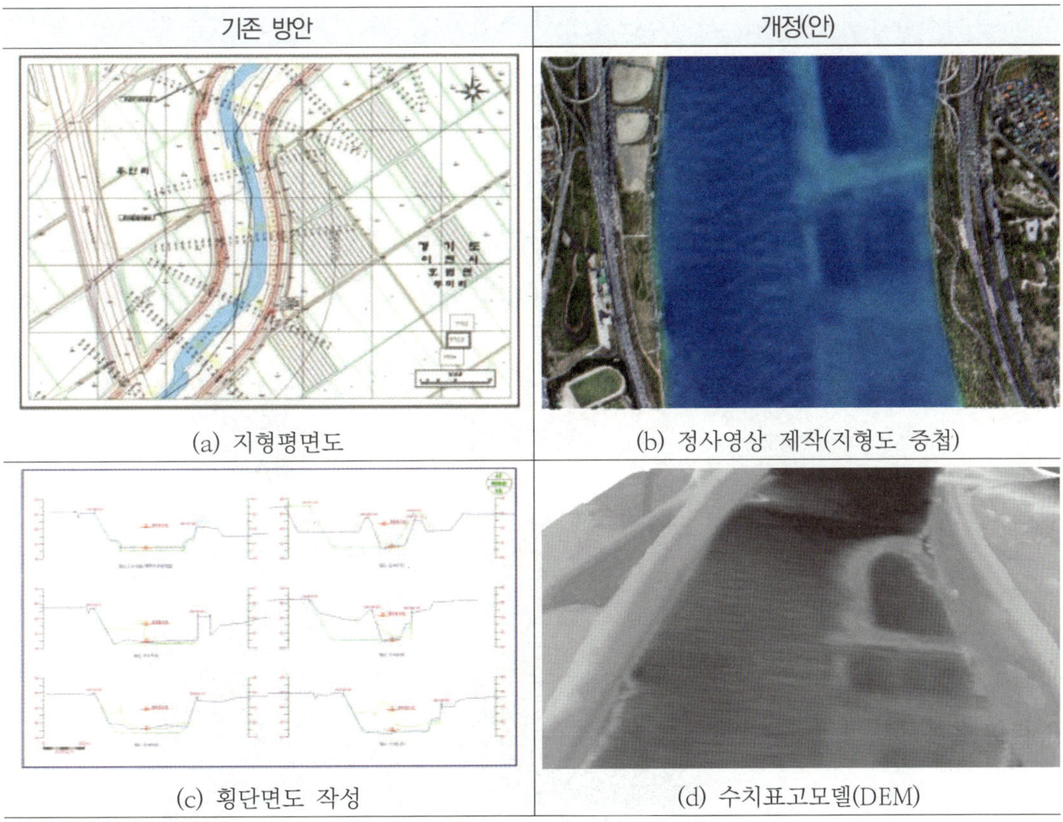

〈그림 6.12〉 무인비행장치를 활용한 하천지형조사 개정(안) (익산지방국토관리청)

〈표 6.5〉 하천정비 기존 방법과 개정(안)의 비교

기존 방법	개정(안)
• 골조측량, 표석매설, 종단측량 및 횡단측량 등 측량 공정이 많고, 측량에 소요되는 시간 또한 장기간	• 무인항공사진측량 및 수심측량 등의 신기술을 활용하여 불필요한 작업 과정을 없애고 작업의 능률성 증대
• 일정 간격으로 2차원 선형정보를 취득함으로서 정보 누락 발생	• 정확도 및 활용성을 높이기 위해 3차원 면형정보 구축
• 측량 및 샘플링 구간에 대해서만 높은 정확도가 유지되고, 조사되지 않은 부분에 대한 정확성 검증이 어려움	• 불필요하게 높은 정밀도를 지향하는 것 보다는 하천정비기본계획에 필요한 수준의 정확도 확보
• 하천정비기본계획 수립시 하천측량 비용 과다	• 무인항공기를 이용한 하천지형조사 도입으로 경제적이고 시간대비 효율성 증대

6.4.6 남강국가하천에서의 드론 하천측량

드론 하천측량을 위한 테스트베드는 진주시 초전동 남강이 지나가고 있는 진주종합실내체육관 일대의 0.5㎢를 대상지로 삼았고, 활용 드론은 미국 Birdseyeview Aerobotics사의 Firefly 6 Pro 하이브리드 VTOL을 선정하였다. 장착 카메라는 Sony a6000 카메라로서 24Mega 픽셀의 해상도를 제공하고 있다. 촬영중복도는 「무인비행장치 이용 공공측량 작업지침항」에 따라 종중복도 75%, 횡중복도 70%를 선정하였으며, 공간해상도인 GSD(Ground Sample Distance)를 3.0cm로 설계하여 축척 1/500의 현황도 제작이 가능하도록 하였다.

(a) 촬영 드론 및 카메라

(b) 하천측량 대상지역 및 지상기준점의 배치

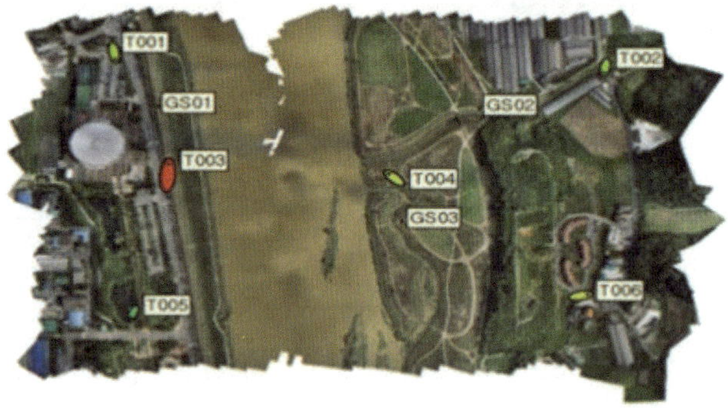

〈그림 6.13〉 진주 남강에서의 드론 하천측량

〈그림 6.13〉은 촬영 드론 및 카메라와 하천측량 대상지역 및 지상기준점의 배치를 보여주고 있으며, 〈그림 6.14〉는 드론촬영 성과물로 얻어진 수치표면모델과 정사영상을 보여주고 있다.

(a) 수치표면모델(DSM) (b) 정사영상

〈그림 6.14〉 드론촬영 성과물

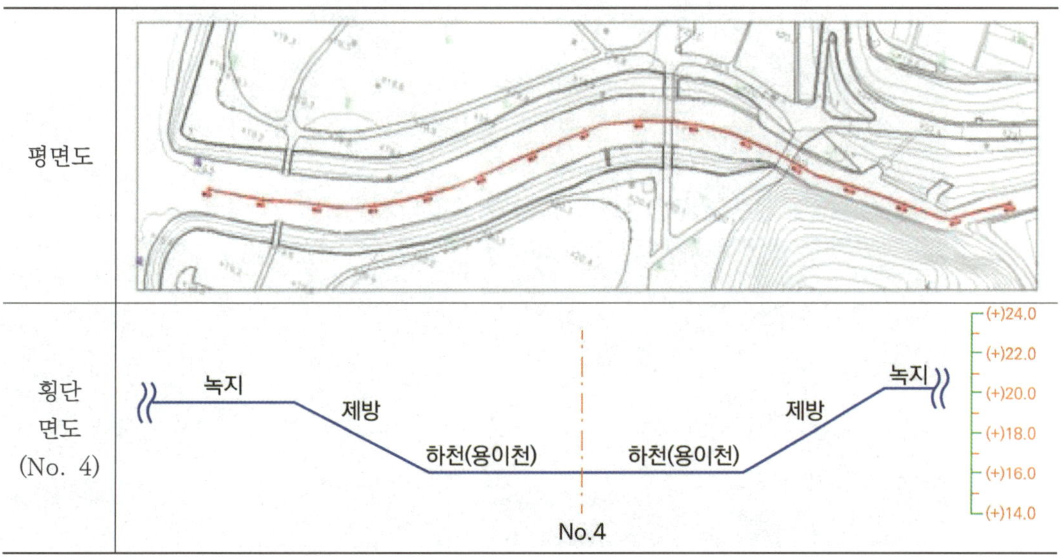

〈그림 6-15〉 진주 남강 용이천 평면도와 횡단면도

또한 〈그림 6.15〉는 수치표면모델과 정사영상을 처리하여 얻게 된 진주 남강 용이천의 평면도와 횡단면도(No. 4)를 보여주고 있어, 드론측량의 성과물을 이용해 하천의 평면도와 횡단면도 작성이 가능함을 확인할 수 있었다. 아울러, 드론 정사영상을 이용하여 하천측량 조사대상이 잘 나타나 있는지 분석하였다. 분석결과 〈표 6.6〉과 같이 하천의 경계, 수문및관거, 지류, 가로등 및 안내표지 등의 수치도화 대상은 잘 표현되어 있었으나, 하천의 경계와 일부 구조물들이 약간 불일치하는 부분도 있음을 확인할 수 있었다.

〈표 6.6〉 하천측량 성과물의 수치도화 묘사 대상

묘사대상	하천측량 성과물	
하천 경계	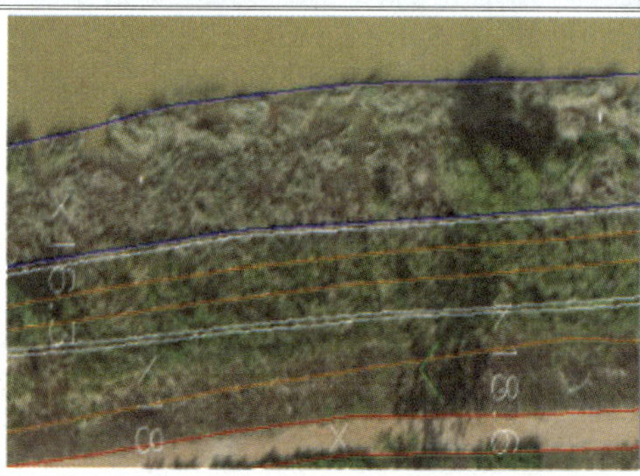	
수문 및 관거	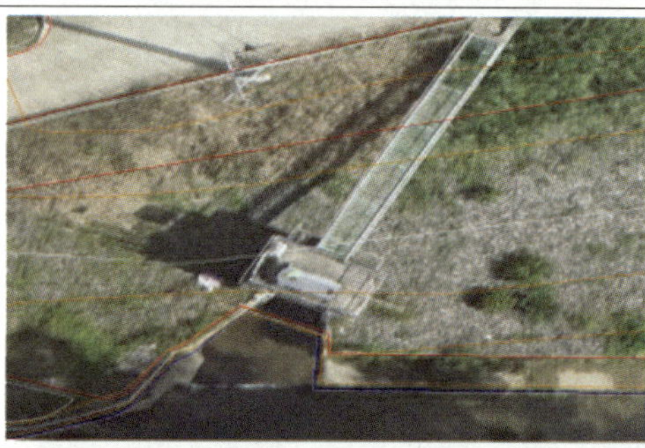	
지류		

가로등 및 안내 표지		

6.5 댐 측량

6.5.1 측량계획 수립

댐 건설을 위한 측량은 댐을 포함한 유역, 저수지 주변의 지형, 댐 위치 및 부근의 현황, 댐과 관련된 부대시설, 댐 공사를 위한 임시시설 등의 위치 및 현황 파악이 가능하도록 작성하여야 한다. 측량 결과에 따른 일반 지형도에는 지형, 지물, 지장물 및 기설치 구조물 등의 현황을 상세하게 표기하고, 댐 및 부대시설, 진입도로, 가설건물, 사토장 및 석산, 재료원 등의 계획시설물을 나타낼 수 있는 범위로 작성한다.

6.5.2 댐 부지 현황측량

댐 부지의 현황측량은 댐 본체의 설계에 필요한 측량과 발전소, 여수로, 취수설비 및 기타 부대시설 설계에 필요한 측량으로 구분되며, 해당 시설물별로 각각 현황측량 및 종·횡단측량을 실시한다. 댐 부지에 대한 전체적인 현황측량은 현황측량, 종단측량, 횡단측량, 댐 상·하류의 하천 종·횡단측량 등으로 나누어 실시한다.

현황측량 축척은 1:500 ~ 1:1,000으로 하고, 댐 및 부대시설 등이 표현되도록 충분한 범위까지 실시한다. 종단측량은 최종 결정된 댐 축에 대하여 댐의 중심선을 따라 좌·우안의 굴착 및 계획시설물 위치 등을 고려하여 충분한 범위까지 실시한다. 횡단측량은 댐 축의 직각방향으로 댐 체의 상·하류 끝단 위치, 가물막이, 공사용도로 등 부대시설을 고려하여 충분한 범위까지 실시한다. 댐 상류 하천 종·횡단측량은 배수위, 방수위 계산이 필요한 본류 및 지류에 대하여 실시한다. 댐 부지에 대한 3차원 지형모델이 필요시에는 항공사진측량 및 무인비행장치 드론측량을 실시하여 3차원 지형모델을 제작할 수 있다.

6.5.3 저수지측량

저수지 측량은 댐을 중심으로 저수지 규모, 각종 시설물 배치, 도로계획, 보상범위 등을 고려하여 충분히 넓은 지역까지 실시하고 설계에 필요한 정도를 갖는 등고선도를 작성한다. 측량의 범위는 댐 지역과 그 주변 지역을 포함한다. 특히, 댐 지점이나 여수로 방수로 위치 등의 위치 비교가 필요한 경우에는 그 후보지를 포함하는 충분한 범위로 한다.

대규모 저수지 지형현황측량은 항공사진측량 및 무인비행장치 드론측량을 실시하여 수치표면모델(DSM)과 정사영상을 제작한다. 저수지 측량에 의한 지형현황도 작성시 축척은 저수지 면적에 따라 다음 〈표 6.7〉의 범위 내에서 정하여 실시하여야 한다.

〈표 6.7〉 저수지 측량의 지형현황도 작성시 면적에 따른 축척

면 적	축 척
1.0 ㎢ 초과	1:2,000 ~ 1:5,000
0.5 ~ 1.0 ㎢	1:1,000 ~ 1:2,000
0.5 ㎢ 미만	1: 500 ~ 1:1,000

6.6 하천 및 댐의 3차원 디지털측량

하천 및 댐에 있어서 3차원 디지털측량은 다음 사항에 의하여 실시한다.

① 하천기본계획 수립을 위한 하천의 수치지형도 작성, 하천 작업량 산출 등을 위해 항공사진측량 및 무인비행장치 드론측량 등을 실시할 수 있다.

② 3차원 기준점측량은 GNSS, RTK-GNSS, 토털스테이션을 이용하여 3차원 위치데이터를 취득한다.

③ 영상데이터를 이용한 하천 및 댐 설계측량은 항공사진측량과 무인비행장치 측량이 있으며,

3차원 영상데이터를 취득하여 지형현황측량에 활용한다.

④ 레이저데이터를 이용한 하천 및 댐 설계측량은 항공레이저측량, 무인비행장치 측량, 지상 레이저스캐너측량, 이동형 레이저스캐너측량을 실시하여 3차원 점군데이터를 취득하고 지형 및 시설물의 형태와 규격, 수량, 면적 등을 산출하는 설계에 적용한다.

⑤ 3차원 기준점측량 성과, 수치표면모델, 수치지형모델, 수치표고모형, 불규칙삼각망자료 등 3차원 모델을 작성하고 BIM 설계모델과 결합하여 3차원 지형모델을 작성한다.

⑥ 3차원 지형모델은 CSV, GIS, LandXML 스키마 구조를 가진 LandInfraGML 형식 등 BIM 설계모델에 적용할 수 있는 데이터를 사용한다.

⑦ 하천지형의 위치, 하천의 종 · 횡단 구간, 조사 지점, 호소의 종 · 횡단 지점, 각종 수공구조물의 위치, 하천구조물의 설치지점의 설정 그리고 하천구조물의 규격, 수량, 면적, 좌표와 위치를 측정하기 위하여는 무인비행장치 측량에 의한 3차원 점군데이터를 이용할 수 있다.

⑧ 하천의 형상은 종방향으로 길게 늘어진 형태로 무인비행장치로 촬영된 영상으로 3차원 복원시 지형의 형상이 전도되는 현상이 발생 될 수 있으므로 지상기준점의 배치에 주의를 기울여야 한다.

⑨ 무인비행장치를 이용한 사진촬영은 정확한 성과를 도출하기 위하여 시계가 양호한 기간에 시행하여야 하며, 측량성과가 제방의 상·하단, 하도 내 수목으로 가려진 음영지역, 하상의 일제관측수위 및 최심하상고 등을 묘사하기 어려울 경우는 보완측량을 시행하여야 한다.

⑩ 무인비행장치 드론측량은 「무인비행장치측량 작업규정」에 따른다. 무인비행장치 드론측량을 이용한 하천관리 활용방안은 다음 〈표 6.8〉과 같다.

〈표 6.8〉 무인비행장치측량을 이용한 하천관리 활용방안

조사항목	대상	조사항목	활용방안
제방 구조물 등의 하천 관리 시설의 변장 파악	제방	제방 변화 조사	입체 모델링, 이미지 등에 의해 제방변화를 경년으로 비교 유지 관리에 활용
	하도	나무 분포 조사	하도 내 나무의 분포 상황 파악 및 세굴, 퇴사 상황을 파악하여 하천관리에 활용
	구조물	호안 · 옹벽 변장 조사	구조물 변장이나 열화 등의 진단·점검에 활용. 데이터 축적에 의한 구조물의 변상 확인 (비교 검증)에 활용
홍수시 제방의 거동	하천 전체	재해 정보 수집	긴급 상황시 제방의 상황 파악

6.7 하천 및 댐측량 품질관리

1) 기준점 평면위치측량에서 GNSS 관측 데이터 점검계산은 단위 삼각망의 환폐합차 및 중복 관측 된 기선벡터의 교차를 구하며, 다음 〈표 6.9〉의 허용범위를 초과할 경우 재측량하여야 한다.

〈표 6.9〉 기준점 평면위치측량 허용범위

대상	점검사항	허용범위	비고
단위삼각망	기선해석에 의한 △X, △Y, △Z, 각 성분의 폐합차	25 ㎜ $\sqrt{N}$	N: 기선(변)수
중복 관측변	기선해석에 의한△X, △Y, △Z, 각 성분의 교차	25 ㎜	

2) 수준점 표고측량에서 수준측량계산부로부터 노선왕복차, 환폐합차 또는 기지점에서 다른 기지점까지 폐합차를 구하고 다음 〈표 6.10〉의 허용범위를 초과할 경우 재측량하여야 한다.

〈표 6.10〉 수준점 표고측량 허용범위

대상	점검 사항	허용범위	비고
수준노선	왕복차	5 ㎜ $\sqrt{S}$	S: 편도거리 (km)
	기지점간 결합오차	15 ㎜ $\sqrt{S}$	
수준환	환폐합차	5 ㎜ $\sqrt{S}$	

3) 수준점측량의 경우 높이 정확도 0.03m는 3급 수준점측량, 높이 정확도 0.05m는 4급 수준점측량에 적용한다. 단, 기선거리가 4 km 이상인 경우에 한한다.

4) 지형현황 세부측량을 위한 지상기준점의 배치는 작업 대상 지역의 형상, 측량기기, 현지 지형의 시통 상태 등을 고려하여 정하여야 한다.

〈표 6.11〉 지형현황 세부측량 지상기준점의 배치

축척 \ 지역	시가지	시가지근교	산지
	10,000 ㎡당 배점 밀도		
1:250	7점	6점	7점
1:500	6점	5점	6점
1:1,000	5점	4점	4점

5) 지형도의 정확도 표준은 다음 〈표 6.12〉와 같다.

〈표 6.12〉 지형도의 정확도 표준

축척	평면위치의 표준편차	표고점의 표준편차
250	0.12 m 이내	0.25 m 이내
500	0.25 m 이내	0.25 m 이내
1,000	0.70 m 이내	0.33 m 이내
2,500	1.75 m 이내	0.66 m 이내
5,000	3.50 m 이내	1.66 m 이내
10,000	7.00 m 이내	3.33 m 이내

6) 지상측량방법에 의한 지형지물의 평면위치 및 표고의 정확도는 모두 ±0.1 m이다. 다만, 공사 구역 내일지라도 실제 공사가 이루어지지 아니하는 보존녹지지역 등에 대하여는 이 정확도 규정을 적용하지 않는다.

7) 종단측량은 하천의 중요도에 따라 1급~3급 수준측량의 정확도가 필요하되 산간부의 급경사 하천에서는 다음 〈표 6.13〉과 같이 4급 수준측량의 정확도를 적용할 때도 있다.

〈표 6.13〉 수준측량의 정확도

구분	1급 수준측량	2급 수준측량	3급 수준측량	4급 수준측량	비고
왕복차	2.5 ㎜ $\sqrt{S}$	5.0 ㎜ $\sqrt{S}$	10 ㎜ $\sqrt{S}$	20 ㎜ $\sqrt{S}$	S : 편도 관측거리 (㎞)
폐합차	2.0 ㎜ $\sqrt{S}$	5.0 ㎜ $\sqrt{S}$	10 ㎜ $\sqrt{S}$	20 ㎜ $\sqrt{S}$	
검측	6.0 ㎜ $\sqrt{S}$	8.0 ㎜ $\sqrt{S}$	20 ㎜ $\sqrt{S}$	30 ㎜ $\sqrt{S}$	

8) 용지 폭 말뚝점간 측량은 설계측량시행자가 필요한 경우에만 인접한 용지 폭 말뚝점 간 모든 변에 대하여 거리를 현지에서 측정하며, 허용오차는 다음 〈표 6.14〉와 같다.

〈표 6.14〉 용지 폭 말뚝점 간 측량의 허용오차

구분 \ 거리	20 m 미만	20 m 이상	비 고
시가지	50 ㎜	S/1,000	S는 점간 거리의 계산값
평　지	50 ㎜	S/1,000	
산　지	100 ㎜	S/200	

9) 음향측심기는 정확도가 ±0.1m+d/1,000(d는 수심, m 단위) 이내이어야 한다.

CHAPTER

07 라이다(LiDAR) 측량

7.1 개요

7.1.1 개요

라이다(LiDAR) 측량은 레이저 스캐너를 장착한 측량기 플랫폼에서 레이저 펄스(pulse)를 발사하여 지표면이나 대상 물체에서 반사되어 돌아오는 시간을 통해 반사지점들의 3차원 위치를 결정하는 측량방법을 말한다. 측량기 플랫폼이 지상 레이저스캐너이면 지상 라이다 측량이 되고, 이동형 레이저스캐너이면 이동형 라이다측량이 되고, 드론이면 무인항측 라이다 측량이 되고, 항공기이면 유인항측 라이다 측량이 된다. 라이다측량은 레이저(laser)의 빛(light)을 이용하기 때문에 마이크로파를 이용하는 레이더(rader)보다 측정 정밀도와 공간 해상도가 높아 물체의 형태를 빠르게 파악할 수 있으며, 레이저 빔을 넓은 시야각으로 확장할 경우 3차원 스캐닝을 통해 대상물체의 BIM(Building Information Model)을 제작할 수 있게 된다.

LiDAR란 Light Detection And Ranging을 줄인 말로서 지면이나 수중의 목표 표면에 레이저를 비추는 방식으로 작동한다. 대상물체의 표면에서 반사된 빛이 LiDAR 장비로 돌아오면 센서가 반사된 빛을 기록하여 이동 거리를 측정한다. 이 데이터는 GNSS 수신기와 내부 측정 시스템을 통해 측정된 LiDAR 장비의 위치 및 방향과 결합된다. 이를 통해 위도, 경도, 높이를 포함하는 3차원 공간 좌표가 반사된 포인트마다 생성되게 된다. 여기서 빛으로 나타나는 레이저 펄스는 주로 가시광선이나 자외선, 근적외선 영역대의 파장을 사용한다.

LiDAR 측량은 지형측량과 수심측량으로 나뉘게 된다.

지형측량에 사용되는 LiDAR는 근적외선(NIR) 레이저를 사용하여 육지에서 거리를 측정하는 것으로, 육지에서 거리 측정이 필요한 대부분의 토목공사, 도로공사 및 터널공사에 주로 사용된다.

수심측량에 사용되는 LiDAR는 물을 투과하는 녹색광 레이저를 사용하여 수중 환경에서 거리를 측정하게 된다. LiDAR 수심측량 시스템은 주로 근적외선 레이저와 녹색광 레이저를 동시에 사용하여 수면에서 반사되는 레이저 데이터와 강이나 바다의 바닥면에서 반사되는 녹색광 레이저 데이터의 차이에 의하여 수심을 분석하게 된다(6.3.4 그린 라이다 수심측량 참조).

7.1.2 라이다의 활용 분야

〈그림 7.1〉은 라이다의 다양한 활용분야를 보여주고 있다.

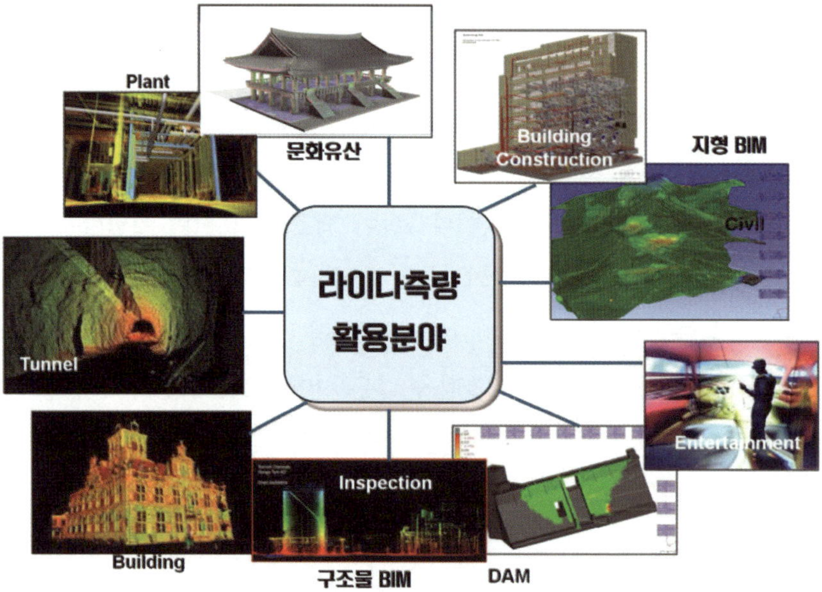

〈그림 7.1〉 라이다측량의 활용분야

오늘날 건설의 트렌드가 스마트건설로 변화하고 있으며, 스마트건설에서 중요한 문제는 건설하는 시설물에 대하여 3차원 BIM을 구축하는 것이다. 따라서 토목시설물이 건설될 현 지형에 대하여 지형 BIM을 구축하는 문제나, 지형위에 놓이게 되는 교량이나 댐, 터널 등 구조물에 대하여 BIM 구축이 활발하게 이루어지고 있다. 아울러 건축물의 재현에 있어서도 많이 활용되어 왔으며 문화유산의 3차원 BIM구축을 통한 역설계에도 활용되고 있다. 또한 라이다 데이터는 자율주행 차량을 안전하게 안내하는 데 필요한 자율주행용 도로지도나 정밀한 동적 3

차원 모델에 이르기까지 필요한 데이터를 생성해 낼 수 있으며, 산사태나 쓰나미, 용암의 흐름이나 홍수와 같은 위험 및 자연 재해를 평가하는 데에도 많이 활용되고 있다.

1) 체적 측정

광산이나 채석장에서는 채석된 물건의 양과 아직 남아 있는 양을 파악하기 위해 정기적인 체적 측정이 필요하다. 예전에는 토탈스테이션이나 GNSS 수신기를 이용하여 포인트 방식으로 측정하고 보간하여 맵을 작성하는데 시간이 많이 걸렸으나, 이제는 라이다 측량을 통해 정확하고 빠르게 지형 매핑을 수행할 수 있다.

2) 건설현장 토공량 산정

건설현장에서 흙깍기(절토) 및 흙쌓기(성토)가 진행될 때 정기적으로 라이다측량을 진행하여 진행된 토공량을 산출할 수 있다.

3) 터널 건설

터널공사는 위험도가 높은 공사로서 작업자의 안전을 보장하기 위해 신중하게 진행되어야 한다. 굴착된 터널단면의 형상이나 여굴량 등을 알기 위하여 라이다 측량을 수행함으로써 이전보다 안전하고 빠르게 작업할 수 있게 되었다.

4) 지형 BIM 구축

BIM 설계에 있어서 지형 BIM의 구축은 제일 중요한 문제이다. 오늘날 드론에 RGB센서와 함께 LiDAR센서를 부착시켜 동기화함으로써 지형을 3차원으로 스캔하여 종횡단면의 작성이나 토공량 산정 등에 활용하고 있다.

5) 구조물 BIM 구축

건물이나 교량, 댐 등 대형 구조물에 있어서도 라이다측량을 통하여 3차원으로 스캔하고 이를 정합하여 대상물의 BIM을 작성하게 된다.

7.2 라이다(LiDAR) 측량의 이해

7.2.1 라이다(LiDAR)의 구성

라이다 측량을 위해서는 우선 레이저 스캐너를 설치할 측량기 플랫폼이 필요하다. 또한 라이다 데이터를 처리하기 위한 컴퓨터 시스템과 소프트웨어도 필요하다. 라이다측량에 필요한 기본적인 라이다 시스템의 구성은 다음 표와 같다.

〈표 7.1〉 라이다 시스템의 구성

구 분	역 할
레이저 스캐너 (Laser Scanner)	레이저 스캐너를 플랫폼에 장착, 초당 약 150,000 pulse를 생성, 시간당 약 20Gb의 ranging 데이터가 발생, 플랫폼의 속도와 촬영고도에 따라 1㎡당 0.2점~50점까지 측정가능
GNSS 수신기	플랫폼 외부 위쪽에 설치한다. GNSS 신호를 2Hz의 속도로 기록
IMU (Inertial Measurement Unit)	관성항법장치로 레이저스캐너에 고정, 200Hz의 속도로 가속도 데이터를 기록, GNSS와 IMU의 결합사용으로 정밀도 10cm 이상의 비행궤적을 알 수 있다
제어장치 및 기록장치	전체 시스템의 제어와 시간 동기화 작업, 기록을 한다.

〈표 7.1〉에서 보는 것처럼 기본적인 라이다 시스템의 구성은 레이저 스캐너, GNSS 수신기, IMU와 제어장치 및 기록장치로 이루어진다.

1) 레이저 스캐너(Laser Scanner)

라이다측량에서 사용되는 스캐너는 일반적인 스캐너와는 다르게 라이다 센서로 작동하는 스캐너를 말한다. 보통 문서를 스캔하여 pdf 형식의 디지털 파일을 만들듯이, 3차원 라이다 스캐너를 사용하여 지형이나 대상물을 스캔하여 디지털 파일을 취득하게 된다. 항공기에 장착되는 레이저 스캐너의 경우 초당 약 15만개의 펄스(pulse)를 만들며 시간당 약 20Gb의 측정 데이터를 생성해낸다. 스마트건설의 BIM을 구축하기 위해 건설분야에 사용되는 다양한 광대역 스캐너와 고정밀 스캐너를 〈그림 7.2〉에서 보여주고 있다.

(a) Leica, 3D Laser Scanner RTC 360

(b) Topcon GLS-2000 Laser Scanner

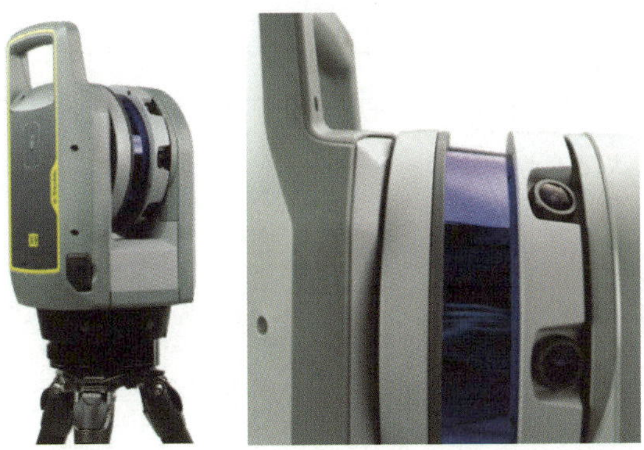

(c) Trimble X9 3D Laser Scanner

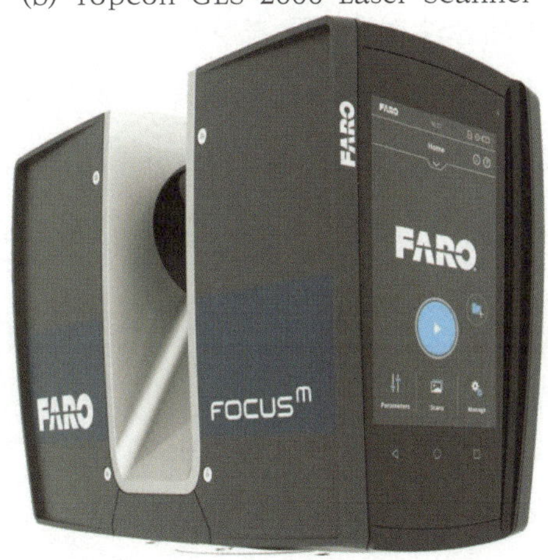

(d) Laser Scanner FARO Focus Core

〈그림 7.2〉 다양한 레이저 스캐너의 소개

2) GNSS 수신기

GNSS(Global Navigation Satellite System) 수신기는 라이다 시스템에 시각과 위치정보를 제공하는 것으로, 플랫폼 외부 위쪽에 설치하여 GNSS 신호를 수신하고 2Hz의 속도로 기록한다. 정확한 위치결정을 위하여 동일한 종류의 GNSS 수신기가 지상기준국에 필요하다.

3) IMU

관성항법장치로 라이다에 고정하여 사용하며 라이다 시스템의 경사, 회전, 방향을 관측하는 장치로 200Hz의 속도로 가속도 데이터를 기록한다. GNSS는 전파를 통해 위치를 계산하는 반면 IMU는 자체적으로 가속도와 회전속도를 측정해 상대적인 이동경로를 제공하기 때문에 GNSS와 IMU의 결합사용으로 정밀도 10cm 이상의 플랫폼의 이동 궤적을 알 수 있다. IMU는 가속도계와 자이로스코프 그리고 자력계로 구성되며 x, y, z축 방향에 따라 회전하는 피치(pitch), 롤(roll), 요(yaw)를 알아야 하므로 각 구성요소가 각 축당 하나씩 필요로 하게 된다.

4) 제어장치 및 기록장치

전체 시스템의 제어와 시각 동기화 작업을 한다. 또 기록장치로서 디지털 카메라가 취득된 지역의 영상을 제공하기 위해 사용된다. 라이다의 3차원 좌표 데이터는 이미지에 중첩되어 측정 대상의 자동분류 과정에 사용된다. 어떤 시스템은 아래를 촬영하는 비디오를 레이저 근처에 놓고 레이저 센서에 의해 스캔된 지역을 기록하기도 하며, 시각, 위도, 경도는 대개 기록장치의 일부로 기록된다. 이러한 정보는 조작자가 비행중의 취득된 지역을 보기 위해서 뿐 아니라 라이다 데이터의 후처리를 위해서도 사용된다.

7.2.2 라이다(LiDAR)의 작동원리

라이다(LiDAR) 센서는 레이저 펄스를 목표물에 비추고, 목표물에서 반사되어 돌아오는 거리나 시간을 측정하여 GNSS 및 IMU 데이터와의 결합을 통해 목표지점의 3차원 위치좌표를 정밀하게 그려내는 센서이다.

지상 레이저스캐너를 기준으로 할 때 라이다의 측정 방식은 다음의 두가지로 나뉘게 된다.

1) 위상차(Phase Shift) 방식

스캐너에서 발사한 레이저 파의 파장(λ)과 위상차($\Delta\Phi^{\circ}$)를 이용하여 거리(D)를 측정하는 방식으로, 스캔 속도는 매우 빠르나 스캔 거리가 짧은 단점이 있다. 스캔을 종료 후 후처리 프로그램으로 데이터를 처리한 후에 3차원 데이터로 확인이 가능하다. 〈그림 7.3〉과 같이 레이저 스캐너에서 발사한 레이저 파가 대상물에 도달한 후 반사되어 스캐너로 다시 돌아올 때까지 n번 반복되었고 남은 파장이 $\Delta\Phi^{\circ}$였다면 레이저 스캐너에서 대상물까지의 거리 D는 다음 식 (7.1)으로 얻게 된다.

$$D = \frac{1}{2}(n\lambda + \frac{\Delta\Phi^{\circ}}{360^{\circ}}) \tag{7.1}$$

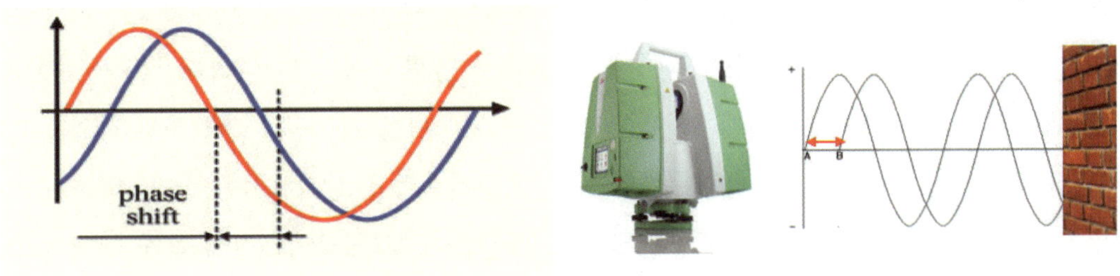

〈그림 7.3〉 위상차(Phase Shift) 방식

2) 도달시간(Time of Flight, TOF) 방식

레이저가 대상물에 도달한 후 반사되어 돌아오는 시간(t)을 측정하여 거리(D)를 결정하는 방식으로 스캔속도가 상대적으로 느린 단점이 있다. 주로 장거리에 유리하며 스캔후 별도의 후처리 없이도 3차원 형상으로 대상을 확인할 수 있다. 도달시간 방식에 의한 거리는 다음 식 (7.2)에 의하여 결정되며, 여기서 c는 빛의 속도이다.

$$D = \frac{1}{2}(t \times c) \tag{7.2}$$

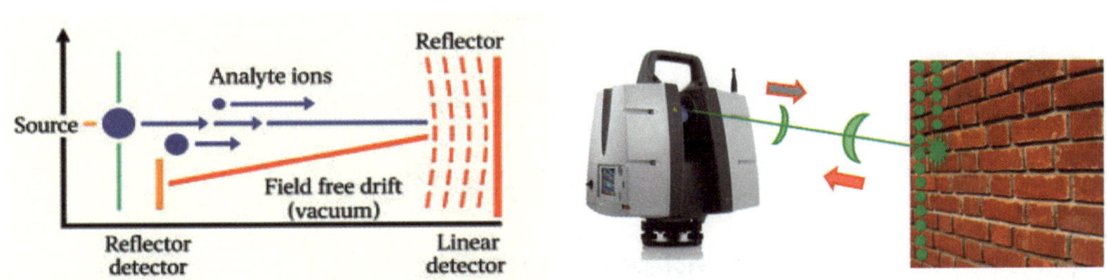

〈그림 7.4〉 도달시간(TOF) 방식

7.2.3 라이다(LiDAR) 측량의 작업절차

라이다 측량의 일반적인 작업절차는 〈그림 7.5〉와 같다.

먼저 스캐닝할 대상에 따라서 작업계획을 수립하여야 한다. 지형 BIM을 구축하여야 하는 경우에는 항공라이다측량이나 드론라이다측량을 계획하여야 하며, 스캐닝할 대상이 지상에 고정되어 있는 경우에는 고정형 지상 라이다측량이나 이동형 지상 라이다측량방식을 선택해야 한다. 표정점 설치는 작업구역내에 3차원 좌표의 기준이 되는 기준점을 설치하는 작업을 말한다. 정해진 방식에 따라 평면 기준점측량과 표고 기준점측량을 실시하여야 한다. 다음 단계는 레이저 스캐닝(laser scanning)을 실시하는 단계이다. 대상물에 따라 작업규정에 맞게 레이저 스캐닝을 실시하는 단계이다. 레이저 스캐닝 실시 후에는 취득된 3차원 점군데이터(point cloud data)를 편집하고 정합하여야 한다. 보통 레이저 스캐너에 수반된 데이터처리 소프트웨어를 이용하며, 이렇게 정합된 3차원 점군데이터를 이용하여 수치표면모델(DSM)과 수치표고모델(DEM)을 작성하게 된다. 경우에 따라서 문화유산의 복원과 같은 경우에는 3차원 모델을 활용하여 역설계(reverse engineering)기법으로 2차원 도면을 제작하기도 한다. 최종적으로 3차원 BIM(Building Information Model)을 제작하여 라이다측량을 끝내게 된다.

작업계획

↓

표정점 설치

↓

레이저 스캐닝

↓

3차원 점군데이터 편집·정합

↓

수치표면모델·수치표고모델 작성

↓

역설계에 의한 2차원 도면작성

↓

스캐닝 대상의 BIM 제작

〈그림 7.5〉 일반적인 라이다측량의 작업절차

7.3 지상 고정형 라이다측량

7.3.1 작업계획 및 표정점의 설치

1) 작업계획

지상 고정형 라이다측량 수행전에 작업계획을 수립하는 것으로, 작업의 내용에 따라 어떤 정밀도를 가지는 레이저 스캐너를 사용할 것인지, 레이저 스캐너를 고정할 표정점은 어떻게 배치할 것인지, 인력 투입과 일정은 어떻게 할 것인지 계획을 수립하는 단계를 말한다.

2) 표정점의 설치

표정점이란 레이저 스캐너를 세우거나 데이터 처리시 스캐닝 데이터를 정합할 기준점을 말한다. 따라서 지상 레이저스캐너의 설치위치와 성능, 측지좌표계로의 변환방법 등을 고려하여 스캐닝 대상물의 주변에 적절하게 배치하여야 한다. 표정점 성과 등은 표정점의 성과표, 지상 레이저스캐너 표정점의 배치도 및 수준 노선도, 표정점의 측량 성과부, 정확도 관리표, 기타 자료 등이 있다.

7.3.2 지상 레이저스캐너의 관측

관측에 사용되는 지상 레이저스캐너는 필요로 하는 성능을 갖춘 것이어야 하며, 관측은 지상 레이저스캐너에 의해 지형·지물의 방향, 거리 및 반사강도를 관측하고, 표정사항에 따라 측지좌표계로 변환하여 원시자료를 작성한다. 지상 레이저스캐너 관측시 기계점과 후시점의 선정은 관측성과에 영향을 미치므로 중요하다. 기계점과 후시점은 기지점을 사용하는 것을 원칙으로 하며, 기계점은 지상 레이저스캐너가 견고하게 설치될 수 있어야 한다.

〈그림 7.6〉 지상 레이저스캐너에 의한 건설현장 관측

지상 레이저스캐너 관측은 다음과 같이 수행한다.

① 기계점과 후시점에 의한 방법으로 하는 것을 원칙으로 하고 필요에 따라 상사변환에 의한 방법 및 후방교회법에 의한 방법으로 할 수 있다.

② 지상 레이저스캐너를 이용하여 지형·지물에 대한 방향·거리 반사강도를 관측하고 관측방법은 관측 대상물에 따라 적용한다.

③ 관측방향은 지형의 낮은 쪽에서 높은 쪽으로 관측하는 것을 원칙으로 한다.

④ 관측방향과 거리를 측지좌표계로 변환하고, 수집된 반사강도를 기록한다.

⑤ 3차원 관측데이터는 표정 등을 사용하여 측지좌표계로 변환하고 원시 데이터를 생성하며 측지좌표계의 변환에서 표정점의 오차는 오차범위 내에 있어야 한다.

7.3.3 3차원 점군데이터 편집과 파일 작성

1) 3차원 점군데이터의 편집

3차원 점군데이터(point cloud data) 편집 소프트웨어를 이용하여 스캐닝된 원시자료를 3차원으로 표시하고 육안으로 지형 이외에서 반사된 관측지점을 제거하여 지형데이터를 생성한다. 아울러 원시자료를 사용하여 작성한 지형데이터를 정해진 구조의 데이터로 변환하는 구조화 작업을 하여야 한다.

2) 3차원 점군데이터 파일 작성

구조화된 지형데이터에서 3차원 점군데이터 파일을 만들고 저장매체에 기록하여 3차원 점군데이터 파일을 생성한다.

7.3.4 지상 라이다측량의 정확도 기준

지상 레이저스캐너를 이용한 지상 고정형 라이다측량에서 표정점의 정확도는 수치지형도 축척에 따라 달라지며, 그 기준은 〈표 7.2〉와 같다.

〈표 7.2〉 수치지형도 축척에 따른 표정점 정확도

정밀도 / 수치지형도 축척	수평위치	고도
1/250	0.1 m 이내	0.1 m 이내
1/500	0.1 m 이내	0.1 m 이내

7.4 이동형 라이다측량

7.4.1 작업계획

이동형 레이저스캐너를 이용하여 라이다측량을 수행하기 전에 측량의 목적, 실시 지역, 작업량, 기간 등에 따라 소요 정확도를 충분히 확보할 수 있도록 계획을 수립하는 작업을 말한다.

7.4.2 원시자료의 작성

원시자료의 작성을 위한 작업순서는 측량작업 계획 → 보정점의 설치 → 이동 취득 및 데이터 처리 → 원시 데이터의 작성의 순서로 진행한다.

1) 측량작업 계획

이동형 레이저 스캐너를 어떤 경로로 이동시켜 대상물을 스캐닝할 것인지, 도로 및 철도노선처럼 스캐닝 대상이 긴 구간에는 차량에 레이저 스캐너를 탑재하여 이동하여여 할 것이고, 어떤 특정 대상체를 스캐닝하는 경우라면 백팩에 레이저 스캐너를 장착하고 사람이 이동할 수도 있다. 따라서 이동 및 스캐닝 구간을 결정하고 이동 스캐닝 계획도를 작성한다. 이동 스캐닝 계획의 확정은 이동 취득에 장애가 되는 것의 유무, GNSS 위성의 배치를 사전에 확인하고 차량의 주행속도는 기존 데이터 취득 장치가 소정의 점군 밀도를 얻을 수 있는 속도로 하며 고정국은 취득 구간의 기선 거리를 10 km 이내를 원칙으로 하되 부득이한 경우 30 km를 넘지 않는 것으로 한다.

〈그림 7.7〉 이동형 Mobile Backpack LiDAR측량

자동차 주행구간의 경우 자동차 위치자세 데이터 취득 장치의 초기화에서 종료까지의 구간으로 취득 구간 진입 및 퇴출에 대해서는 GNSS 위성으로부터의 전파의 안정적인 수신 및 차량의 안정적인 주행이 이루어져야 한다. 고도를 요구하는 경우에는 국토지리정보원이 제공하는 지오이드 모델로 구한 지오이드 높이를 이용하여 타원체고를 보정한다.

2) 보정점의 설치

보정점은 주행 및 이동 구간의 노선길이와 운행상황에 따라 2점 이상을 GNSS 위성으로부터의 전파 수신이 어려운 부분, 곡선과 좌우 회전 등의 진로 변동 부분, 취득 구간 시·종점에 순서대로 설치하는 것을 표준으로 한다.

3) 이동취득 및 데이터 처리

이동취득은 계획에 따라 자동차 위치 자세데이터 취득 장치를 이용하여 GNSS 관측데이터, IMU에 의한 가속도, 각속도 데이터 등을 취득하고 고정국의 GNSS 관측데이터 수집 간격은 1초 이하를 표준으로 하여 데이터를 취득한다.

4) 데이터 처리

데이터 처리는 원시자료 취득 장치의 측정 위치와 자세를 분석하여 원시자료의 작성, 조정사항의 조정처리 등을 실시하는 것을 말한다. 해석처리와 분석처리는 이동 취득이 끝난 후 실시한다.

5) 원시자료의 작성

해석 처리가 완료되면 원시자료를 생성한다. 이 때 동일 취득 구간에서 여러 이동 취득을 실시한 경우에는 필요에 따라 만들어진 원시자료를 합성하여야 한다. 합성은 합성하는 각각의 오리지널 데이터에서 공통으로 인식할 수 있는 특정점 또는 특정선을 4개 이상 추출하여 3차원 좌표변환에 의해 실시하는 것을 원칙으로 한다. 아울러 원시자료는 요구사양에 표시된 점 밀도를 충족하는지 확인하여야 한다.

7.4.3 3차원 점군데이터의 점검

3차원 점군데이터의 점검은 원시자료와 다음 사항의 데이터와 편차를 구하고, 요구 정확도를 만족하는지 확인하여야 한다.

① 이동형 레이저스캐너 3차원 점군데이터 측량에 의한 점검

② 검사 지점의 설치에 의한 점검

③ 횡단 측량에 의한 점검

검사측량은 측정범위의 상황 등이 변화하지 않도록 가능한 한 원시자료의 작성에 있어서 이동 측정과 같은 시기에 실시하는 것으로 한다. 검사 결과 요구사양을 충족하는지가 밝혀지면 원시자료에 대해서, 성과품 요구사양에 따른 형식으로 전자적 기록 매체에 기록한다.

7.4.4 이동형 라이다측량의 정확도 기준

레이저스캐너에 의해 취득한 점군 데이터는 취득 경로의 10 m 범위에서 점밀도를 측정하고 반사강도를 판독하여 점검하여야 한다. 이 때 점밀도는 1㎡ 당 100점 이상이어야 하며, 반사강도를 이용하여 세부도화 항목의 식별이 가능하여야 한다.

이동형 레이저스캐너에 의해 취득된 점군 데이터의 이용목적에 따른 1㎡당 요구 점밀도와 요구 정밀도는 다음과 같다.

〈표 7.3〉 이용목적에 따른 점밀도 및 정밀도

이용 목적	요구 점밀도	요구 정밀도
수치 지형도 작성	25 점 / m2 이상	±0.25 m
지형 취득	10 점 / m2 이상	±0.1 ~ 0.25 m
구조물형태 관리	100 점 / m2 이상	± 0.05 m 이내
기성 및 준공 측량	4 점 / m2 이상	± 0.1 m 이내

7.5 유인항측 라이다측량

7.5.1 작업계획 및 준비

1) 작업계획 수립

조종사가 항공기를 운행하는 유인항측에 있어서 라이다측량을 하는 경우, 대상지역은 작업지역 외곽으로 최소 100 m 이상을 연장하여 측량하도록 계획하여야 하며, 측량을 위한 비행코스 배치시 코스별 교차를 최소화하기 위하여 주요 비행코스 방향의 수직방향으로 대상 지역의 중앙에 왕복 비행코스를 배치하여야 한다. 다만, 대상지역의 모양이 사각형이 아닌 경우에는 적절한 방향으로 변경할 수 있으며, 대상지역이 선형(노선, 하천 등)인 경우에는 예외로 한다. 관측계획은 측량제원, 비행코스 계획, GNSS 기준국 설치 및 GNSS 위성 배치상태를 고려하여 관측계획을 수립하여야 한다. 또 비행코스의 설계는 데이터의 점밀도가 균일하게 취득되도록 대상지역의 지형조건 등을 고려하여 비행고도, 비행속도, 레이저 주사율, 주사각, 스캔주기 등을 설계하여야 한다. 이때, 비행코스 중복도는 최소 30 % 이상을 표준으로 한다.

2) GNSS 기준국 설치

항공라이다측량 중에는 지상에 1개 이상의 GNSS 기준국을 설치·운영하여야 한다. GNSS 기준국은 상공에 장애물이 없어 데이터 취득이 양호한 곳에 선점하여야 하며, 항공기 GNSS와의 기선거리가 30 km 이내인 지점에 설치하여야 한다. GNSS 기준국에서의 관측 수신간격은 1초 이하(0.1~1.0 초)로 하고, 항공기 GNSS와 동일한 수신간격을 유지하여야 한다. GNSS 기준국을 운영할 때 수신하는 GNSS 위성 수는 5개 이상, GNSS 위성의 PDOP은 3.5 이하, GNSS의 수신앙각은 15° 이상을 유지하여야 한다. GNSS 기준국의 좌표는 GNSS 상시관측소 자료를 사용하여 기준타원체 기반의 3차원 좌표로 결정한다.

7.5.2 유인항측 라이다측량

1) 항공라이다측량의 수행

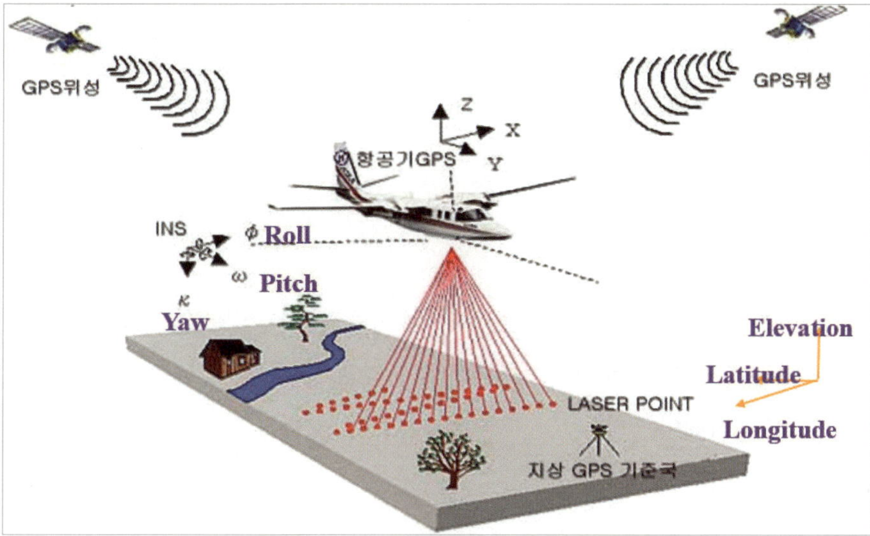

〈그림 7.8〉 유인항측 라이다측량의 원리

유인항측 라이다측량을 통하여 제작하고자 하는 수치표고모형 격자규격에 따른 점밀도는 〈표 7.4〉의 기준을 만족하도록 측량하여야 한다.

〈표 7.4〉 수치표고모형 격자규격에 따른 점밀도

격자간격	1 m	2 m	5 m
1㎡당 점밀도	2.5점	1.0점	0.5점

아울러 비행코스 간 취득데이터에 공백이 발생하지 않도록 세밀하게 측량을 수행하여야 하며, 안개, 구름, 적설 등 레이저 펄스의 흡수, 반사, 산란 등이 발생할 수 있는 기상일 경우에는 측량을 중단하여야 한다. 항공라이다측량 수행시 계획된 비행고도와 속도를 준수하여야 하며 다른 비행코스로의 진입을 위한 항공기 회전각은 20° 이하로 유지하여야 한다.

2) 수치영상자료의 취득

항공라이다측량성과의 점검 및 보완을 위한 지형지물의 식별, 분류 등에 참고하기 위하여 같은 시기에 수치영상자료를 취득하여야 한다. 수치영상자료는 측량 작업지역의 외곽을 최소 100 m 이상 연장하여 촬영하여야 한다. 다만, 대상지역이 선형(노선, 하천 등)인 경우에는 예외로 한다. 수치영상자료의 해상도는 지형지물의 식별이 가능하여야 하며 지상표본거리 1 m 이상(0.1~1 m)을 표준으로 한다.

3) 수치영상자료의 점검

수치영상자료는 항공라이다측량자료를 이용한 지형지물의 식별 및 분류가 가능한 선명도, 1 m 이상(0.1~1 m)의 지상표본거리, 측량 작업지역의 공백 없이 외곽을 최소 100 m 이상 연장 촬영 등을 만족하여야 한다.

4) 점밀도 확인

항공라이다측량 원시자료의 점밀도는 하천, 저수지 등과 같이 레이저가 반사되지 않는 지역을 제외하고 계산하여야 하며, 〈표 7.5〉에서 제시된 점밀도를 만족하여야 한다.

〈표 7.5〉 항공라이다측량 점밀도

격자간격	1 m	2 m	5 m
1㎡당 점밀도	2.5점	1.0점	0.5점

7.5.3 기준점측량

기준점측량은 수치표면자료를 제작하기 전에 항공라이다측량 원시자료의 점검 및 조정에 필요한 기준점을 배치하여야 하며, 항공라이다측량 원시자료는 코스검사점과 실측된 기준점을 이용하여 점검 및 조정을 하여야 한다.

7.5.4 수치표면자료와 수치지형모델의 작성

1) 수치표면자료 작성

수치표면자료(Digital Surface Data)는 원시자료의 정확도를 검증 완료한 후 작성한다. 정표고 변환은 조정이 완료된 항공라이다측량 원시자료의 타원체고를 정표고로 변환하여야 한다. 정표고 변환은 산출된 작업지역에 대한 지오이드 모델을 정하여 사용할 수 있다.

2) 수치지형모델(DTM) 작성

수치지형자료(Digital Terrain Data)는 수치표면자료를 필터링하여 작성하게 된다. 필터링은 작업지역의 범위를 100 m까지 연장하여 수행하며, 자동 또는 수동 방식으로 수행할 수 있고 자동 방식으로 분류하기 어려운 교량, 고가도로, 하천, 건물 밀집지역, 수목이 우거진 산림지역 등의 지형지물은 수동 방식으로 하여야 한다. 필터링을 수행할 때에는 수치영상과 비교(또는 중첩)하여 식별, 분류작업을 실시하여야 한다. 수치지형자료의 용량이 큰 경우에는 작업지역을 분할하여 실시할 수 있다. 이때, 작업 단위 간에 인접부분은 20 m 이상 중복되도록 하여야 하며 지면과 지표 피복물로 구분되어야 한다.

7.5.5 불규칙삼각망(TIN)과 수치표고모델(DEM)의 작성

1) 불규칙삼각망(TIN) 자료의 작성

불규칙삼각망(Trinangulated Irregular Network) 자료의 작성은 정표고로 변환된 수치지면자료를 이용하여 제작한다. 이 때 실측된 기준점 및 검사점과 불규칙삼각망자료와의 표고 차이에 대한 최대값, 최소값, 평균, 표준편차 및 불규칙삼각망자료의 평균제곱근오차를 구하여 다음과 같은 기준으로 정확도를 점검한다.

① 평면위치 정확도는 H(비행고도)/1,000을 만족하여야 한다.

② 수직위치 정확도는 다음 표의 기준을 만족하여야 한다.

〈표 7.6〉 불규칙삼각망의 수직위치 정확도

격자규격	1 m × 1 m	2m × 2 m	5 m × 5 m
수치지도축척	1:1,000	1:2,500	1:5,000
평균제곱오차	0.5 m 이내	0.7 m 이내	1.0 m 이내
최대오차	0.75 m 이내	1 m 이내	1.5 m 이내

또 생성된 불규칙삼각망자료를 화면상에서 육안으로 검사하고 오류를 확인하여 수정하여야 한다.

2) 수치표고모델(DEM) 작성

수치표고모델(Digital Elevation Model)은 정표고로 변환된 수치지면자료를 이용하여 격자자료로 작성하여야 한다. 격자자료는 사용목적 및 점밀도를 고려하여 〈표 7.6〉에 규정된 정확도를 확보할 수 있도록 보간하여 제작하여야 한다. 또한 수치표고모델로 음영기복도를 생성하여 화면상에서 육안으로 검사하고 오류를 확인하여 수정한다. 음영기복도는 수치표고모형을 이용하여 지형의 표고에 따라 음영효과를 시각적으로 표현하여야 하며, 수치지도 도엽단위로 제작한다.

7.5.6 유인항측 라이다측량의 정확도 기준

1) 기준점측량에서 코스검사점 표고 차이의 최대값, 최소값, 평균, 표준편차 및 코스검사점 표고의 평균제곱근오차의 한계는 0.25 m 이내로 한다.

2) 인접접합점 표고차이의 최대값, 최소값, 평균, 표준편차, 평균제곱근오차의 한계는 0.25 m 이내로 한다.

3) 수치표고모형의 격자규격에 따른 평면 및 수직위치 정확도의 한계는 다음과 같다.

- 평면위치 정확도 : H(비행고도)/1,000
- 수직위치 정확도는 다음 표와 같다.

〈표 7.7〉 수치표고모형의 격자규격에 따른 수직위치 정확도

격자규격	1 m×1 m	2 m×2 m	5 m×5 m
수치지도축척	1:1000	1:2500	1:5000
평균제곱오차	0.5 m이내	0.7 m이내	1.0 m이내
최대오차	0.75 m이내	1 m이내	1.5 m이내

7.6 무인항측 라이다측량

7.6.1 작업계획 및 표정점의 설치

1) 작업계획

작업계획 수립에 있어서 무인비행장치 드론을 이용한 라이다측량의 작업범위는 작성하는 성과품 범위의 바깥으로 10 m 이상 또는 측량 폭의 50 % 이상 연장한 범위를 표준으로 한다. 드론의 비행코스는 관측 제원을 감안하여 이를 충족할 수 있도록 측량지역의 기상조건 등을 감안하여 설정한다. 또한 라이다측량 시에는 드론이 작업범위 내에서 등속 비행할 수 있도록 설정한다. 드론을 이용한 라이다측량의 작업 일정은 작업 예정일의 기상조건 외에 GNSS 관측을 실시할 때의 수신 가능한 위성 수 등을 확인하여야 한다.

2) 기준국의 설치

드론을 이용한 라이다측량의 위치결정은 GNSS에 의한 키네마틱(kinematic)법으로 하고 키네마틱 해석에서 사용하는 기준국에는 기준점을 설치하는 것을 원칙으로 한다. 기준국은 측량범위로부터 50 km를 넘지 않는 점을 이용하여야 한다. 기준국을 재설치하여 측량한 경우에는 상공 시계의 확보, GNSS 안테나 고정 확보, 데이터 취득 유무를 확인하여야 하며, 기준국 성과표를 작성하여야 한다.

3) 표정점의 설치

표정점은 원시자료의 위치 및 표고의 정확도를 검증 하기 위해서 작업범위 내에 설치하는 것으로, 평탄하고 식별이 쉬운 지점에 설치하며 적절한 크기의 대공표지를 설치하여야 한다.

7.6.2 무인항측 라이다측량

1) 무인항측 라이다측량

무인항측 라이다측량이란 드론에 장착된 레이저 스캐너(그림 7.9)를 이용해 라이다측량을 실시하고, 드론 레이저시스템의 GNSS 관측데이터, IMU 관측데이터 및 라이다측량 데이터와 기준국에서의 GNSS 관측데이터를 취득하는 것을 말한다. 무인항측 라이다측량에서의 무인비행장치 비행은 자동 비행방식에 의해 수행하는 것을 표준으로 한다. 또, 계측 범위 내에 대해서는 직선 등고도로 비행하는 것을 원칙으로 하고 비행속도는 일정한 속도를 유지하도록 하여야 한다.

(a) 자율비행 레이저 3D스캐너 BLK2FLY

(b) DJI Zenmuse L2 RGB/LiDAR 센서

〈그림 7.9〉 무인항측 라이다센서

비행 전 확인사항으로는 ① 날씨, 풍속 등의 기상 조건, ② 건물, 수목, 조수 등 안전비행에 영향을 미치는 지물의 유무, ③ 고압전선이나 철탑 등의 전파 간섭 가능성이 있는 시설의 유무, ④ 철판 등의 기체 나침반 오류를 일으킬 가능성이 있는 지물의 유무 등이 있다.

2) 원본데이터의 작성

원본데이터의 작성에 있어서는 최적의 궤적 해석으로 얻은 결과와 무인항측 라이다측량으로 취득한 데이터를 통합 해석하여 3차원 좌표를 가진 측점의 데이터를 작성한다. 이 때 라이다측량에서 취득한 원시자료에 포함되는 노이즈 등의 비정상적인 점은 데이터에서 제거하여야 하며, 통합 해석에 의해 작성한 측점의 데이터에 대해서 조정 및 합성을 실시하고 원시자료를 작성한다.

3차원 점군데이터 파일의 작성은 3차원 점군데이터를 파일 형태로 전자매체에 기록하여야 한다. 3차원 형상 복원계산 소프트웨어를 활용한 3차원 점군데이터의 파일 형식은 LAS형식, CSV형식, DXF형식과 지형모델로는 LandXML형식과 TIN형식으로 작성하여야 한다.

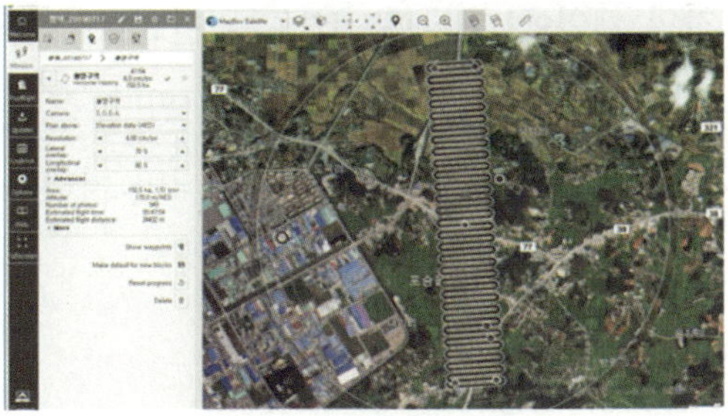

(a) 촬영계획 수립 및 촬영

(b) 라이다 원시데이터의 처리

(c) 수치표면모델(DSM) 생성

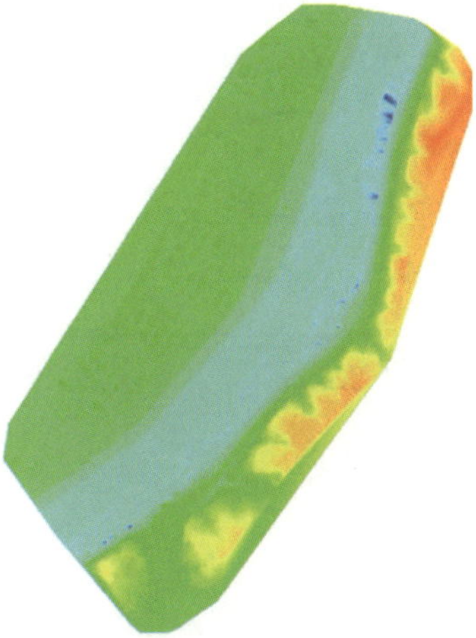

(d) 수치표고모델(DEM) 추출

(e) 영상 결합 3D 모델 (인공지물 제거)

(f) 영상기반 절성토 물량 산출

〈그림 7.10〉 무인항측 드론라이다측량에 의한 토공 물량 산출

〈그림 7.10〉은 무인항측 드론라이다측량에 의하여 토공 물량 산출의 과정을 개략적으로 보여주고 있다. 촬영 대상지역의 상황에 맞게 촬영계획을 수립하고 지상기준점측량을 거친 후 촬영 및 데이터 처리, 수치표면모델(DSM) 및 수치표고모델(DEM)의 작성, 3차원 지형모델 작성 및 토공 물량 산출의 과정을 거치게 된다. 20m 간격의 체인에 따른 횡단면도를 필요로 하는 경우에는 3차원 지형모델에 20m 간격의 횡단선을 중복시켜 횡단면도를 그려주게 된다. 드론 영상 촬영없이 무인항측 라이다측량만 하는 경우에는 라이다측량에 의한 점군데이터만 처리하게 되므로 진행과정이 좀 더 간단하다.

7.6.3 무인항측 라이다측량의 정확도 기준

무인항측 라이다측량에 있어서 3차원 점군데이터의 평면위치 및 고도의 정확도는 오차가 최대 0.05 m를 넘지 않도록 한다. 또한 3차원 점군데이터의 평면위치 및 고도의 정확도가 규정되지 않은 경우에는 〈표 7.8〉의 기준을 적용한다.

〈표 7.8〉 이외의 점군데이터 정확도

정확도	최대 0.05 m 이내	최대 0.1 m 이내	최대 0.2 m 이내
지상 화소 크기 (GSD)	0.01 m	0.02 m	0.03 m

7.7 라이다측량에 의한 촉석루 문화유산 복원 사례 소개

7.7.1 촉석루 지상 라이다측량

1) 작업계획

진주성에 있는 문화유산 촉석루에 대하여 3차원 디지털 모델로 문화유산을 복원하기 위하여 작업계획을 수립하였다. 전체적인 작업계획은 〈그림 7.11〉과 같으나, 여기서는 촉석루에 대한 지상 라이다측량과 결과 처리에 대하여 설명하고자 한다.

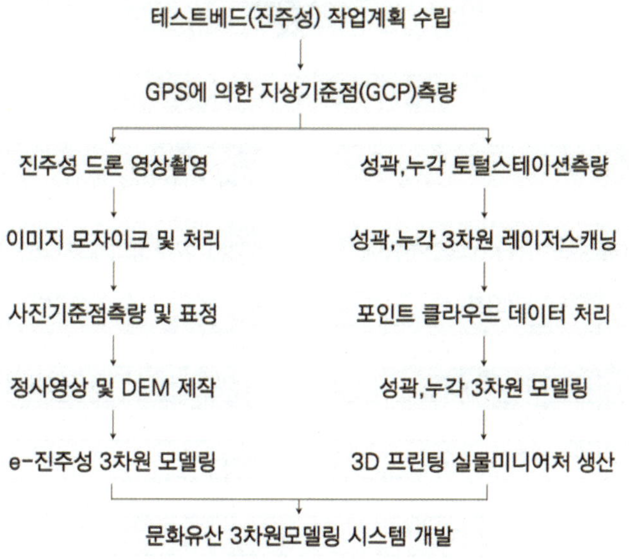

〈그림 7.11〉 촉석루 3차원모델링시스템 기술개발을 위한 작업흐름도
(Source: 2018, 중기청 『산학연 협력 기술개발사업』 최종보고서)

2) 지상기준점측량

촉석루 주변에 〈그림 7.12〉와 같이 기준점을 배치하고 GNSS 네트워크 RTK(VRS)측량에 의하여 기준점측량을 실시하였다. 측량한 결과로 얻은 기준점들의 측지좌표는 〈표 7.9〉와 같다.

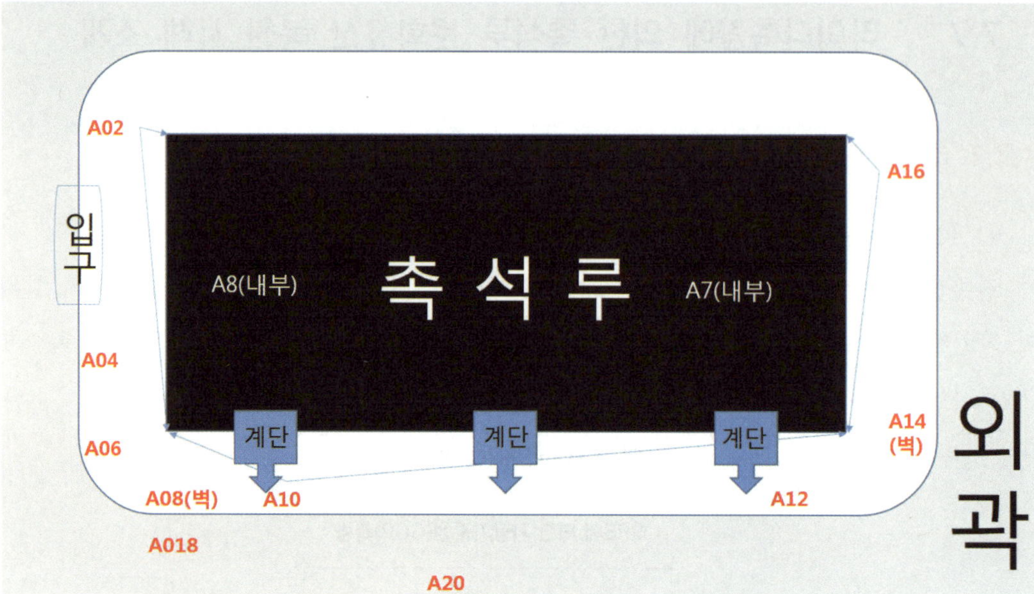

〈그림 7.12〉 측석루 주변 기준점의 배치

〈표 7.9〉 GNSS 네트워크 RTK(VRS)측량에 의하여 결정된 기준점의 측지좌표

측점 ID	X좌표	Y좌표	표고	기계고
A02	288646.318	298553.073	36.463	1.550m
A04	288657.675	298551.454	36.548	
A06	288665.785	298548.630	36.614	
A10	288663.899	298536.936	36.685	1.650m
A12	288657.765	298516.324	36.743	
A016	288642.749	298516.422	36.509	1.670m
A018	288672.244	298547.849	36.518	
A020	288673.488	298523.519	36.937	
Jinj	286802.147	295622.458	93.799	
A013	288643.002	298549.779	36.354	

3) 지상 라이다측량

지상 라이다 측량을 위하여 RIGEL VZ-400 3D 레이저 스캐너를 이용하여 〈그림 7.13〉과 같이 이미 좌표를 알고 있는 지상기준점에서 촉석루를 3차원으로 스캔하였으며 그 결과를 정합처리 하였다.

(a) 기준점 위치 설정

(b) 프리즘 부착

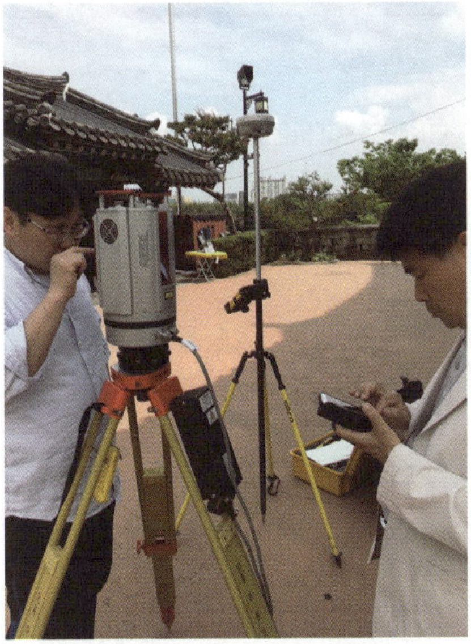

(c) 촉석루 3D레이저 스캐닝

(d) RIEGL VZ-400 3D 레이저 스캐너 조작모습

〈그림 7.13〉 RIEGL VZ-400 3D 레이저 스캐너를 이용한 지상 라이다측량

4) 데이터 처리 및 3차원 모델링

RIGEL VZ-400 3D 레이저 스캐너로 스캐닝한 촉석루의 포인트 클라우드 데이터(point cloud data)의 처리 및 정합은 관련 소프트웨어를 사용하여 처리하였다. 〈그림 7.14〉는 스캐닝 데이터의 처리과정을 보여주고 있으며, 〈그림 7.15〉는 이를 기반으로 촉석루의 3D 모델링 작업과정을 보여주고 있다.

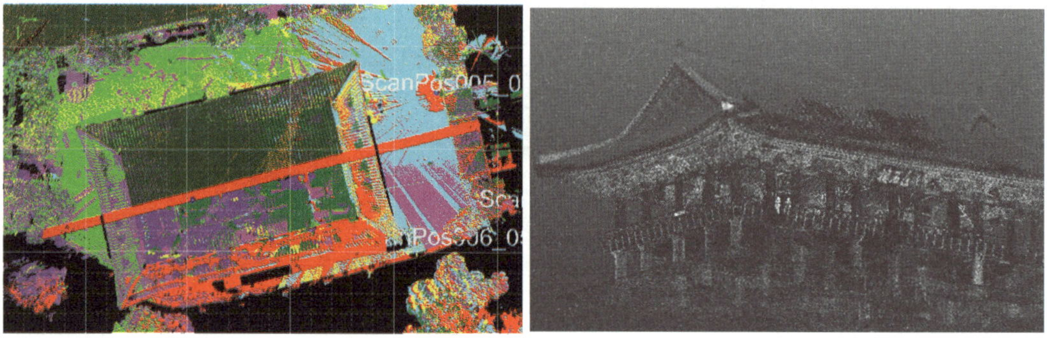

〈그림 7.14〉 스캐닝 데이터의 처리 및 정합

1. 3D 스캐닝 point cloud 데이터를 Revit으로 import 한 후 위치를 설정

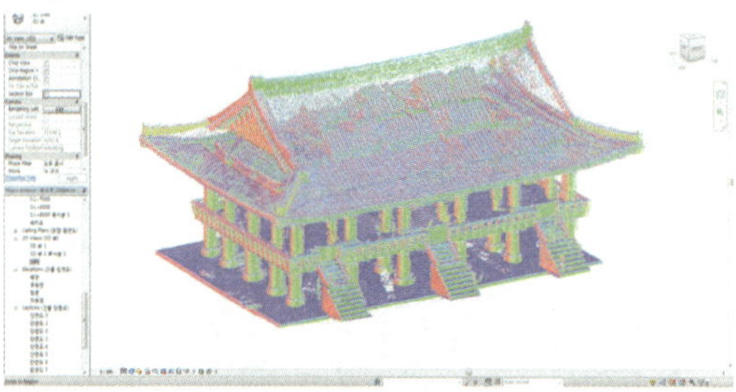

2. Revit에서 모델링을 위한 level을 설정

3. point cloud 데이터를 바탕으로 기준이 되는 바닥과 기둥을 먼저 모델링

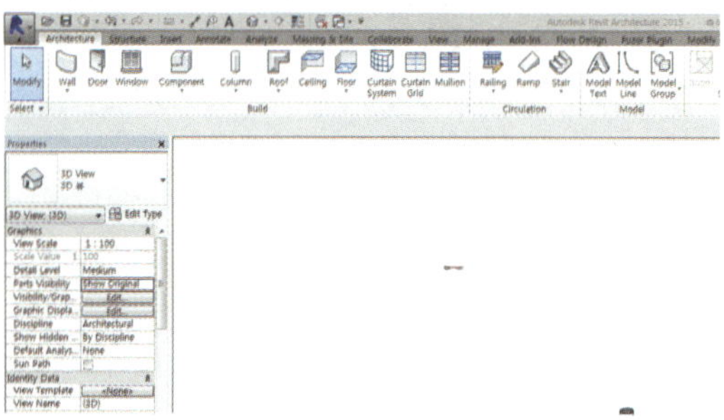

4. 계단을 모델링

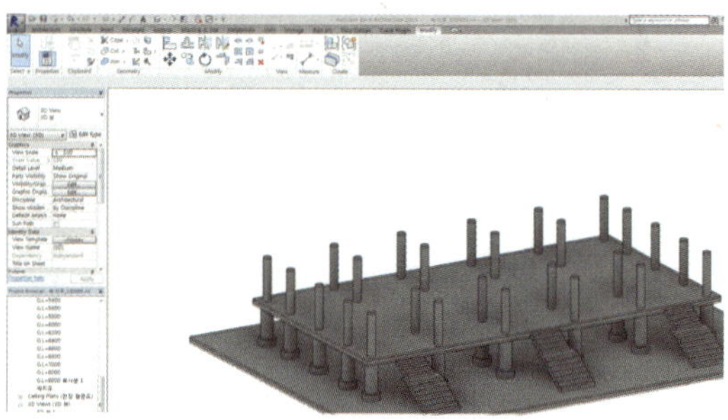

5. 난간벽과 난간을 모델링. 난간은 In-place Mass를 사용

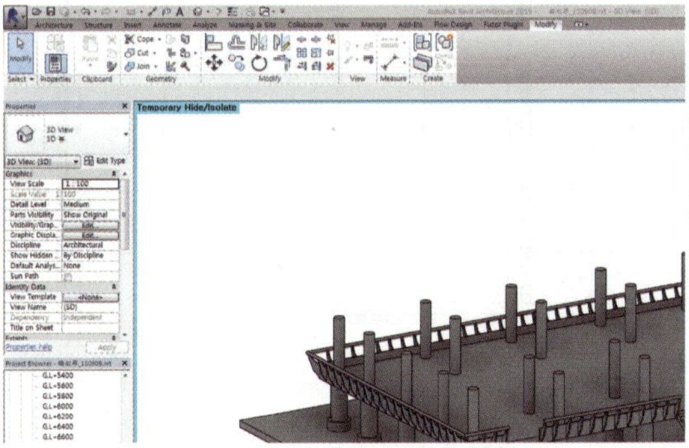

6. 지붕의 형태를 잡기 위한 mass를 모델링

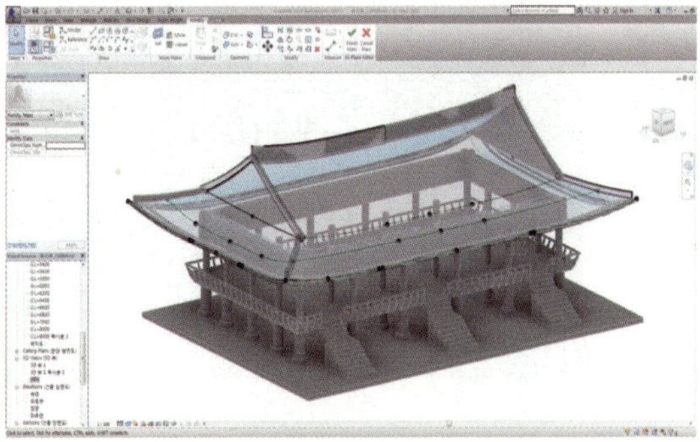

7. 완성된 mass 위에 기와를 얹기 위해 surface를 분할

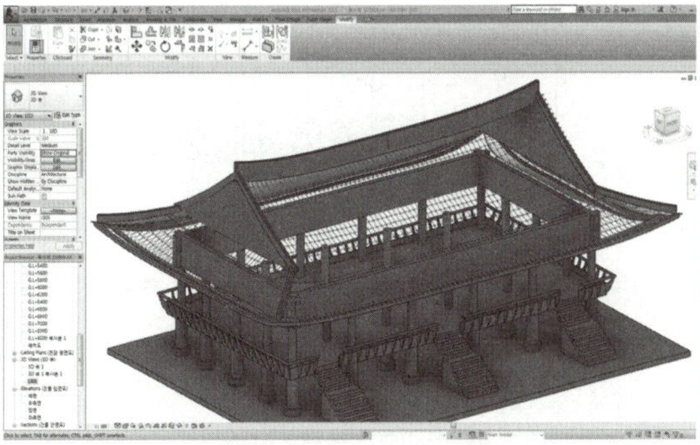

8. mass의 surface를 따라 기와가 생성될 수 있도록 별도의 parametric family를 생성

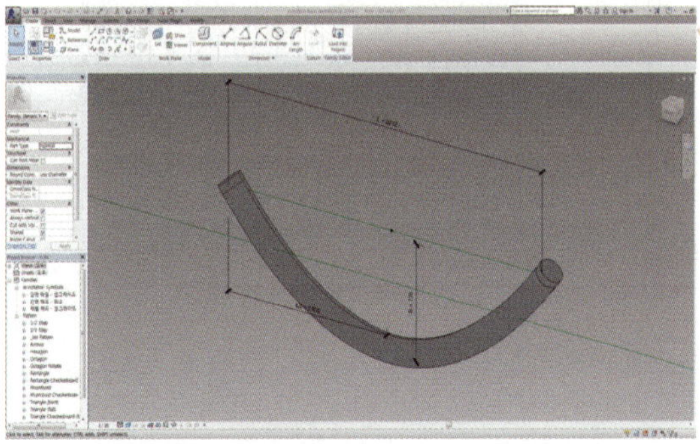

9. family를 mass에 적용하여 기와를 모델링

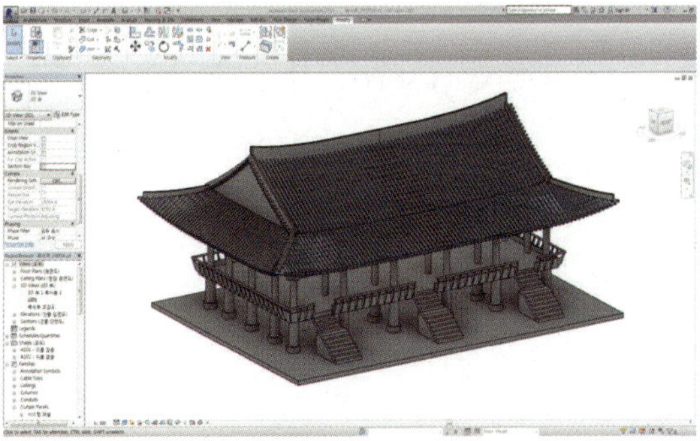

10. 촉석루 3D 모델 완성

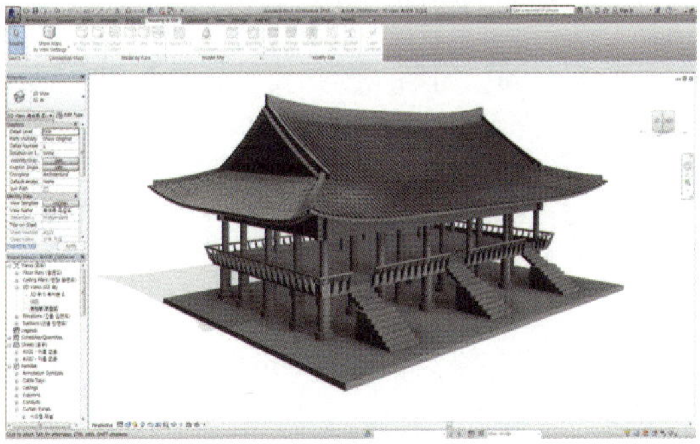

〈그림 7.15〉 촉석루 3차원 모델링 과정

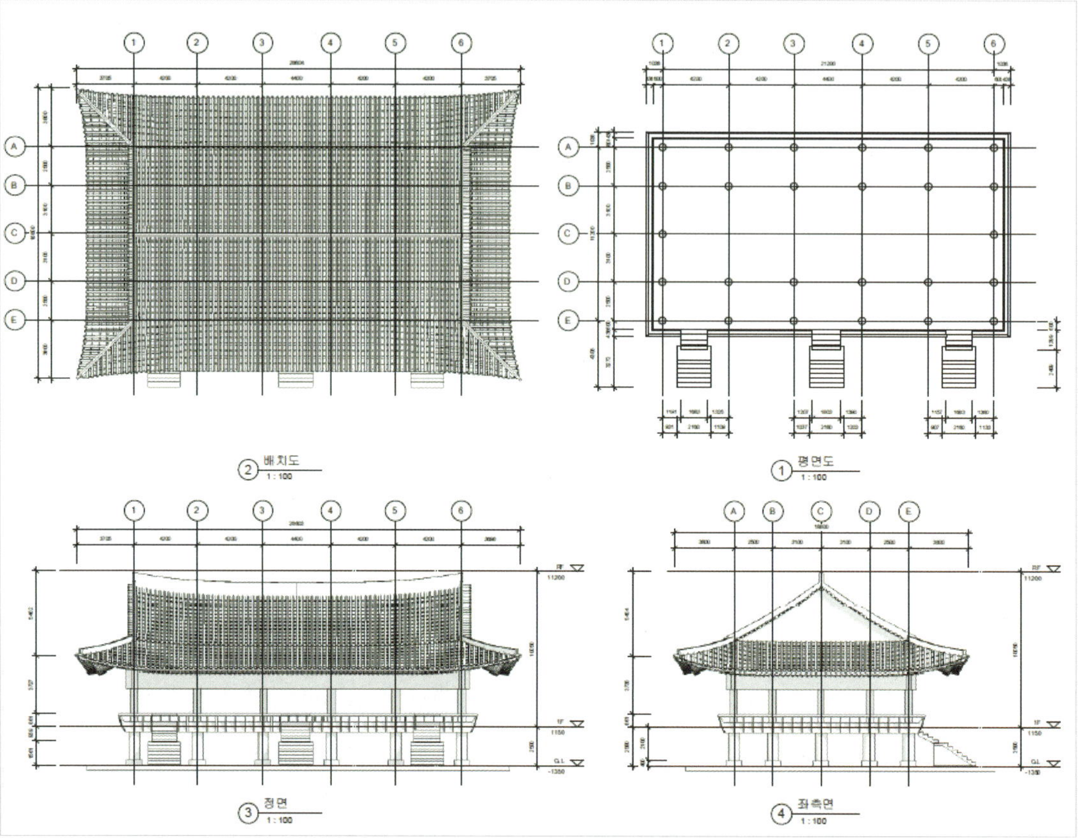

〈그림 7.16〉 촉석루 2차원 도면제작(시계방향으로 평면도/기단도면/측면도/정면도)

5) 역설계기술에 의한 도면 생성

스캐닝 데이터의 처리 및 정합에 의하여 완성된 촉석루의 3차원 모델을 활용하여 촉석루의 2차원 도면을 제작하였다. 〈그림 7.16〉은 이렇게 생성된 촉석루의 평면도 및 정면도, 측면도를 보여주고 있으며, 촉석루와 같이 아주 오래 전에 건립되어 보존되어 오는 문화유산들은 도면이 보존되지 않았기에 이렇게 생산된 도면을 활용한다면 문화유산의 복원이나 유지보수에 긴요하게 활용할 수 있을 것이다.

CHAPTER

08 면적 및 체적계산

8.1 개요

일반적으로 토지의 면적은 경사면적, 수평면적 및 평균해수면상의 면적으로 분류할 수 있다. 여기서 경사면적은 토지의 경사면에 따라 측정된 면적으로 이는 종·횡단면도에 계획선을 넣는 경우에 절·성토면적을 나타낼 때 사용되며, 토지의 경계선을 수평면상에 투영했을 때의 면적을 수평면적이라 하는데 이것은 대축척 및 지적측량에서 토지의 면적을 나타내며, 토지의 경계선을 평균해수면에 투영하여 나타낸 평균해수면상의 면적은 소축척 및 지도작성등 넓은 지역의 면적을 나타낼 때 사용한다.

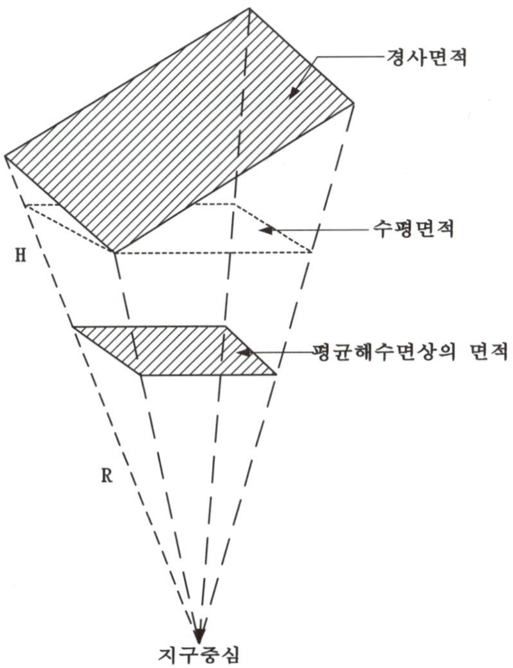

〈그림 8.1〉 면적의 구분

면적의 측정 방법으로는 현지에서 직접 각과 거리 및 좌표를 측량하여 기하학적 면적계산 및 좌표면적계산법으로 면적을 계산하는 현지측정법(Field measurement method)과 도상에서 거리나 좌표를 구하여 삼사법, 삼변법 및 지거법을 사용하여 계산하거나 구적기로 직접 측정하는 도상측정법(Map measurement method)으로 나눌 수 있다.

체적은 입체가 차지한 공간 부분의 크기로 도로, 수로, 철도 등의 건설 및 넓은 토지의 매립 또는 정지할 때의 성토 및 절토량 등의 토공량이나 저수지의 담수용량을 산출할 때 필요한 것으로 단면법, 점고법 및 등고선법 등이 주로 사용된다.

8.2 면적의 계산

8.2.1 경계선이 직선인 도형의 면적계산

현지 관측값으로부터 직접면적을 산출하는 경우를 직접관측법이라고 한다. 직접관측법은 경계가 직선으로 이루어진 토지나 도형의 면적을 계산하는데 적합하지만 경계가 곡선인 토지 면적을 계산하는 데는 부적당하다.

면적의 경계선이 직선으로 된 경우에는 삼각형이나 사각형 또는 사다리꼴 등으로 계상할 수 있으며 다각형으로 구성된 경우에는 삼각형으로 분할하거나 좌표법 또는 배횡거법 등을 적용하여 면적을 계산할 수 있다.

1) 삼사법

〈그림 8.2〉와 같이 삼각형 모양 면적계산의 가장 기본적인 계산법으로서, 밑변과 삼각형 높이(밑변에 수직되는 거리)의 곱의 $\frac{1}{2}$이 그 삼각형의 면적(A)이 된다.

$$A = \frac{1}{2}bh \tag{8.1}$$

여기서, A=면적(m^2), b = 밑변(m), h = 높이(m)이다.

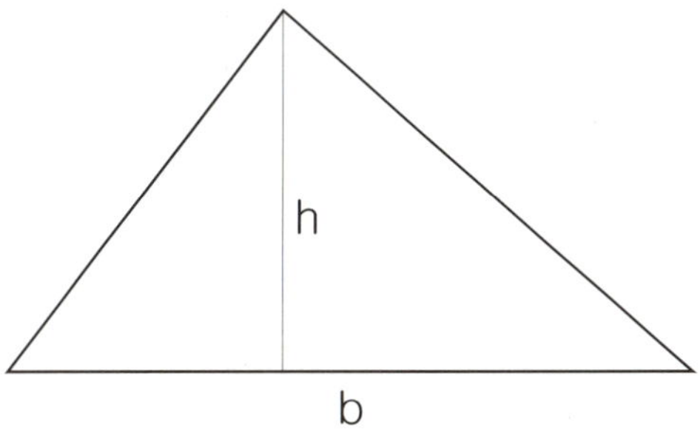

〈그림 8.2〉 삼사법

2) 삼변법

〈그림 8.3〉과 같이 삼각형의 3변 a, b, c만이 관측된 경우 식 (8.2)를 이용하여 면적을 계산할 수 있다.

$$Area = \sqrt{s(s-a)(s-b)(s-c)} \tag{8.2}$$

여기서, $s = \frac{1}{2}(a+b+c)$

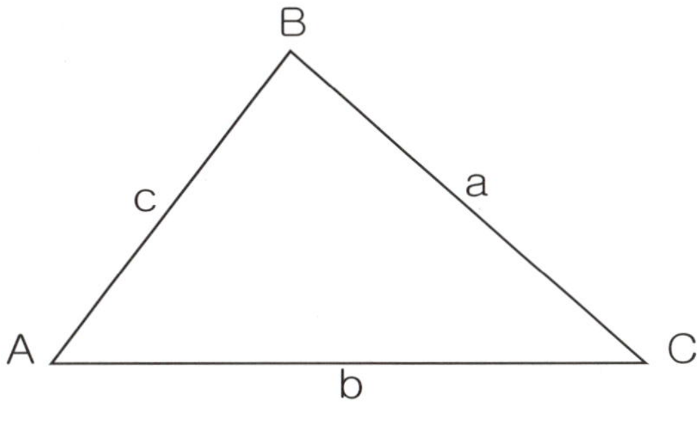

〈그림 8.3〉 삼변법

3) 두 변과 사이각을 이용한 계산법

〈그림 8.4〉와 같이 두 변 b, c와 그 사이각(협각) α를 직접 측정한 경우 식 (8.3)을 이용하여 면적을 계산할 수 있다.

$$A = \frac{1}{2}b \cdot c \cdot \sin\alpha \tag{8.3}$$

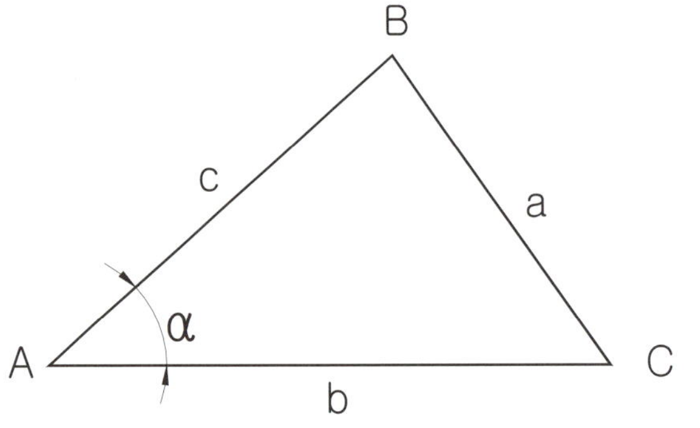

〈그림 8.4〉 두 변과 사이각을 측정한 경우

4) 좌표에 의한 계산법

〈그림 8.5〉와 같이 각 점들의 종좌표와 횡좌표를 이용하여 다각형의 면적을 계산할 수 있다.

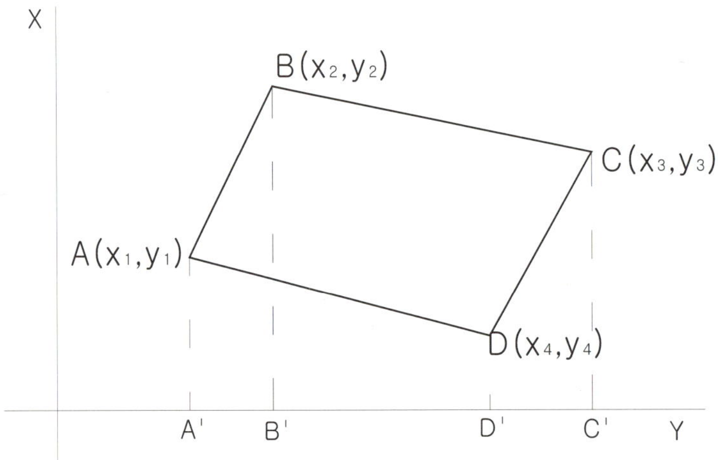

〈그림 8.5〉 좌표에 의한 면적계산

〈그림 8.5〉의 각 측점에서, Y축에 내린 수선의 발을 A′, B′, C′, D′라고 하면, 면적 A는 식 (8.4)와 같이 계산할 수 있다.

$A=$(사다리꼴 $A'ABB'$)+(사다리꼴 $B'BCC'$)−(사다리꼴 $A'ADD'$)−(사다리꼴 $D'DCC'$)

이때, 각 사다리꼴의 면적은

$$(\text{사다리꼴 } A'ABB') = \frac{1}{2}(x_1 + x_2)(y_2 - y_1)$$

$$(\text{사다리꼴 } B'BCC') = \frac{1}{2}(x_2 + x_3)(y_3 - y_2)$$

$$(\text{사다리꼴 } A'ADD') = \frac{1}{2}(x_1 + x_4)(y_4 - y_1)$$

$$(\text{사다리꼴 } D'DCC') = \frac{1}{2}(x_4 + x_3)(y_3 - y_4)$$

이것을 대입하면,

$$A = \frac{1}{2}[(x_1 + x_2)(y_2 - y_1) + (x_2 + x_3)(y_3 - y_2) - (x_1 + x_4)(y_4 - y_1) - (x_4 + x_3)(y_3 - y_4)]$$

$$A = \frac{1}{2}\sum[x_i(y_{i+1} - y_{i-1})](\tag{8.4}$$

혹은,

$$A = \frac{1}{2}\sum[y_i(x_{i+1} - x_{i-1})] \tag{8.5}$$

식 (8.5)를 전개하면

$$A = \frac{1}{2}[x_1y_2 + x_2y_3 + x_3y_4 + \cdots + x_{n-1}y_n + x_ny_1 - (x_1y_n + x_2y_1 + x_3y_2 + \cdots + x_{n-1}y_{n-2} + x_ny_{n-1})]$$

이 되는데, 각 측점의 x좌표에 다음 측점의 y좌표를 곱하여 모두 더하고, 각 측점의 x좌표에 이전 측점의 y좌표를 곱하여 모두 더하여, 두 합의 차이를 계산하면 구하고자 하는 면적의 2배인 것을 알 수 있다. 만일 면적이 음수로 나오면, 부호를 바꾸어서 양수로 취한다.

예제 8.1 다음 다각형의 각 꼭지점의 좌표가 다음과 같을 때 면적을 계산하시오.

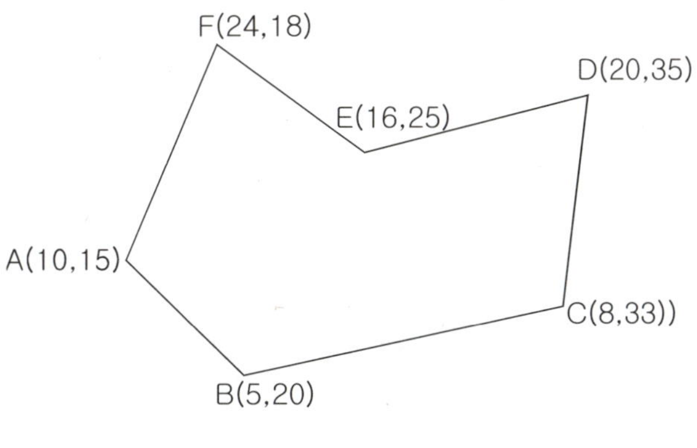

풀이 8.1

측 점	x	y	$(x_{i+1}-x_{i-1})\times y=$ 배면적
A	10	15	(5-24)×15 = -285
B	5	20	(8-10)×20 = -40
C	8	33	(20-5)×33 = 495
D	20	35	(16-8)×35 = 280
E	16	25	(24-20)×25 = 100
F	24	18	(10-16)×18 = -108
		합계	442

배면적 $2A=442$

$$\therefore \text{면적 } A=\frac{\text{배면적}}{2}=\frac{442}{2}=221\ m^2$$

5) 배횡거법

트래버스측량에서 계산의 편리를 위해 배횡거를 이용하여 면적을 계산한다. 횡거는 어떤 측선의 중점으로부터 기준선(남북자오선)에 내린 수선의 길이이며, 경거는 한 측선의 동서방향의 성분, 동서축에 정사투영된 거리이다.

배횡거는 횡거의 2배 길이로서 제1 측선의 경우에는 제1측선의 경거와 같고 임의 측선의 경우에는 (앞 측선의 배횡거)+(앞 측선의 경거)+(그 측선의 경거)로 구한다.

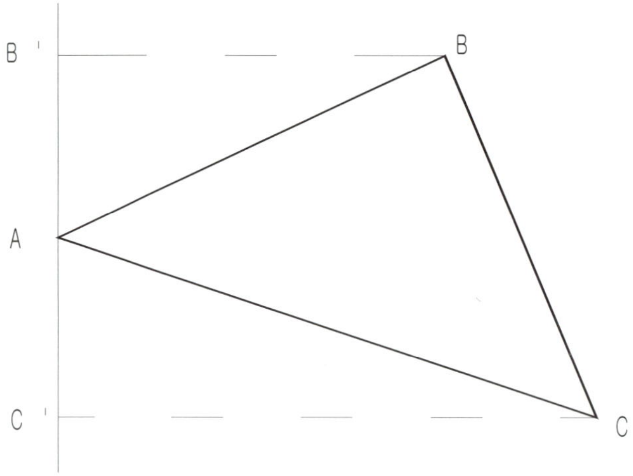

〈그림 8.6〉 배횡거에 의한 삼각형의 면적

〈그림 8.6〉의 면적 계산은

$$\triangle ABC = (\text{사다리꼴 } BB'CC') - (\triangle ABB') - (\triangle C'CA)$$

$$= \frac{1}{2}B'C'(B'B + CC') - \frac{1}{2}AB'B'B - \frac{1}{2}AC'C'C$$

∴ 2A = (BC의 위거 × BC의 배횡거)-(AB의 위거 × AB의 배횡거)
-(CA의 위거 × CA의 배횡거)

∴ 2A = (제2측선의 위거 × 제2측선의 배횡거)-(제1측선의 위거
× 제1측선의 배횡거)-(제3측선의 위거 × 제3측선의 배횡거)

$$A = \frac{1}{2}\sum(\text{각측선의 배횡거} \times \text{각측선의 위거}) \tag{8.6}$$

6) 횡단면의 면적계산

〈그림 8.7〉은 건설공사에서 성토 혹은 절토를 할 때에 나타나는 규칙적인 횡단면이다.

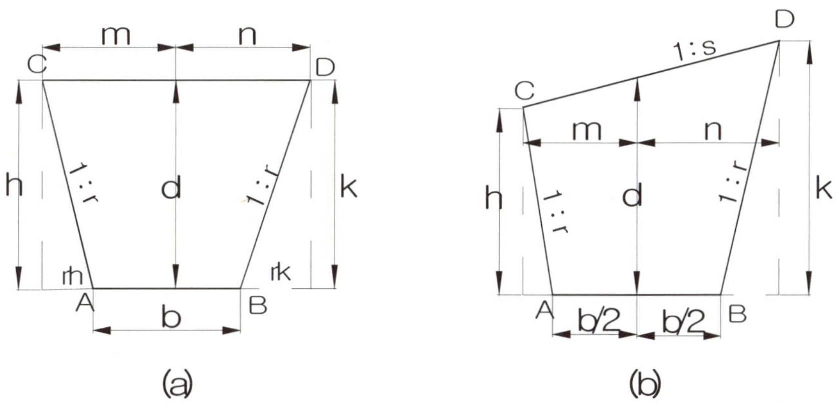

〈그림 8.7〉 횡단면 형상

각 횡단면의 단면적을 A라 하면 계산식은 다음과 같이 구할 수 있다.

〈그림 8.7〉 (a)에서 윗변 원지반이 수평이고, 절토면 기울기가 1:r이며 밑변의 넓이 b와 단면의 높이 d가 주어졌을 때 단면적의 넓이는 다음식과 같다.

$$A = bd + \frac{d^2}{r} \tag{8.7}$$

〈그림 8.7〉 (b)에서 윗변 원지반의 기울기가 1:s이고, 절토면 기울기가 1:r이며, 밑변의

넓이 b와 단면의 높이 d가 주어졌을 때 단면적의 넓이는 다음 식과 같다.

$$A = \frac{s^2 r}{s^2 - r^2}(d + \frac{b}{2r})^2 - \frac{b^2}{4r} \tag{8.8}$$

8.2.2 경계선이 불규칙한 면적의 계산

경계선이 불규칙한 곡선으로 구성된 면적의 계산은 다음의 방법을 활용한다.

1) 사다리꼴 법칙

경계선의 굴곡이 심한 경우 적용하며 <그림 8.8>과 같이 경계선에 거의 일치하도록 직선을 긋고, 전체 구역을 몇 개의 사다리꼴 형태로 나누어 면적을 계산하는 방법이다.

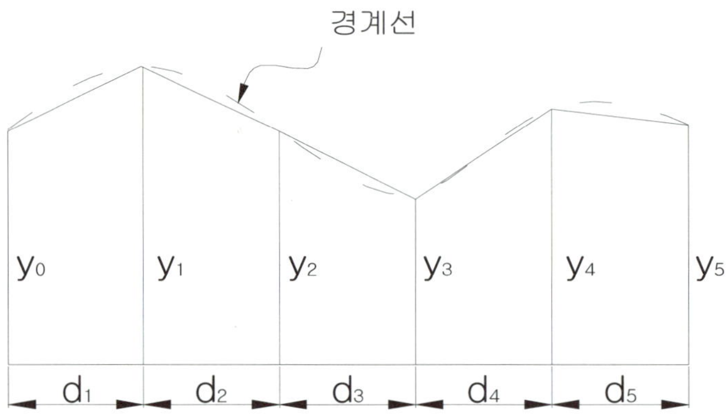

<그림 8.8> 사다리꼴 법칙

$$A = \frac{1}{2}\{(y_0 + y_2)d_1 + (y_1 + y_2)d_2 + \cdots + (y_4 + y_5)d_5\}$$

지거의 간격이 같을 경우에는 $d_1 = d_2 = d_3 = \cdots = d_n = d$ 이므로

$$A = d\left\{\frac{y_0 + y_n}{2} + y_1 + y_2 + \cdots + y_{n-1}\right\} = d\left\{\frac{y_0 + y_n}{2} + \sum_{i=1}^{n-1} y_i\right\} \tag{8.9}$$

2) Simpson 제1법칙

〈그림 8.9〉에서 지거간격을 균등하게 나누고 경계 곡선 구간을 2차 포물선으로 가정하며 사다리꼴 2개를 1세트로 구성하여 계산한다.

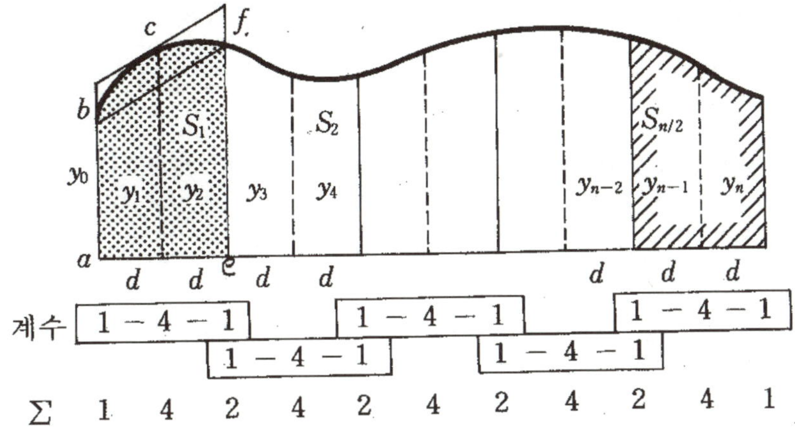

〈그림 8.9〉 Simpson 제1법칙(1/3법칙)

$$
\begin{aligned}
\text{면적 } S_1 &= (\text{사다리꼴 } abfe) + (\text{포물선구간 } bcf) \\
&= 2d \times \left(\frac{y_0 + y_2}{2}\right) + \frac{2}{3} \times 2d \times \left(y_1 - \frac{y_0 + y_2}{2}\right) \\
&= \frac{d}{3} \times (y_0 + 4y_1 + y_2)
\end{aligned}
$$

똑같은 방법으로

$$
\text{면적 } S_2 = \frac{d}{3} \times (y_2 + 4y_3 + y_4)
$$

$$
\text{면적 } S_3 = \frac{d}{3} \times (y_4 + 4y_5 + y_6)
$$

$$
\vdots \qquad\qquad \vdots
$$

$$
\text{면적 } S_{\frac{n}{2}} = \frac{d}{3} \times (y_{n-2} + 4y_{n-1} + y_n)
$$

따라서 전체 면적은

$$A = S_1 + S_2 + S_3 + \cdots + S_{\frac{n}{2}}$$

$$= \frac{d}{3} \times [y_0 + y_n + 4(y_1 + y_3 + \cdots + y_{n-1}) + 2(y_2 + y_4 + \cdots + y_{n-2})]$$

$$A = \frac{d}{3} \times [y_0 + y_n + 4\Sigma(y_{홀수}) + 2\Sigma(y_{나머지짝수}] \qquad (8.10)$$

예제 8.2　다음 도형의 면적을 사다리꼴법칙과 Simpson 제1법칙으로 각각 구하시오.

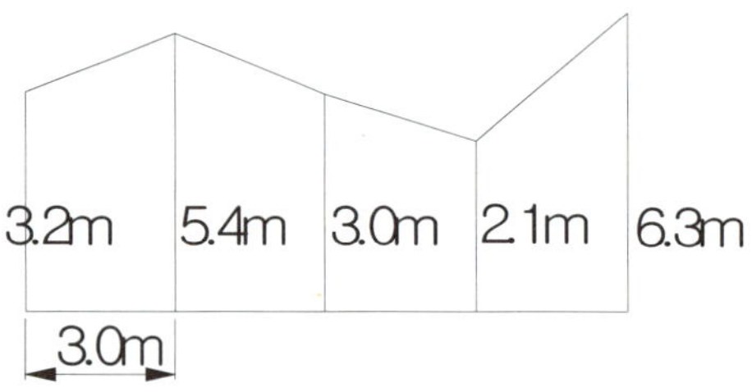

풀이 8.2　- 사다리꼴법칙의 경우

$$A = 3(\frac{3.2 + 6.3}{2} + 5.4 + 3.0 + 2.1) = 45.8\ m^2$$

- Simpson 제1법칙의 경우

$$A = \frac{3}{3}(3.2 + 6.3 + 4(5.4 + 2.1) + 2(3.0)) = 45.5\ m^2$$

3) Simpson제 2법칙

〈그림 8.10〉과 같이 지거 간격을 등간격으로 나누고 사다리꼴 3개를 한 개의 세트로 하며 경계 곡선 구간을 3차 포물선으로 생각하여 면적을 계산하는 방법으로, 3/8법칙 이라고도 한다.

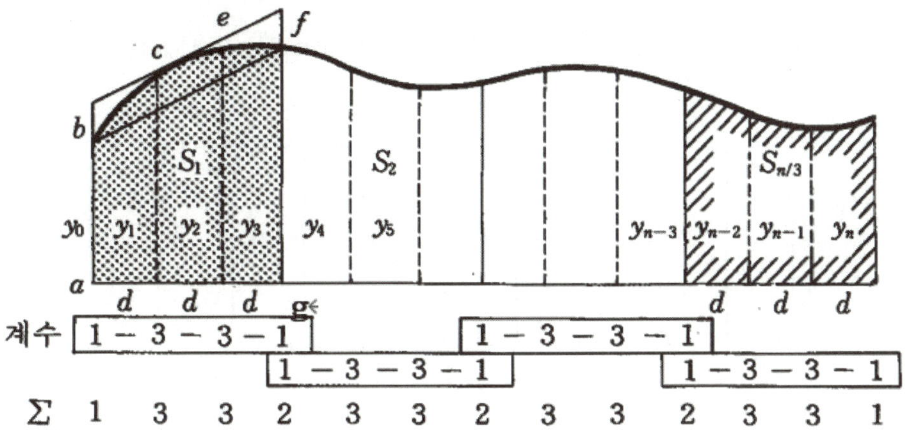

〈그림 8.10〉 Simpson 제2법칙(3/8법칙)

$$
\begin{aligned}
\text{면적 } S_1 &= (\text{사다리꼴 } abfg) + (\text{포물선구간 } bcef) \\
&= 3d \times \left(\frac{y_0 + y_3}{2}\right) + \frac{3}{4} \times 3d \times \left(\frac{y_1 + y_2}{2} - \frac{y_0 + y_3}{2}\right) \\
&= \frac{3}{8} \times d \times (y_0 + 3y_1 + 3y_2 + y3)
\end{aligned}
$$

$$\text{면적 } S_2 = \frac{3}{8} \times d \times (y_2 + 3y_4 + 3y_5 + y_6)$$

$$\vdots \qquad\qquad \vdots$$

$$\text{면적 } S_{\frac{n}{3}} = \frac{3}{8} \times d \times (y_{n-3} + 3y_{n-2} + 3y_{n-1} + y_n)$$

따라서 전체 면적은

$$
\begin{aligned}
A &= S_1 + S_2 + S_3 + \cdots + S_{\frac{n}{3}} \\
&= \frac{3}{8} \times d \times [y_0 + y_n + 2(y_3 + y_6 + \cdots + y_{n-3}) + 3(y_1 + y_2 + \cdots + y_{n-2} + y_{n-1})]
\end{aligned}
$$

$$A = \frac{3}{8} \times d \times [y_0 + y_n + 2\Sigma(y_{n\text{을 뺀 3의 배수}}) + 3\Sigma(y_{\text{나머지수}})] \tag{8.11}$$

여기서, n은 3의 배수이다.

예제 8.3 다음 도형의 면적을 사다리꼴법칙과 Simpson 제1법칙과 제2법칙으로 각각 구하시오.

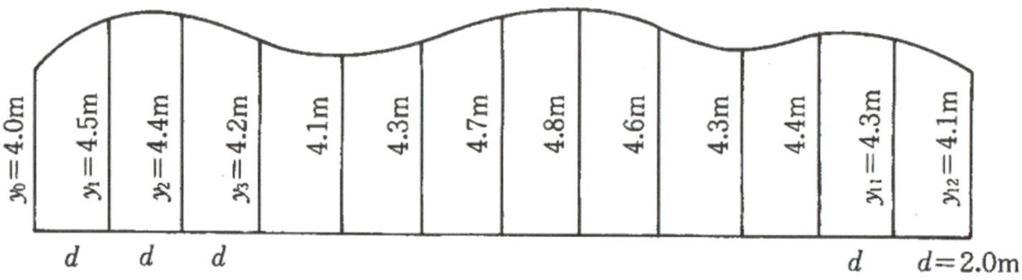

풀이 8.3

① 사다리꼴법칙의 경우

$$A = d \times [\frac{y_0 + y_n}{2} + (y_1 + y_2 + \cdots + y_{n-1})]$$

$$= 2 \times [(\frac{4.0 + 4.1}{2}) + 4.5 + 4.4 + 4.2 + 4.1 + 4.3 + 4.7 + 4.8 + 4.6 + 4.3 + 4.4 + 4.3]$$

$$= 105.3\ m^2$$

② Simpson 제1법칙의 경우

$$A = \frac{d}{3} \times [(y_0 + y_n) + 4(y_1 + y_3 + \cdots + y_{n-1}) + 2(y_2 + y_4 + \cdots + y_{n-2})]$$

$$= \frac{2}{3} \times [(4.0 + 4.1) + 4(4.5 + 4.2 + 4.3 + 4.8 + 4.3 + 4.3) + 2(4.4 + 4.1 + 4.7 + 4.6 + 4.4)]$$

$$= 105.4m^2$$

③ Simpson 제2법칙의 경우

$$A = \frac{3}{8} \times d \times [(y_0 + y_n) + 3(y_1 + y_2 + \cdots + y_{n-2} + y_{n-1}) + 2(y_3 + y_6 + \cdots + y_{n-3})]$$

$$= \frac{3}{8} \times 2 \times [(4.0 + 4.1) + 3 \times (4.5 + 4.4 + 4.1 + 4.3 + 4.8 + 4.6) + 2 \times (4.2 + 4.7 + 4.3)]$$

$$= 105.525\ m^2$$

8.2.3 간접관측법에 의한 면적계산

면적을 측정하려고 하는 지역의 도면을 이용하여 간접적으로 면적을 구하는 방법으로 불규칙한 형태의 면적을 지도상에서 투사지에 의해 계산하는 방법과 구적기에 의한 방법이 있다.

1) 투사지법

경계가 매우 불규칙한 소지역의 면적 계산에 적합한 방법이다.

〈그림 8.11〉과 같이 원도상에 직접 일정한 간격으로 종횡선을 그리거나, 투명방안지를 사용하여 내부에 들어있는 격자의 개수와 경계선에 걸린 격자수의 1/2 또는 1/4의 합으로 면적에 해당하는 격자의 개수와 면적을 구하고, 도면 축척의 분모수를 곱하여 실제 면적을 계산한다.

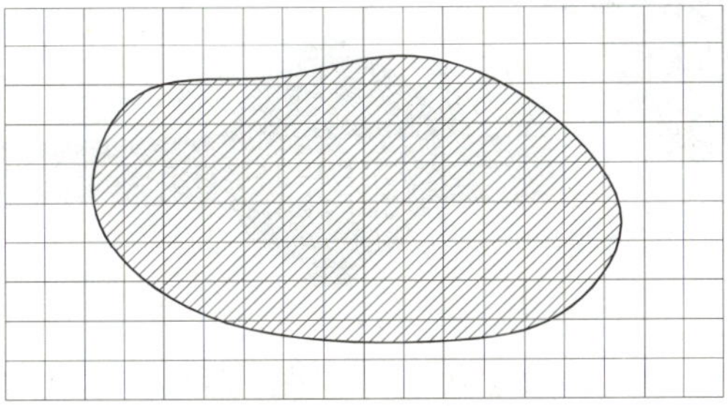

〈그림 8.11〉 투사지법

2) 구적기(planimeter)에 의한 방법

구적기는 불규칙한 경계의 면적을 측정하는 기구로서 측정하려고 하는 면적의 경계선이 불규칙한 형태로 구성되어 있을 때에 구적기를 이용하면 신속하고 능률적으로 면적을 측정할 수 있다. 구적기의 종류로는 기계식 구적기와 디지털 구적기가 있으며, 오늘날에는 대부분 디지털 구적기가 사용된다.

① 기계식 구적기

- 기계식 구적기
  - 유극식
    - 극 식
      - 단 식
      - 복식
      - 보정식 또는 렌즈식
    - 원반식
  - 무극식 – 광학식(광량법, 광 점주사법, 기계공학법)

무극식, 광학식 측정이란 광학의 원리를 이용한 방법으로, 측정하고자 하는 지역의 도형면적에 비례한 빛의 반사광을 측정하는 광량법과 도형을 광점의 주사로 적분하는 광점주사법이 있다. 장점으로는 계산이 필요없고, 도형의 형태에 구애됨이 없으며 측정시간이 신속하다.

② 디지털 구적기

〈그림 8.12〉와 같은 디지털 구적기의 원리는 기계식 구적기와 같으나 대부분의 기능이 전자화되어 있어 사용이 편리하다.

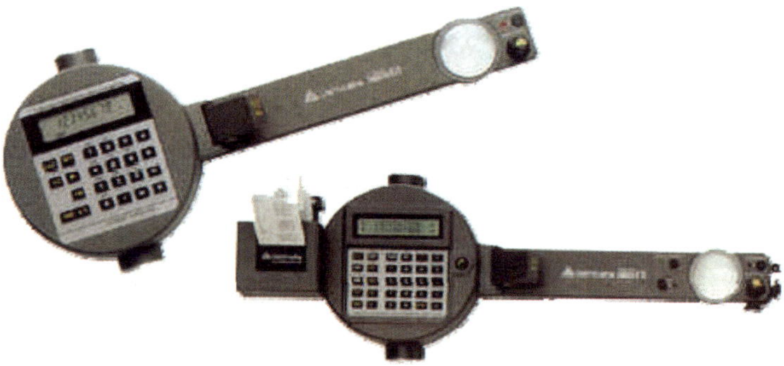

〈그림 8.12〉 디지털 구적기

X-Plinimeter 360을 기준으로 측정방법은 다음과 같다

a. 면적을 측정할 도면이나 원도를 바닥에 고정한다.

b. 디지털 구적기의 trace arm을 올려 전원을 켠다.

c. 단위를 설정(보통 ㎡)하고 종축척 및 횡축척을 설정한다.

d. 모드를 설정한다. point mode는 굴곡점의 point를 찍고, continuous mode는 연속해서 추적한다.

e. 원도의 9시 지점에서 측정을 시작하여 시계 방향으로 원을 그리며 빨간원 안의 점으로 경계선을 추적한다.

f. 시작점으로 돌아와 추적을 종료한다.

g. LED 창에 나타난 면적값을 기록한다.

8.2.4 면적의 분할

1) 삼각형의 면적분할

삼각형의 면적분할은 한 변에 평행한 직선에 따른 분할과 삼각형의 정점(꼭지점)을 통하는 분할 및 변상의 정점을 지나는 직선에 의한 $m : n$ 으로의 분할 등이 있다.

① 한 변에 평행한 직선에 의해 면적을 $m : n$으로 분할할 경우

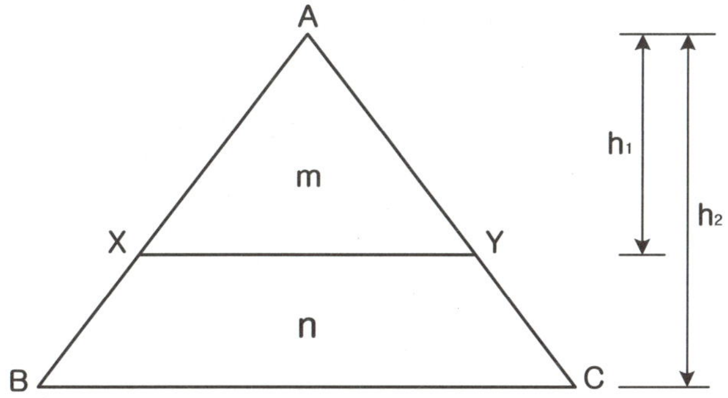

〈그림 8.13〉 삼각형의 면적 분할(횡방향)

$$\therefore \ AX = AB\sqrt{\frac{m}{m+n}} \tag{8.12}$$

$$AY = AC\sqrt{\frac{m}{m+n}} \tag{8.13}$$

예제 8.4 〈그림 8.13〉의 삼각형에서 $AB = 9.71m$, $BC = 10.50m$, $AC = 9.43m$ 이고, BC에 평행한 직선 XY에 의해 면적을 $m : n = 2 : 3$ 으로 분할할 때 AX와 AY의 길이는?

풀이 8.4

$$AX = AB\sqrt{\frac{m}{m+n}} = 9.71\sqrt{\frac{2}{2+3}} = 6.14m$$

$$AY = AC\sqrt{\frac{m}{m+n}} = 9.43\sqrt{\frac{2}{2+3}} = 5.96m$$

② 삼각형의 정점을 통하는 직선에 의해 면적을 $m : n$으로 분할하는 경우

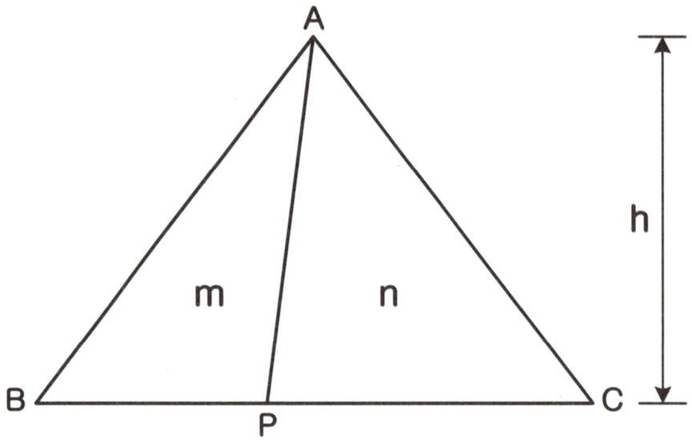

〈그림 8.14〉 삼각형의 면적 분할(종방향)

$$\therefore \ BP = \frac{m}{m+n} BC \tag{8.14}$$

$$PC = \frac{n}{m+n} BC \tag{8.15}$$

③ 변상의 정점을 지나는 직선에 의한 $m : n$ 으로의 분할하는 경우

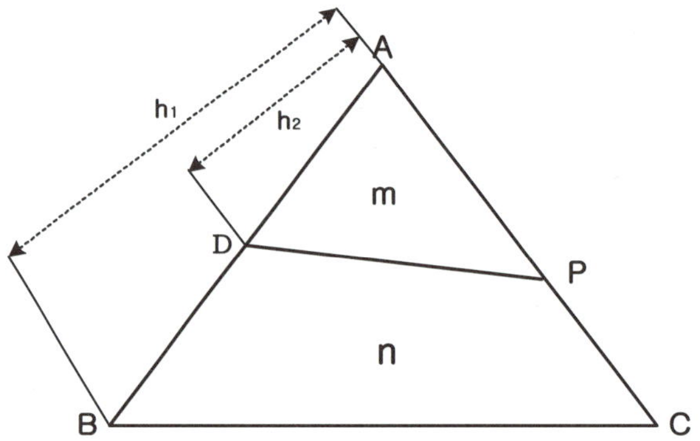

〈그림 8.15〉 삼각형의 면적 분할

$$\therefore AP = \frac{m}{m+n} \cdot \frac{AB \times AC}{AD} \tag{8.16}$$

$$AD = \frac{m}{m+n} \cdot \frac{AB \times AC}{AP} \tag{8.17}$$

8.3 체적의 계산

8.3.1 단면법

1) 양단면 평균법

아래 그림과 같이 두 횡단면적 A_1과 A_2 사이의 체적은 두 단면사이의 수평거리 L을 곱하여 평균을 취한다. 이때 두 단면 사이의 체적 V는

$$V = \frac{1}{2} L(A_1 + A_2) \tag{8.18}$$

위 식에 의해 구한 값은 일반적으로 실제의 값보다 약간 많은 값으로 구해지는 경향이 있으며 양단면 사이의 거리를 작게 할수록 정확도가 높아진다.

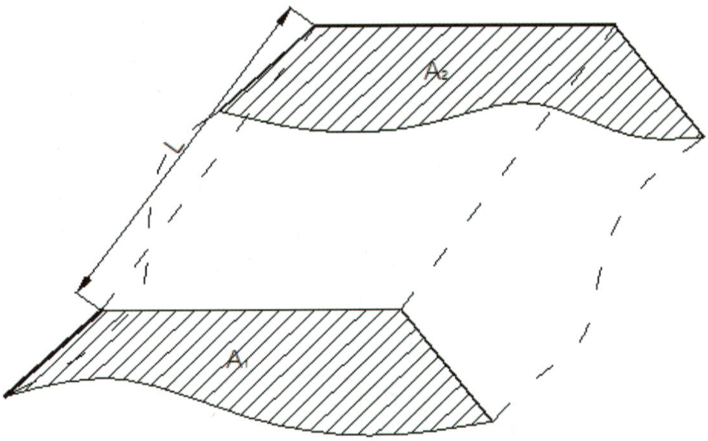

〈그림 8.16〉 양단면 평균법

2) 중앙단면법

양단면적의 중앙에 단면 A_m을 취하여 양 단면 간의 거리 L을 곱하여 체적을 구하는 방법으로 체적 V는 다음과 같이 계산한다.

$$V = A_m L \tag{8.19}$$

3) 각주공식에 의한 방법

아래 그림과 같이 양단면 사이가 불규칙하지 않고 측면이 평면일 때에 체적을 구하기에 편리한 방법으로 체적 V는 다음과 같이 계산한다.

$$V = \frac{1}{6}L(A_1 + 4A_m + A2) \tag{8.20}$$

여기서, A_1과 A_2는 양단면적을, A_m은 A_1, A_2 사이의 중앙단면을, L은 양단면간의 거리를 의미한다.

이 방법으로 구한 체적은 일반적으로 양단면 평균법에 의한 값보다 적게 나타난다.

예제 8.5 〈그림 8.17〉과 같은 형태의 단면적과 거리가 아래와 같을 때 체적을 양단면평균법, 중앙단면법, 각주공식에 의한 방법으로 계산하시오.

A_1 = 56m² A_m = 70m² A_2 = 80m² L = 20m

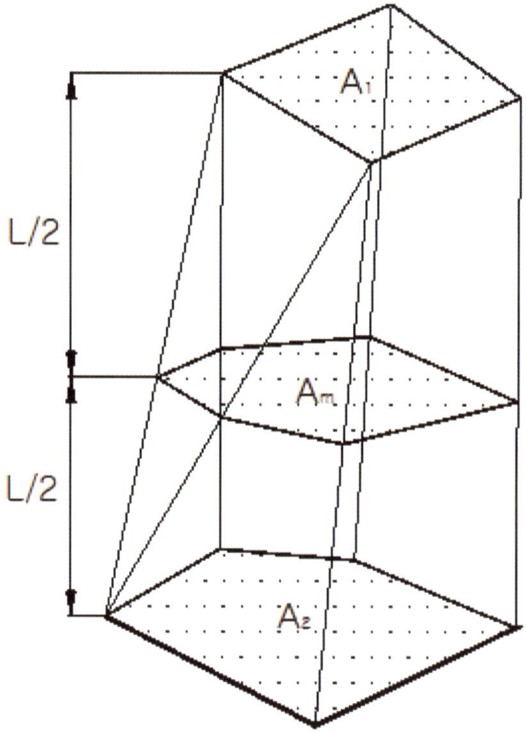

〈그림 8.17〉 각주공식

풀이 8.5

① 양단면평균법 : $V=\frac{1}{2}L(A_1+A2)=\frac{1}{2}\times20\times(56+80)=1,360\ m^3$

② 중앙단면법 : $V=A_mL=70\times20=1,400\ m^3$

③ 각주공식에 의한 방법 :

$$V=\frac{1}{6}L(A_1+4A_m+A2)=\frac{1}{6}\times20\times(56+4\times70+80)=1,386.7\ m^3$$

8.3.2 점고법

비교적 넓은 지역의 정지작업 또는 매립 등을 위해 토공량을 계산하기 편리한 방법으로 지역 내를 사각형 또는 삼각형으로 구분하고 그 구분점들의 지반고를 측정하여 계획고와 지반고의 차를 구함으로써 토공량을 계산한다. 대상지역을 사각형으로 구분하는 경우와 삼각형으로 구분하는 경우로 나누어 계산한다.

1) 사각형으로 구분하는 경우

〈그림 8.18〉의 왼쪽 그림과 같이 각 구분점의 높이를 $\mathrm{h}_1, \mathrm{h}_2, \mathrm{h}_3, \mathrm{h}_4$ 각 구분간의 체적을 $\mathrm{V}_1, \mathrm{V}_2, \mathrm{V}_3, \mathrm{V}_4$라 하고 그 구분 내의면적을 A라고 하면 전체 체적 V는 다음 식으로 계산된다.

여기서, h_1은 사각형 꼭지점이 하나만 있는 점의 표고, h_2는 사각형 꼭지점이 두 개가 만나는 점의 표고, h_3는 사각형 꼭지점이 세 개가 만나는 점의 표고, h_4는 사각형 꼭지점 네 개가 만나는 점의 표고를 의미한다.

$$V=\frac{A}{4}\left[\sum h_1+2\sum h_2+3\sum h_3+4\sum h_4\right] \qquad (8.21)$$

2) 삼각형으로 구분하는 경우

〈그림 8.18〉의 오른쪽 그림과 같이 면적을 삼각형으로 구분하여 계산하는 방법으로 사각형으로 구분하는 방법보다 정확도가 높다.

체적 V는

$$V=\frac{A}{3}\left[\sum h_1+2\sum h_2+3\sum h_3+\cdots+8\sum h_8\right] \qquad (8.22)$$

여기서, A는 사각형의 면적을 의미하며, h_1은 삼각형 꼭지점이 하나만 있는 점의 표고, h_2는 삼각형 꼭지점이 두 개가 만나는 점의 표고, …, h_8은 삼각형 꼭지점이 8개가 만나는 점의 표고를 의미한다.

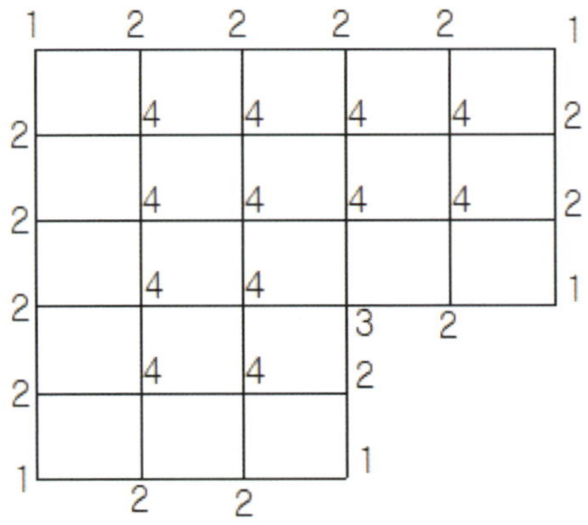

(a) 사각형 분할

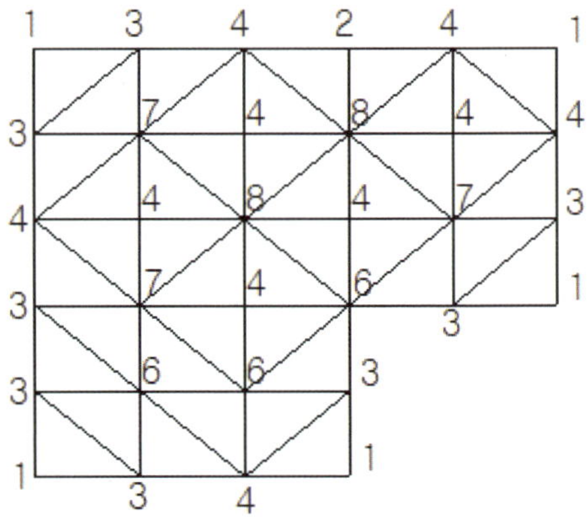

(b) 삼각형 분할

〈그림 8.18〉 점고법의 두가지 형태

예제 8.6 다음 그림은 정지작업을 위한 수준측량 결과이다. 이 작업구역에서 절토량과 성토량이 같도록 정지하려면 평균고는 얼마가 되어야 하는가?

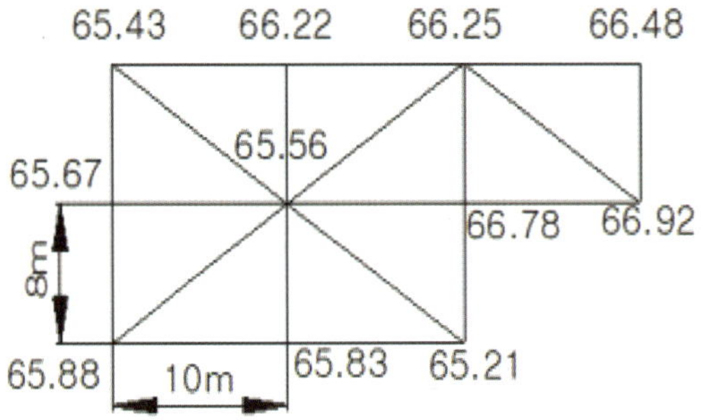

풀이 8.6 삼각형이 중복하는 각 꼭지점의 높이합을 구하면

$1\Sigma h1 = 1\times(66.48) = 66.48$

$2\Sigma h2 = 2\times(65.43+66.22+65.67+65.88+65.83+65.21+66.92) =$

922.32

$3\Sigma h3 = 3 \times (66.78) = 200.34$

$4\Sigma h4 = 4 \times (66.25) = 265.00$

$8\Sigma h8 = 8 \times (65.56) = 524.48$

$$V = \frac{A}{3}[\sum h_1 + 2\sum h_2 + 3\sum h_3 + \cdots + 8\sum h_8]$$

$$= \frac{10 \times 8}{3}[66.48 + 922.32 + 200.34 + 265.00 + 524.48] = 52,763.2m^3$$

총면적 $\sum A = 10 \times 8 \times 5 = 400m^2$

평균고 : $\frac{V}{\sum A} = \frac{52,763.2}{400} = 131.9m$

8.3.3 등고선법

등고선 지도로부터 각 등고선 내의 면적을 구적기로 측정하여 체적을 계산하는 방법으로 불규칙한 지역의 체적 또는 저수지 용량, 넓은 택지의 토량을 계산하는데 편리하다. 〈그림 8.19〉와 같이 각 등고선에 의해 둘러싸인 부분의 면적을 각각 $A_1, A_2, A_3, \cdots, A_n$이라 하고 각 등고선의 간격을 L이라 하면 전체 체적 V는

$$V = \frac{L}{3}\{(A_1 + A_2) + 2(A_3 + A_5 + \cdots + A_{n-2}) + 4(A_2 + A_4 + \cdots + A_{n-1})\} \quad (8.23)$$

여기서, n은 홀수를 L은 등고선 간격을 의미한다.

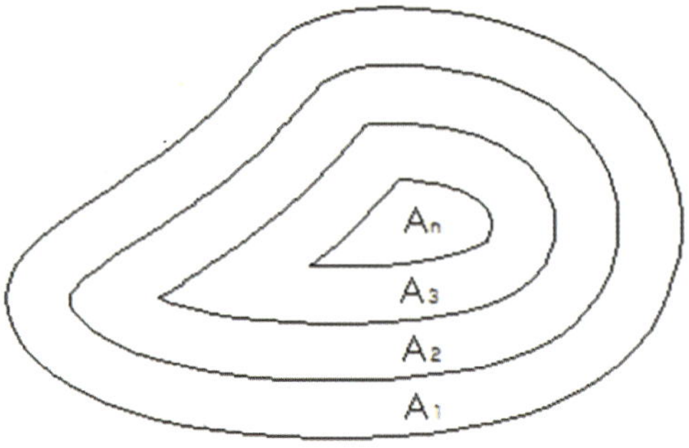

〈그림 8.19〉 등고선법

예제 8.7 다음 그림과 같이 등고선으로 둘러쌓인 지형의 체적을 구하시오. 등고선 간격은 10m이고 각 등고선의 면적은 다음과 같다.

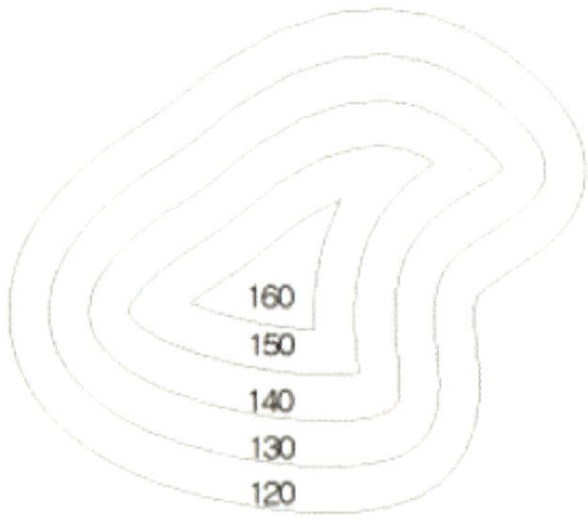

120m : A_1 = 4520 m²
130m : A_2 = 2030 m²
140m : A_3 = 870 m²
150m : A_4 = 550 m²
160m : A_5 = 300 m²

풀이 8.7

$$V=\frac{L}{3}\{(A_1+A_2)+2(A_3+A_5+\cdots+A_{n-2})+4(A_2+A_4+\cdots+A_{n-1})\}$$
$$=\frac{10}{3}\{(4520+300)+2(870)+4(2030+550)\}=56,267\text{m}^3$$

8.3.4 유토곡선

종단수준측량과 횡단수준측량에 의해 작성된 종횡단 도면으로부터, 각 측점에 해당하는 토공량을 누적하여 그린 도표를 "유토곡선"이라고 한다. 유토곡선(토량곡선)은 〈그림 8.20〉과 같이 종단면의 축척과 동일하게 가로선 축척을 정하고, 거리를 가로축으로, 누적토량을 세로축으로 하였다.

유토곡선의 특징은 다음과 같다.

① 유토곡선이 하향인 구간은 성토곡선이고 상향인 구간은 절토구간이다.

② 곡선이 하향에서 상향으로 바뀌는 지점은 성토에서 절토로, 곡선이 상향에서 하향으로 바뀌는 지점은 절토에서 성토로 변화하는 점이다.

③ 곡선과 가로축(거리축)이 교차하는 점인 〈그림 8.20〉에서의 c, e, g는 누적 절토량과 누적 성토량이 동일하여서, 결과적으로 남은 토량이 0가 되는 점이다.

④ 가로축에서 곡선의 저점이나 정점까지의 높이는 절토에서 성토로 운반되는 전체 토량을 나타낸다.(〈그림 8.20〉 에서 a-c구간에서는 bb', c-e구간에서는 dd′, e-g구간에서는 ff′가 전체 토량이다.)

⑤ AH구간에서의 토량만을 보자면, hh¢는 사토량(버려야 하는 토량)이 된다.

⑥ 절토와 성토의 평균운반 거리는 유토곡선 토량의 1/2점 간의 거리로 한다.

평균 운반거리는 절토부분의 중심과 성토부분의 중심간의 거리를 의미하며, AC구간에서 평균운반거리는 bb' 높이의 1/2점인 s점을 통과하는 평행선의 길이 pq이다. 총토공량은 총토량을 평균운반거리만큼 운반한 것을 의미한다.

$$\text{평균 운반거리} = \frac{\text{총토공량}}{\text{총토량}} \tag{8.24}$$

가로축에 평행인 어떤 직선과 유토곡선이 이루는 폐합 면적은 총토공량에 해당하며, 그 폐합면적의 최대 높이가 총토량이 된다. 즉, 총토공량은 유토곡선과 평행선으로 둘러싸인 부분의 면적이고 총토량은 그 면적에서의 최대 높이이다.

$$\text{평균운반거리} = \frac{\text{유토곡선과 평행선으로 둘러싸인 면적}}{\text{최대높이}} \tag{8.25}$$

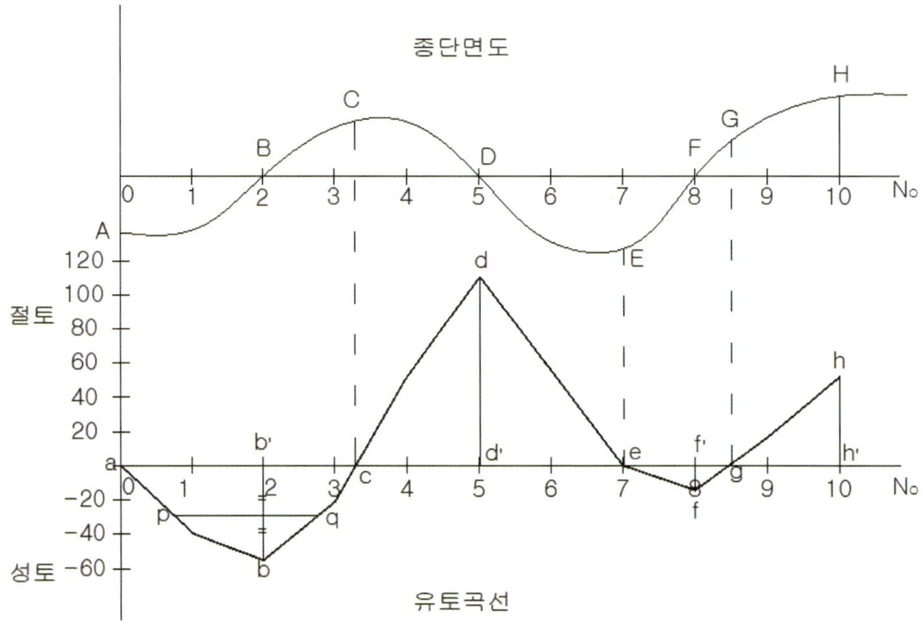

〈그림 8.20〉 유토곡선에 의한 토공량 계산

CHAPTER

09 지하시설물 측량

9.1 개요

1995년 4월 대구광역시 달서구 상인네거리 지하철 1호선 건설공사 현장 남쪽에 있는 롯데백화점 신축공사장에서 그라우팅 작업을 위해 천공을 하던 중 과실로 도시가스 배관을 관통시킴으로써 가스가 누출되었고, 인근 하수구를 통해 지하철 공사장으로 유입되어 원인 미상의 불씨에 의해 폭발사고가 발생하였다. 이 사고는 폭발과 함께 50m까지 불기둥이 솟구쳤으며, 등교길 학생 42명을 포함해 101명이 사망하고, 202명이 부상을 입는 대형 인명사고가 발생하였다. 또한, 차량통행을 위해 공사장 위에 임시로 설치한 복공판 400m가 무너져 내려 건물 346동, 자동차 152대가 파손되어 540억원의 재산 피해가 발생하기도 하였다.

주요 사고원인은 대형 공사장에서 굴착공사를 진행하면서 담당 관청의 도로굴착 승인을 받고, 가스관을 매설한 회사와 연락하여 정확한 가스관의 위치를 파악한 후에 공사를 진행해야 하나 공사 관계자들이 이를 무시하고 굴착작업을 진행한 것이다. 이 사고가 대형재난으로 확대된 것은 가스관이 파손된 후 30분 이상이 경과한 후에 도시가스 회사에 신고함으로써 대응이 지연되었기 때문이다. 이 사고로 정부의 안전관리 행정에 대한 비판이 크게 일었고, 지하매설물에 대한 전산화 대장 구축이 시급하게 추진되었다. 후속조치로 특별안전점검단 상설운영, 지하매설물 매핑시스템 조기 구성, 도로굴착 및 점유시 사전협의 의무화 등의 조치가 취해졌다.

또한 지방자치단체에서는 지하시설물 전산화 대장을 작성하기 위하여 「도로와 지하시설물도 구축사업」이 추진되었다. 아울러 지하시설물을 개착하지 않고 지표면에서 측량하여 그 위치와 심도를 파악하는 지하시설물측량이 활성화되게 되었다. 지하시설물측량 작업규정과 지하시설물도 작성에 관한 규정을 구비하여 「공공측량 작업규정」에 명시함으로서 체계적인 지하시설물 관리의 기틀을 마련하게 되었다.

지방자치단체에서는 땅속에 있는 지하시설물을 체계적이고 안전하게 관리하여 씽크홀과 같은 사고를 예방함으로써 도시를 안전하게 유지하고 시민의 안전한 생활을 높이려 하고 있다. 따라서 지하시설물의 위치와 심도를 지하시설물측량을 통하여 정확하게 밝혀내고, 지하시설물도 전산화 도면을 작성하면 체계적이고 표준화된 지하시설물 관리가 가능하게 될 것이다.

9.2 지하시설물의 이해

9.2.1 지하시설물의 정의

지하시설물이란 상수도, 하수도, 전력시설물, 전기통신설비, 가스공급시설, 공동구, 지하차도, 지하철 등 지하를 개발·이용하는 시설물로 정의하고 있으며, 국민 생활편의에 필요한 기반시설물을 말한다 〈그림 9.1〉은 지하시설물의 예시도를 보여주는 것으로, 도로 하부에는 상수관과 하수관을 비롯하여 가스관, 송유관, 전력구 등 많은 관로가 설치되어 운영되고 있는 실정이다. 이러한 지하시설물의 관리자는 담당하는 지하시설물과 주변 지반에 대하여 안전관리규정에 따른 안전점검을 정기적으로 실시하고 그 결과를 지방자치단체장에게 통보하여야 한다. 「지하안전관리에 관한 특별법」에서 정의하는 지하시설물과 지하구조물은 〈표 9.1〉과 같다. 노후하수관에 의한 지속적인 하수 유출은 지반을 약하게 만들므로 지하굴착공사와 더불어 땅꺼짐의 주요 원인으로 지목되고 있는 바, 지하시설물의 체계적인 관리가 그 어느 때보다 중요한 시점이 되고 있다.

〈표 9.1〉「지하안전관리에 관한 특별법」에 따른 지하시설물과 지하구조물

구 분	내 용
지하시설물	지하공간에 인공적으로 매설된 7종의 지하시설물 : 상수도, 하수도, 통신, 난방, 전력, 가스, 송유관
지하구조물	지하공간에 인공적으로 제작된 6종의 지하구조물 : 지하철, 공동구, 지하상가, 지하도로, 지하보도, 지하주차장

〈그림 9.1〉 지하시설물 예시도

9.2.2 지하시설물 현황

도로시설물, 상수도시설물, 하수도시설물, 가스시설물, 통신시설물, 송유관시설물, 난방열관시설물은 각각 관련 법령에 따라 규정된 지하시설물이다. 이들은 각기 다른 규정과 기준에 따라 조사, 탐사, 측량이 이루어지며, 대부분 실시간 측량과 탐사 장비를 활용하여 시설물 정보를 구축하고 있다. 〈표 9.2〉는 지하시설물별 매설 종류를 나타내고 있다.

〈표 9.2〉 지하시설물의 종류

시설명	종 류	관리기관
상수도 시설	배수관, 송수관, 광역상수관, 상수도맨홀, 제수변, 소화전, 관망, 수압계실, 급수탑, 저수조, 가압장, 배수지, 취수장, 펌프장, 보호관, 유량계실	지방자치단체 한국수자원공사
하수도 시설	오수관거, 우수관거, 하수맨홀, 차집관거, 우수토실, 배수관거, 배수펌프장, 배수장, 하수처리장	지방자치단체
가스 시설	중압가스관, 고압가스관, 가스맨홀, 테스트박스, 관말, 가스수취기, 밸브, 보호관	한국가스공사 각 지역별 도시가스회사

시설명	종　류	관리기관
통신 시설	시내통신 지하관로, 시외통신 지하관로, 시내통신맨홀, 시외통신맨홀, 통신구, 전화국, 공중전화부스, 망운용국, 접지시설, 직매단자함, CATV 전력공급함, 중간정체반, 시내통신주, 시외통신주, 시외통신표주, 고속도로 긴급전화	한국통신공사
전기 시설	지중전력선, 전기맨홀, 관말, 분전함, 제어기, 차단기, 보호관	한국전력공사
송유관 시설	송유관, 저유조, 기타 송유시설	대한송유공사 한국송유관
난방열관 시설	난방열관, 밸브, 기타 관망시설	한국 지역난방(주)
기타 지하 시설물	신호 및 가로등과 관련된 지하시설, 지하철 및 ITS 관련 지하시설, 지하에 매설된 케이블 TV 및 유선선로, 공동구, 지하도 및 지하상가 시설, 기타 지하시설물과 관련이 있는 시설	국가철도공단, 지하철공사, 도시철도공사, 지방자치단체 시설물 관리공단

1) 도로시설물

도로시설물은 「도로법」 제2조에서 규정된 도로와 그 부속시설물을 의미한다. 여기서 도로는 차도, 보도, 자전거도로, 측도, 터널, 교량, 육교 등 대통령령으로 정하는 다양한 시설로 구성되며, 도로의 부속물도 포함된다. 도로의 부속물은 도로관리청이 도로의 편리한 이용과 안전한 도로교통의 확보를 위해 설치하는 시설물을 말하며, 도로이용 지원시설, 도로안전시설, 도로관리시설, 교통관리시설, 도로부대시설 등을 포함한다.

도로이용 지원시설에는 주차장, 버스정류시설, 휴게시설 등이 있고, 도로안전시설에는 시선유도표지, 중앙분리대, 과속방지시설 등이 있다. 도로관리시설로는 통행료 징수시설, 도로관제시설, 도로관리사업소 등이 있으며, 교통관리시설로는 도로표지와 교통량 측정시설 등이 있다. 도로부대시설에는 낙석방지시설, 제설시설, 식수대 등 도로의 재해예방 및 구조 활동, 도로환경의 개선 및 유지 시설이 포함된다.

도로시설물의 조사와 측량은 폭이 4m 이상인 도로 및 도로부대시설물에 대해 수행하며, 그 대상은 「공공측량 작업규정」 제138조에서 정한 '시설물 조사, 탐사 대상 및 범위'에 따른다. 이는 도로시설물의 정확한 관리와 유지보수를 보장하기 위해 필수적이다.

2) 상수도시설물

상수도시설물은 「수도법」 제3조에 규정된 상수관로와 그 부속시설물을 의미한다. 「수도법」에서 정의하는 '수도'는 관로와 기타 공작물을 통해 원수나 정수를 공급하는 모든 시설을 포함하며, 일반수도, 공업용수도, 전용수도로 구분된다. 다만, 일시적인 목적의 시설과 「농어촌정비법」 제2조 제6호에 따른 농업생산기반시설은 이에 포함되지 않는다. '수도시설'은 원수나 정수를 공급하기 위한 취수, 저수, 도수, 정수, 송수, 배수시설 및 급수설비 등 관련된 모든 시설을 말한다.

상수도시설물의 조사와 측량은 관경이 50㎜ 이상인 상수관로와 부속시설물에 대해 이루어지며, 이 또한 「공공측량 작업규정」 제138조에서 정한 '시설물 조사, 탐사 대상 및 범위'에 따라 수행된다. 상수관로는 2009년부터 실시간 측량이 도입되었으며, 지자체, 한국수자원공사, 한국토지주택공사 등에서 이를 중심으로 실시간 측량이 활발히 이루어지고 있다. 특히, 2018년 「공공측량 작업규정」 개정 이후 실시간 측량 비율이 증가하면서 탐사 물량이 줄어듦에 따라 물량 대비 불탐비율도 감소하는 추세를 보이고 있다.

3) 하수도시설물

하수도시설물은 「하수도법」 제2조에 따라 규정된 하수관로와 그 부속시설물을 의미한다. 「하수도법」에서 정의하는 '하수도'는 하수와 분뇨를 배출하거나 처리하기 위해 설치된 시설들의 총체로, 하수관로, 공공하수처리시설, 간이공공하수처리시설, 하수저류시설, 분뇨처리시설, 배수설비, 개인하수처리시설 및 기타 관련 공작물과 시설이 포함된다. "하수관로"는 하수를 공공하수처리시설이나 하천, 바다 등으로 이송 또는 유출시키기 위해 지방자치단체가 설치하거나 관리하는 관로와 그 부속시설을 말한다.

하수도시설물의 조사·탐사 및 측량은 관경이 200㎜ 이상인 하수관로와 부속시설물에 대해 수행되며, 실시간 측량은 2009년부터 도입되었으나, 구축된 물량에 비해 실시간 측량의 비율은 여전히 낮다. 대부분의 하수관로는 조사와 측량을 통해 시설물 정보를 구축하고 있으며, 탐사는 주로 금속 재질로 된 일부 곡선 관로에 한정되어 있고, 이로 인해 탐사 및 불탐 비율은 일정하게 유지되고 있는 상황이다.

4) 가스시설물

가스시설물은 「도시가스사업법」 제2조에 따라 규정된 가스관로와 그 부속시설물을 의미한다. 「도시가스사업법」에서 '도시가스'란 천연가스, 배관을 통해 공급되는 석유가스, 나프타부가스, 바이오가스 또는 합성천연가스로서, 대통령령으로 정하는 가스를 포함한다. "가스공급시설"은 도시가스를 제조하거나 공급하기 위한 시설로, 산업통상자원부령으로 정하는 가스제조시설, 가스배관시설, 가스충전시설, 나프타부생가스·바이오가스제조시설 및 합성천연가스제조시설을 포함한다. "가스사용시설"은 가스공급시설 외의 사용자 측 시설로서, 산업통상자원부령으로 정하는 시설을 말한다.

가스시설물의 조사, 탐사 및 측량은 관경이 50㎜ 이상인 가스관로와 부속시설물에 대해 수행되며, 이는 「공공측량 작업규정」 제138조에서 정한 '시설물 조사, 탐사 대상 및 범위'에 따라 이루어진다. 가스관로는 2009년부터 실시간 측량이 도입되어 이루어지고 있으며, 특히 굴착공사시 재난 및 안전과 직접적으로 연관되는 위험 시설물이기 때문에 높은 정확도가 요구된다. 따라서 대부분의 경우 실시간 측량을 통해 시설물 정보를 구축하고 있다.

5) 통신시설물

통신시설물은 「전기통신기본법」 제2조에 따른 통신관로 및 부속시설물을 의미한다. '전기통신설비'라 함은 전기통신을 위한 기계 · 기구 · 선로 기타 전기통신에 필요한 설비를 말한다. "전기통신회선설비"라 함은 전기통신설비 중 전기통신을 행하기 위한 송 · 수신 장소간의 통신로 구성설비로서 전송 · 선로설비 및 이것과 일체로 설치되는 교환설비 및 이들의 부속설비를 말한다.

통신시설물은 관경이 50㎜ 이상인 통신관로 및 부속시설물에 대하여 조사·탐사 및 측량을 수행한다. 통신선로는 2011년부터 실시간 측량을 시행하고 있으며, 통신선로는 전기장이 형성되는 특성으로 인하여 탐사 정확도가 높아 불탐율이 매우 낮은 편이다.

6) 송유관시설물

송유관시설물은 「송유관안전관리법」 제2조에 따른 송유관로 및 부속시설물을 의미한다. '송유관'이란 석유를 수송하는 배관 및 공작물로서 모든 송유관에 대하여 조사·탐사 및 측량을 수행하며, 그 대상은 「공공측량 작업규정」 제138조 '시설물 조사, 탐사 대상 및 범위'를 따른다.

송유관로는 2009년부터 실시간 측량을 시행하고 있으며 대부분 탐사를 통하여 시설물 정보를 구축하고 있으나 불탐정보를 다수 내포하고 있는 것으로 알려져 있다. 이는 송유관의 특성상 일부 구간에서 정확한 탐사가 어려울 수 있음을 시사하며, 지속적인 관리와 개선이 필요한 부분으로 인식되고 있다.

7) 난방열관 시설물

지역난방을 가정집에 공급하기 위하여 설치하는 관로 시설물을 말한다. 공급관이라 함은 열원시설에서 생산된 열매체를 사용자에게 공급하기 위하여 도로, 공동구 등에 부설하는 것으로서 열원시설로부터 열매체를 받기 위하여 부설하는 배관과 그 부속기기를 말한다. 사용관이라 함은 사용자가 공급관과 접속되는 지점으로부터 열매체를 받기 위하여 부설하는 배관과 그 부속 기기를 말한다.

9.2.3 지하시설물 관리의 필요성

지하시설물에 대한 정부 정책은 인명피해나 재산피해로 이어진 지하시설물 사고를 통하여 이루어져 왔다. 특히 1994년 아현동 가스폭발사고, 1995년 대구지하철공사장 가스폭발사고 등 연이은 대형 지하공간에 대한 사고는 큰 인명피해를 발생시켰다. 당시 정부는 이러한 대형 재난사고로 이어질 수 있는 지하시설물 안전사고에 대한 예방을 위하여 1995년 '제1차 국가지리정보체계 구축사업'을 통해 상수, 하수, 전기, 가스, 통신, 송유, 열난방 7대 지하시설물 도면에 대한 전산화 사업을 추진하였다. 지하시설물 전산화 사업은 1998년에 시작하여 2014년에 시 단위 지자체의 상하수도 지하시설물 전산화를 완료하였다. 아울러 기존의 전기, 통신케이블 등의 도시시설물은 지상에 설치되어 왔으나 도시의 집중화로 인해 건설안전, 도시미관, 유지관리의 용이성 때문에 지하에 매설하는 경향이 높아지고 았어 전체적인 지하시설물에 대한 안전한 유지관리의 필요성이 대두되었다. 지하시설물 관리가 필요한 이유는 다음과 같다.

1) 지하시설물 굴착시 사고예방

오늘날 도시는 상수도, 하수도, 전기, 통신, 가스 및 난방 등과 같은 공급 체계를 이루는 매설물이 복잡해지고 설치비용이 많이 들뿐만 아니라 지하시설물에 대한 정보 부재와 부정확한 지하시설물 자료로 인하여 실제 건설 현장에서의 지하 굴착 공사시 예기치 않은 건설사고를 유발할 수 있다. 지하시설물에 대한 위치와 깊이가 매설도면에 부정확하게 표시되어 있으면 지하굴착시 사고가 발생할 위험이 높다. 또한 지하시설물관리체계 구축 비용중 현지 조사나 탐사를 통한 매설도면 작성에 70~80%가 소요되므로, 매설물에 대한 지상조사와 지하시설물 탐사를 통하여 매설 위치와 깊이를 정확하게 측정하여 지하시설물도면을 정비하여야 한다.

2) 지하시설물의 양적 증가와 노후화

도시시설물의 설치 초기에는 지하시설물의 양이 많지 않았고, 새로 설치된 시설물에 대해서는 문제점이 크게 발생되지 않았다. 그러나 세월이 지남에 따라 시설물의 양적 팽창과 더불어 노후화 문제가 함께 대두되었으며 관리의 어려움이 증가하게 되었다. 우리나라 상수도 시설의 경우 상수관 시설의 노후화에 따른 누수율이 20~50%에 이르는 곳이 상당수임에도 불구하고 그 원인 및 누수장소를 명확하게 밝혀내지 못하여 세수의 손실을 초래하는 지자체도 존재하는 실정이다. 따라서 이렇게 증가된 지하시설물과 노후화된 지하시설물을 함께 관리하여야 한다.

3) 안전한 대한민국의 건설

안전한 대한민국을 만들기 위하여 지하시설물에 대한 유지관리는 필수적이다. 2014년 서울특별시 송파구 석촌동에 지름 8m, 깊이 2.5m의 대형 씽크홀이 발생한 이후 서울뿐 아니라 지방 대도시에서도 연속적으로 씽크홀 땅꺼짐 사고가 발생하였다. 처음 씽크홀 땅꺼짐 사고가 발생하였을 때 주변 지하철 공사가 원인으로 지목되었지만, 지속적으로 발생하는 씽크홀 땅꺼짐 사고의 대부분은 노후화된 하수관로로 인한 사고로 재조사되기도 하였다. 2024년 부산 사상구 감전동에서도 지름 5m, 깊이 3m의 씽크홀이 발생하는 등 최근에도 지역을 가리지 않고 씽크홀 땅꺼짐 사고가 빈번하게 발생하고 있어 국민의 안전을 지키기 위하여 지하시설물에 대한 관리는 필수적이다.

4) 지하시설물 DB(DataBase) 구축

지하시설물을 안전하게 관리하기 위하여는 지하시설물측량을 통하여 얻은 시설물의 위치와 심도 등을 지하시설물도에 표시하고 관경과 재질, 시설물의 파손 및 균열상태 등을 DB로 구축하여야 한다. 이렇게 구축된 지하시설물 DB를 도로굴착 공사 등에 활용토록 하여 지하시설물의 파손에 의한 사고를 미리 방지하여야 한다. 〈그림 9.2〉는 서울시가 관리하고 있는 지하시설물중 상수도와 하수도의 DB 구축 현황을 보여주고 있다.

(a) 서울시 상수도 DB 구축현황 | (b) 서울시 하수도 DB 구축현황

〈그림 9.2〉 서울시 상수도 및 하수도 DB 구축 현황

9.3 지하시설물측량 순서와 지하시설물도 작성

9.3.1 지하시설물측량의 순서

지하시설물측량은 지하시설물을 안전하고 체계적으로 관리하기 위하여 도로와 지표면 아래 매설된 시설물 및 구조물을 대상으로 조사·탐사·측량을 실시하고 도면 및 수치로 표현하여 데이터베이스(database)로 구축하는 작업을 말한다. 지하시설물측량의 일반적인 작업 절차는 〈그림 9.3〉과 같다.

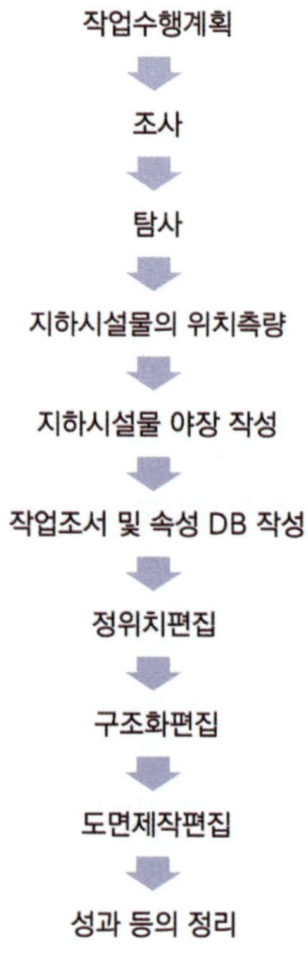

〈그림 9.3〉 지하시설물측량의 순서

1) 작업수행계획의 수립

시설물측량을 체계적으로 하기 위하여 먼저 작업수행계획을 수립하여야 한다. 먼저 작업계획서에는 ① 작업방법 및 품질관리 계획, ② 현장답사 및 기초자료 수집 계획, ③ 세부공정표,

④ 측량기기 및 탐사장비 점검 계획, ⑤ 인원과 기기 투입 계획, ⑥ 보안 및 안전관리 계획이 포함되어야 한다.

아울러 시설물을 측량하기 전 다음 사항들을 미리 갖추어 놓아야 한다.

① 토지 및 건물 출입증

② 조사 및 탐사에 필요한 안전기기

③ 기준점성과, 기본도 등의 각종 측량성과

④ 도로의 노선번호, 포장재질 등과 도로시설물 관리대장 등의 기초자료

⑤ 관로의 재질, 관경 및 설치연도 등의 자료

⑥ 시설물 특성 및 성질 등의 속성정보

⑦ 시설물의 위치에 관한 자료 및 도면

⑧ 시설물 관리대장 및 조서

⑨ 시공당시 설계도면 또는 준공측량도면

⑩ 기타 시설물 측량에 필요한 자료

2) 조사

'조사'란 시설물의 제원과 속성을 직접 현장에서 확인하는 것을 말한다. 시설물을 탐사, 측량하기 전에 시설물편집도를 이용하여 육안으로 확인이 가능한 지하시설물 및 부속시설물의 명칭 및 제원 등 속성자료를 조사한다. 현지조사는 조사시점을 기준으로 하여 노출된 지상부분시설물은 모두 조사하고 지하부문 시설물은 입력기준에서 정한 사항을 조사한다. 시설물을 조사할 때에는 맨홀 등의 뚜껑을 열고 그 속성을 조사하며, 조사한 자료는 출력도면 및 수치도면에 표시하고 측량도면에 정리한다.

3) 탐사

'탐사'란 지하에 매설된 시설물의 위치와 심도를 탐사기기로 측정하는 것을 말한다. 여러 종류의 시설물을 동시에 탐사할 경우에는 종류별로 구분하여 탐사하여야 하며, 금속관로, 비금속관로 및 케이블 등 시설물의 재질에 따라 적합한 시설물 탐사방법을 선택하여야 한다. 시설물의 평면위치는 관로 중심선을 기준으로 하며, 깊이는 지표면에서 시설물의 상단까지로 한

다. 시설물에 대한 탐사간격은 20m 이하를 원칙으로 한다.

4) 지하시설물의 위치측량

측량시행자는 신설·변경되는 지하시설물을 노출된 상태에서 실시간 측량을 수행하여야 한다. 상수도, 하수도 등의 지하시설물의 심도는 노출상태일 때 정확하게 알 수 있으므로 실시간측량을 수행하여야 하나 지하시설물의 시공은 터파기와 관로설치, 되메우기 등의 시공작업이 중장비 등에 의하여 신속하게 이루어지므로 작업 현장에서 시공사와의 협조가 필수적이다.

현장에서 노출상태의 관로를 측량하는 방법은 GNSS 활용방법과 토탈스테이션 활용방법의 두가지로 나뉘게 된다. GNSS 활용방법은 되메우기전 실시간 측량을 시행하고 측량사진을 촬영하며 되메우기후에는 현황측량을 실시한다. 토탈스테이션 활용방법에 있어서는 먼저 공공기준점을 설치한 후 실시간측량을 수행하고 측량사진 촬영과 복구및현황측량이 이루어지게 된다.

〈표 9.1〉은 지하시설물측량에 있어서 오차의 허용범위를 보여주고 있고 〈그림 9.4〉는 노출관로 상태의 지하시설물측량 방법을 보여주고 있다.

〈표 9.1〉 지하시설물측량 오차의 허용범위

대상	오차허용범위	비고
관로의 매설깊이가 3.0m 이하인 경우	평면위치 ±20㎝, 깊이 ±30㎝	
지하시설물의 위치측량 정확도	10㎝ 이내	
매설깊이가 3.0m를 초과하는 경우, 직경이 100㎜이하인 비금속관로	시행자가 따로 정할 수 있음	

(a) GNSS 활용방법

(b) 토탈스테이션 활용방법

〈그림 9.4〉 노출상태 지하시설물측량 방법

5) 지하시설물 야장 작성

지하시설물 야장 작성은 조사·탐사·측량 결과를 바탕으로 시설물에 대한 정보를 야장에 기록하는 것으로, ① 시설물 종류 (관, 배관, 콘크리트 구조물 등), ② 시설물 위치 (X, Y 좌표), ③ 시설물 형태 (직선, 곡선, 부착 등), ④ 시설물 재질 (철, 콘크리트, PVC 등), ⑤ 시설물 제원 (직경, 길이, 두께 등)을 기록하게 된다.

야장 기록은 추후 지하시설물 도면 작성 및 관리의 기초 자료로 사용되므로, 정확한 기록이 중요하며, 현장 사진 등을 남겨 추가적인 정보를 기록하는 것도 도움이 된다.

6) 작업조서 및 속성 DB 작성

탐사가 완료되면 ① 작업일자, ② 작업내용, ③ 사용기기, ④ 작업방법, ⑤ 작업자의 인적사항 등의 내용을 작업조서에 기재한다. GPR 탐사의 경우 유전상수 산출 결과조서를 포함하는 GPR 탐사조서를 작성하여야 한다.

또 자료수집과 현지조사 및 탐사를 통하여 수집한 속성자료와 관계 법령에 따라 작성한 지하시설물 관리대장 항목 중 필요한 사항을 입력한다. 이 경우, 속성자료는 도형자료와 서로 연결될 수 있도록 입력한다.

7) 정위치 편집

지하시설물도의 입력이 용이하도록, 지상시설물 조사 결과와 지하시설물 탐사 결과를 바탕으로 지하시설물 원도를 작성해야 하며, 이 단계에서 정위치 편집과 구조화 편집이 이루어진다. 여기서, 정위치편집이란 지하시설물 원도의 성과를 표준코드 등을 이용하여 지하시설물도 입력기준에 따라 입력하여 편집하거나 지하시설물에 대한 탐사의 성과를 이용하여 지하시설물도를 수정·보완하는 작업을 말한다.

정위치편집 작업은 도엽 단위로 하고 표준코드(도엽코드 · 지형코드 · 도로기반시설물 레이어코드 및 속성코드를 말한다) 및 심볼을 사용한다. 시설물의 레이어코드 및 속성코드는 「수치지형도작성작업규정」 및 국가공간정보 표준을 준수하여야 한다. 지하시설물 관로 입력은 관 속 내용물이 흐르는 방향으로 입력하는 것을 원칙으로 하고, 관로를 입력할 때에는 시설물의 맨홀, 제수변, 밸브 등을 기준으로 해서 관로를 분리하여 입력하여야 한다. 관로의 위치정보 및 속성정보가 달라지거나 분기 또는 합쳐지는 등의 경우에는 반드시 접합점(NODE)을 생성하여야 한다. 하수 관로의 시·종점 및 실측 지점마다 관로 상단의 절대높이 값(Z)을 입력한다. 정위치편집이 완료되면 시설물을 정위치편집한 파일은 별도 작성하여 보관한다. 〈그림 9.5〉는 시설물 입력오류의 세가지 형태를 정위치로 편집한 사례를 보여주고 있다.

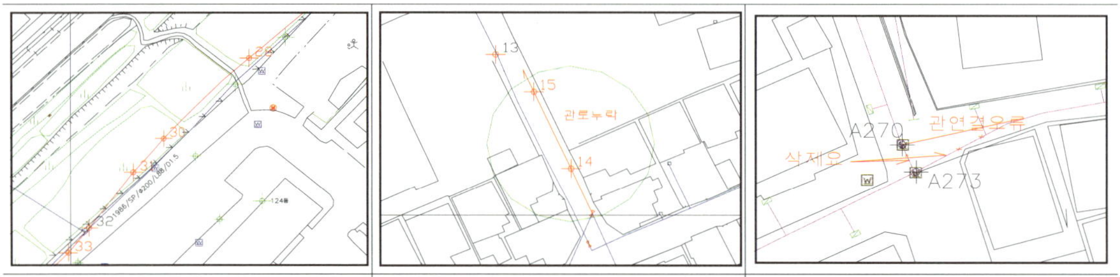

(a) 관로위치 오류 (빨간선이 정위치) | (b) 관로 누락 (빨간선이 누락된 관로) | (c) 관로 연결오류 (분홍선이 잘못된 연결)

〈그림 9.5〉 시설물 입력오류와 정위치편집

8) 구조화 편집

구조화편집이란 데이터간의 상관관계를 파악하기 위하여 정위치 편집된 지하시설물을 기하학적인 형태로 구성하는 작업을 말한다. 데이터 간 상관관계를 파악하기 위하여 정위치편집된 시설물을 기하학적인 형태로 구성한다.

구조화편집은 정위치 편집된 시설물의 필요한 대상을 점, 선, 면 및 네트워크 영역분할의 모델 또는 이를 조합한 기하모델로 편집하며, 정위치편집 파일에 있는 자료가 충분하지 않은 경우에는 다른 점과 선을 이용하여 이를 보완한다. 인접도면 접합은 관로, 관경 및 심도, 도로노선 등 전반적인 도형을 편집기기로 확인한다. 구조화편집이 완료되면 데이터를 기록매체에 수록하여 구조화편집 파일로 보관한다.

9) 도면제작편집

도면제작편집은 지도형식으로 출력하기 위하여 정위치편집된 성과를 「지도도식규칙」 및 표준도식에 따라 편집하는 것을 말한다.

10) 성과 등의 정리

시설물을 작성하고자 하는 자는 관련 자료를 효율적으로 이용하여 시설물에 대한 측량작업이 원활하게 완료될 수 있도록 성과를 정리한다. 이 때 정리하여야 할 시설물 측량 성과 등은 다음과 같다.

① 시설물 측량 성과

가. 수집한 관련자료

나. 현지보완측량을 하는 경우 보완측량의 성과

다. 조사결과를 정리한 도면

라. 측량성과

마. GPR탐사조서

바. 작업조서

사. 그 밖의 자료

② 시설물 작성의 성과

가. 정위치편집 파일

나. 구조화편집 파일 및 이에 관한 설명서

다. 도면제작 편집 파일

라. 메타데이터

마. 성과관리 및 점검파일

바. 기타자료

9.3.2 지하시설물도 작성 방법

1) 지하시설물도의 작성 목적

지하시설물도 작성의 목적은 지하시설물의 설치 위치와 특성을 정확히 기록하여 관리와 공사 계획에 필요한 정보를 제공하고, 지하시설물 관련 사고를 예방하며 도시 관리의 효율성을 증대시키기 위함이다.

2) 지하시설물도의 작성 절차

지하시설물도 작성 절차는 다음 단계로 이루어진다. 자료 수집 및 정리 단계에서 탐사 결과와 관련 자료를 수집하여 기본 자료로 사용하고, 이를 바탕으로 기본 도면인 지하시설물 기도(수치지도)를 제작한다. 위치 및 속성 정보 입력 단계에서는 탐사 결과와 기존 자료를 바탕으로 각 지하시설물의 정확한 위치, 깊이, 재질, 크기 등의 세부 사항을 반영하여 입력한다. 이후 도면 편집 및 검토 단계에서 입력된 자료를 바탕으로 도면을 편집하고, 정확성과 일관성을 검토한 후 최종 지하시설물도를 작성하여 공사 계획, 유지보수 작업 등에 활용한다.

3) 도면의 편집 및 심볼 사용

지하시설물도 작성 시 사용되는 심볼과 색상은 표준화된 규정에 따라 적용된다. 지하시설물의 종류에 따라 수도관은 청색, 가스관은 황색, 전력선은 빨간색 등 기본 색상 체계를 사용하며, 편집은 규정된 기준을 따르고 각 지하시설물의 특성과 위치가 명확히 구분될 수 있도록 한다.

4) 속성정보의 입력

속성정보 입력 시, 지하시설물의 위치는 정확한 좌표와 높이 정보를 바탕으로 입력하며, 재질, 설치 연도, 직경, 용량 등 관련 속성 정보를 표준화된 형식으로 기록한다. 심볼과 색상은 각 지하시설물의 속성에 맞게 사용하여 도면에 반영한다. 〈그림 9.6〉은 입력된 시설물의 속성정보 사례를 보여주고 있다.

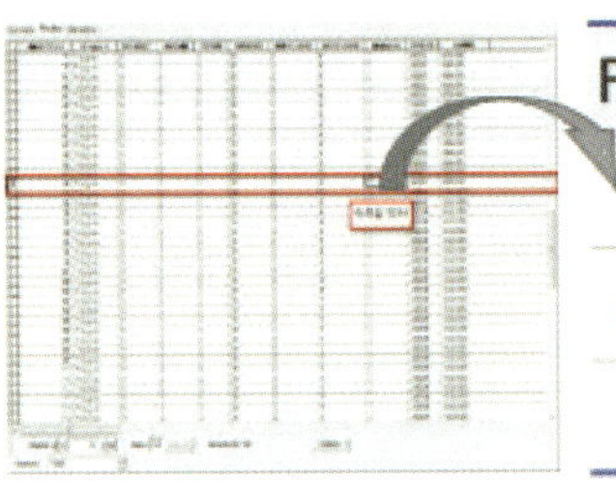

Field Name	Description	타입	Size
No	도엽번호	VAR(20)	20
GNSS_X, Y	GNSS X, Y	VAR(20)	20
Fac_LIST	지하시설물 목록	VAR(500)	500

〈그림 9.6〉 입력된 시설물 속성정보 사례

5) 도면의 정확도 및 검사

지하시설물도의 정확성을 확보하기 위해 데이터 일관성 검사를 통해 입력된 데이터의 오류를 최소화하고, 작성된 도면과 실제 지하시설물의 위치를 대조하여 필요한 경우 현장 검증을 실시한다. 도면 작성이 완료되면, 관련 기관의 검수를 받아 최종 확인을 거친다.

6) 도면의 보관 및 관리

작성된 지하시설물도는 디지털 형식으로 저장하고, 주기적으로 백업하여 데이터 손실을 방지한다. 관리 시스템에 도면을 입력하여 각 기관 간의 데이터 공유와 관리가 원활하게 이루어지도록 하며, 지하시설물에 변경이 발생하면 도면을 신속하게 업데이트하여 최신 상태를 유지한다.

7) 도면의 활용

작성된 지하시설물도는 다양한 목적으로 활용될 수 있다. 정확한 정보는 공사 계획 수립 시 지하시설물 손상 방지에 도움을 주며, 유지보수 작업의 효율성을 높인다. 또한, 지하시설물도는 도시 관리와 개발 계획 수립에 중요한 참고 자료로 사용된다.

9.4 지하시설물측량 방법

도로굴착 등으로 인해 지하에 매설된 시설물이 손상되거나 노후관로로 인하여 유수 유출이 계속 진행되면 땅꺼짐 싱크홀 사고로 인하여 큰 피해를 초래할 수 있다. 따라서 이러한 사고를 방지할 수 있도록 지하시설물을 지하시설물도를 작성하고 DB를 구축하여 체계적으로 관리하여야 한다.

지하시설물 측량은 지하에 설치된 여러 가지 시설물을 측량을 통하여 그 위치와 심도를 결정하는 측량으로, 그 원리에 따라 전자유도 탐사법, 탄성파 탐사법, 음파 탐사법, 지표투과 레이다 탐사법 등으로 나눌 수 있다. 이 중 가장 많이 사용되는 방법은 전자유도탐사법으로 주로 금속관의 탐사에 많이 사용되며, 음파탐사법은 비금속관 그리고 지표투과 레이다탐사법은 관의 종류가 불분명하거나 심도가 깊을 때 주로 사용된다.

지하시설물측량에 있어서 탐지가 안되는 불탐구간이 종종 발생한다. 이 불탐구간의 발생은 지하시설물측량의 정확도를 떨어트리고 지하시설물도 작성을 어렵게 만드는 원인이 된다. 따라서 이러한 불탐구간에서는 서로 다른 지하시설물측량 방법을 사용하여 그 결과를 중첩하는 등의 방법으로 최소화하여야 한다. 그림 9.7은 상하수도 지하시설물에 있어서 불탐원인을 나타낸 것이다. 100개 이상의 상수도시설물에서 불탐원인을 분석한 결과 통신 등 타시설물의 전파교란에 의한 것이 50%로 가장 많았고, 비금속관로 25%, 고심도 와이어메쉬 등 기타 15%, 시설물간격 탐사한계가 10%로 나타났다. 아울러 100개 이상의 하수도시설물에서 불탐원인을 분석한 결과 곡선부 시종점 확인불가가 51%로 가장 많았고, 수몰 또는 매몰 23%, 맨홀 개폐 불가 15%, 기타 11%로 나타났다.

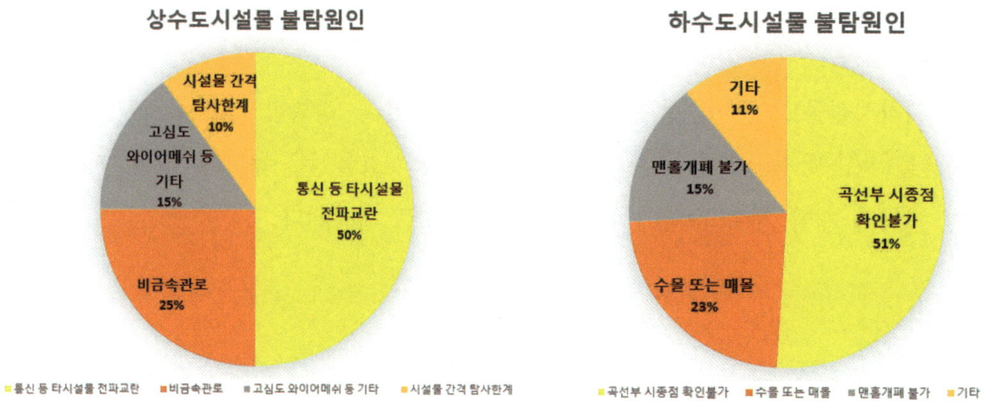

(a) 상수도시설물 불탐원인 (b) 하수도시설물 불탐원인

〈그림 9.7〉 상수도 및 하수도시설물의 불탐원인

9.4.1 전자유도 탐사법

전자유도탐사법은 매설관이나 케이블과 같은 금속매체의 선형 구조물을 대상으로 한다. 매설관이나 케이블에 교류의 신호전류를 흘려 보냈을 때 동심원형의 자기장이 발생하게 되는데 수신기로 자기장의 강도를 측정하여 대상 시설물의 평면위치와 심도를 결정하게 된다. 따라서 전자유도 탐사장비는 신호전류를 보내는 송신기와 자기장의 세기를 측정하는 수신기로 구성된다. 〈그림 9.8〉은 전자유도탐사법에 의한 송신기와 수신기의 역할을 보여주고 있다.

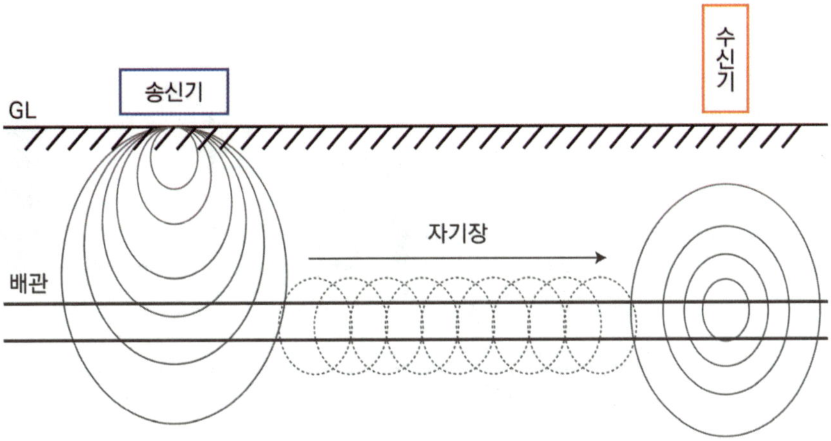

〈그림 9.8〉 전자유도탐사법에 의한 자기장의 발생과 측정

〈그림 9.9〉에서 보는 것과 같이 전자유도탐사법은 직접법과 간접법으로 나뉘어진다. 직접법은 탐지하고자 하는 지하 시설물 관로에 직접 접지시켜 탐사하는 방법으로서 탐지하고자 하는 관로에 전류를 흘려보내기 때문에 심도측정의 정확도가 높다고 할 수 있다. 간접법은 대상 관로에 직접 접지할 수 없을 때 사용하는 방법으로 지표면에서 전류를 흘려보내고 지하 관로에서 자기장이 형성되면 전자유도탐사기를 이용하여 측정하는 방법이다. 지하시설물이 복잡하게 얽혀 있는 경우 위치 정확도가 낮아지는 단점이 있다. 그러나 간접법은 수신기에 표시되는 전자유도 전류를 이용하므로 장거리 탐사가 가능하며 작업 방법이 간편하여 많이 사용된다. 〈그림 9.10〉은 전자유도탐사법의 대표적 장비인 MPL 장비의 예시를 보여주고 있다.

(a) 직접법

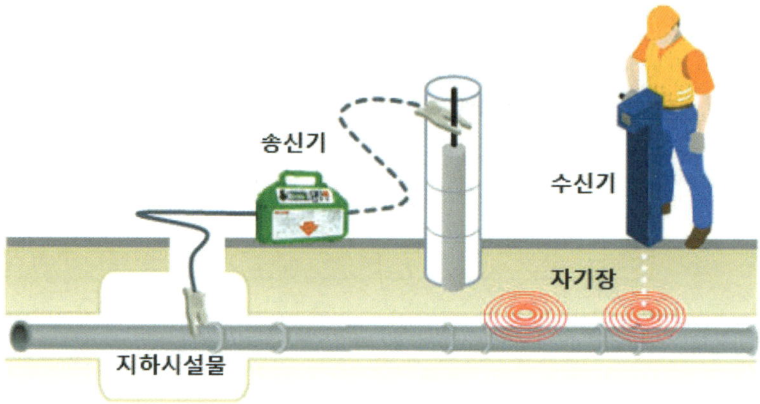

(b) 간접법

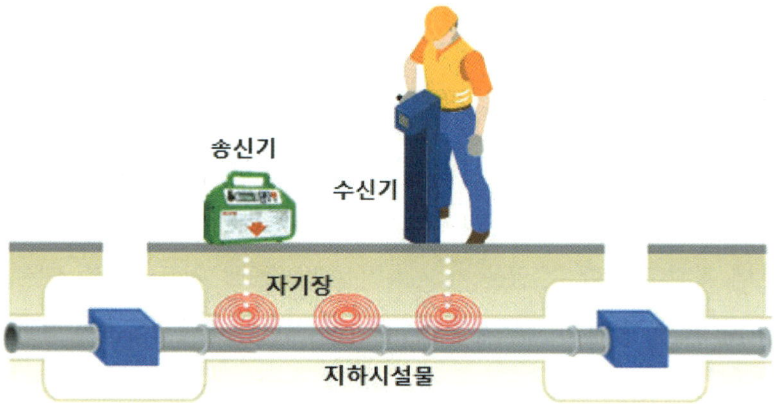

〈그림 9.9〉 전자유도탐사법

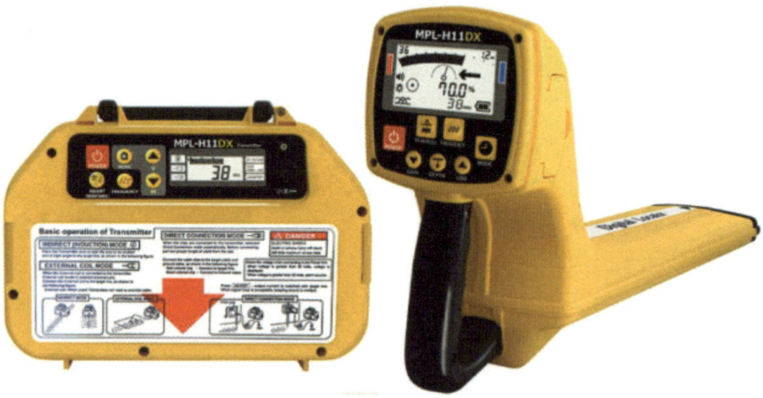

〈그림 9.10〉 전자유도탐사장비 MPL H11DX(일본 TAKACHIHO사) 예시

9.4.2 전자기파 레이더 탐사법

레이더 센서는 전자기파를 쏘아 물체에 반사되어 돌아오는 신호를 분석하여 물체의 위치, 속도, 방향 등을 파악하는 기술이다. 전파를 방출하고, 반사된 신호의 시간차와 도플러 효과를 이용하여 거리를 측정하고, 반사 신호의 강도와 주파수 변화를 분석하여 다른 정보를 얻는다. 반사 신호의 강도와 형태를 분석하여 목표물의 크기나 재질, 형태 등을 추정할 수 있다. 대표적인 지하시설물 탐사 방법으로 GPR 탐사법과 AML 탐사법이 있다.

1) 지표투과레이더(GPR: Ground Penetration Radar) 탐사법

지표면을 투과하는 레이더를 이용하여 지하시설물을 탐사하는 방법으로 GPR센서를 이용하는 경우 GPR 탐사법이라고 한다. GPR 탐사법은 GPR 센서에서 전자파를 지하로 방출시키고, 지하시설물에서 반사된 전자파를 수신하여 지하에 매설된 시설물이나 물체를 탐사하는 방법이다. GPR 탐사법은 10㎒에서 2,000㎒의 고주파 대역의 전자기파를 사용하며 짧은 파장의 전자기파를 사용함으로써 높은 분해능을 제공한다. GPR 탐사법은 다양한 적용 범위를 가지며, 탐사 대상의 형상이나 재질에 관계없이 활용할 수 있어 매우 효과적인 탐사 방법으로 평가되나, 영상정보를 정확하게 해석하기 위해서는 많은 경험이 요구되고 정확도가 떨어진다는 단점이 있다. 〈그림 9.11〉은 GPR 탐사기의 구성을 보여준다. 그림에서 보는 것과 같이 땅 바닥방향으로 GPR 센서가 위치하고 있고, GPR을 움직이는 사람방향으로 터치스크린이 위치하며 배터리와 외장형 GNSS 수신기로 구성된다.

〈그림 9.11〉 GPR의 구성(Trimble GPR LMX200 모델 예시)

GPR 탐사장비의 전파속도에 영향을 주는 요소는 지반에 포함되어 있는 수분 함량이며, 이러한 수분 함량 수치를 나타내는 값을 유전상수(δ: dielectric constant)라고 한다. GPR 탐사는 수분의 영향을 가장 크게 받기 때문에 토질의 수분 함량에 따라 탐사의 가능성 여부가 결정된다. GPR을 이용하는 지표투과 레이다탐사법은 전자파가 반사되는 성질을 이용하여 지중에 묻혀 있는 관로상태를 파악하게 되는데, 이 방법은 전자파의 공기중 전파속도가 빛의 속도와 같으므로 전자파를 반사시키는 시설물까지의 거리는 전자파의 왕복시간에 비례한다는 사실을 이용하여 깊이를 측정할 수 있다.

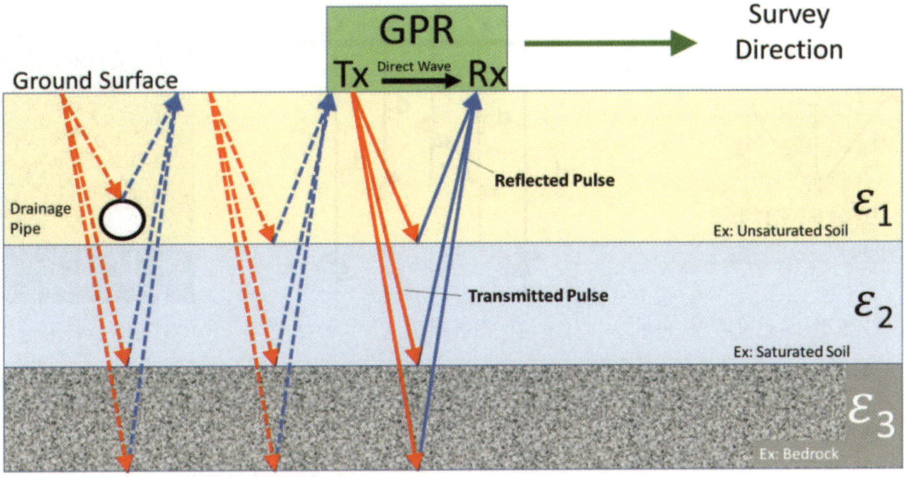

〈그림 9.12〉 GPR의 탐사원리

〈그림 9.12〉에서 TX는 GPR에서 땅속으로 방사시킨 전자파이며, RX는 대상체에서 반사되어 돌아온 전자파이다. 이 전자파의 땅속 매질에서의 평균적인 전파속도(V_m)는 다음 식 (9.1)로 구할 수 있다.

$$V_m = \frac{C}{\sqrt{\varepsilon_r}} = \frac{\text{전파속도}}{\sqrt{\text{유전상수}}} \tag{9.1}$$

또한 심도(D)는 전파이동시간, 전파속도, 유전상수 값에 따라 결정되며, 다음 식 (9.2)로 구한다.

$$D = \frac{TV_m}{2} = \frac{\text{전파이동시간} \times \text{전파속도}}{2\sqrt{\text{유전상수}}} \tag{9.2}$$

지하 매질은 레이다에서의 전파 경로인 공기보다 물리적으로 매우 불균질하므로 반사체의 형태와 위치가 매우 복잡할 뿐만 아니라 지하에서 반사되어 온 신호들이 많은 잡음(noise)을 포함하고 있다. 그러므로 지표투과 레이다 탐사법의 자료는 적절한 처리를 거쳐 잡음을 제거한 후 고분해능의 연속적인 지중 단면 영상을 얻게 된다. 그리고 전자파가 통과하게 되는 표토층의 전기전도도가 비교적 높은 반면에 이 표토층에서 전자파의 감쇄 또한 많이 일어나므로 지표 아래 깊은 곳까지의 탐사가 불가능하며, 대략 30m 정도가 한계 깊이로 알려져 있다.

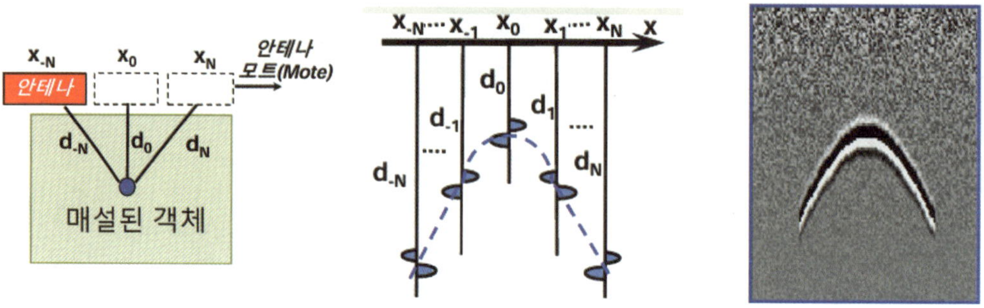

(a) GPR장비 전자파의 송신 (b) 각 점에서의 반사파 수신 (c) GPR 처리 영상의 완성

〈그림 9.13〉 GPR 레이더의 송수신과 영상 제작

〈그림 9.14〉 GPR 탐사장비와 영상 제작, 탐사모습

지표 투과 레이더는 전파의 전달 방향을 제어할 수 없기 때문에 레이더 장비를 이동시키며 측정해야 하며, 송·수신 안테나와 목표물 사이의 상대거리가 변화하면서 레이더 파형에서 목표물의 형상을 파악할 수 있다. 이러한 파형은 산란형 파형으로 형성되므로, 목표물의 정확한 형상을 추정하기 위해 신호처리를 실시하여 데이터를 해석한다. 〈그림 9.14〉는 GPR를 이용한 지하시설물 탐사 모습을 보여주고 있다. 〈그림 9.13〉 (a)와 같이 GPR장비가 왼쪽에서 오른쪽으로 탐사를 진행한다면 X_{-N}, X_0, X_N치에서 각각 거리가 d_{-N}, d_0, d_N큼 떨어진 지하시설물에 대하여 전자파를 송신하고, b와 같이 반사파를 수신하게 된다. 그리고 디스플레이 모

니터에 (c)와 같은 처리 영상을 얻게 된다. 최종적으로 (c)의 영상 판독을 통하여 지하시설물에 대한 원하는 정보를 얻게 된다. 〈그림 9.14〉는 GPR 탐사장비와 처리 영상 그리고 GPR 탐사 모습을 보여주고 있다.

2) AML(All Materials Locator) 탐사법

AML탐사법은 초고주파(UHF) 무선 레이더기술을 이용하며 금속관로와 비금속관로를 가리지 않고 모든 지하시설물을 탐지할 수 있는 기술로서 GPR 탐사법의 단점을 보완할 수 있는 기술로 각광받고 있다. GPR센서와 달리 AML은 습한 토양이나 점토, 또는 물이 많은 지역에서도 탐사가 가능하고, 장비에 따라 5m~10m의 심도에까지 적용 가능하다는 장점이 있다. GNSS 수신기를 연동시키고, 송신기와 수신기를 일체화시켜 경량화함으로써 혼자서 지하시설물의 위치와 심도를 더 빠르게 탐사할 수 있도록 하여 작업효율성을 높인 것으로 평가된다. 〈그림 9.15〉는 AML 탐사장비 예시로서, 미국 SubSurface Instruments Inc.의 AML Pro 모델을 보여주고 있다.

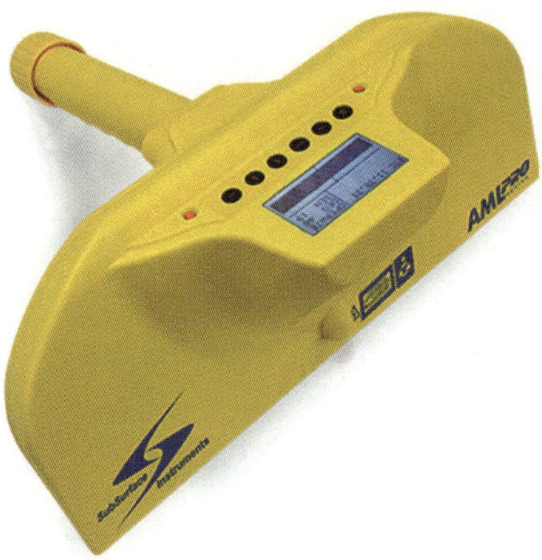

〈그림 9.15〉 AML 장비(미국 SubSurface Instruments Inc. AML Pro 모델 예시)

AML 탐사장비를 사용하여 심도를 결정하는 방법은 〈그림 9.16〉과 같다.

① AML 탐사장비로 레이더를 투과하면서 지하시설물의 위치를 찾는다. ①과 같이 지하시설물의 중심을 확인하고 지면에 표시를 한다.

② ①의 위치에서 뒤로 물러나 AML을 45° 각도로 기울인다. 대부분의 AML 탐사장비에는 45° 각도를 결정하는 통합 레벨을 탑재하고 있다.

③ ②의 위치에서 지하시설물을 다시 찾을 때까지 뒤로 걷기 시작한다. 지하시설물이 감지되면 AML 탐사장비를 오른쪽이나 왼쪽으로 스캔하여 지하시설물의 존재를 확인한다.

④ 지하시설물의 존재가 확인되면 지면에 AML장비의 투과지점을 표시한다.

⑤ ①지점과 ④지점 사이의 거리가 지하시설물의 깊이가 된다.

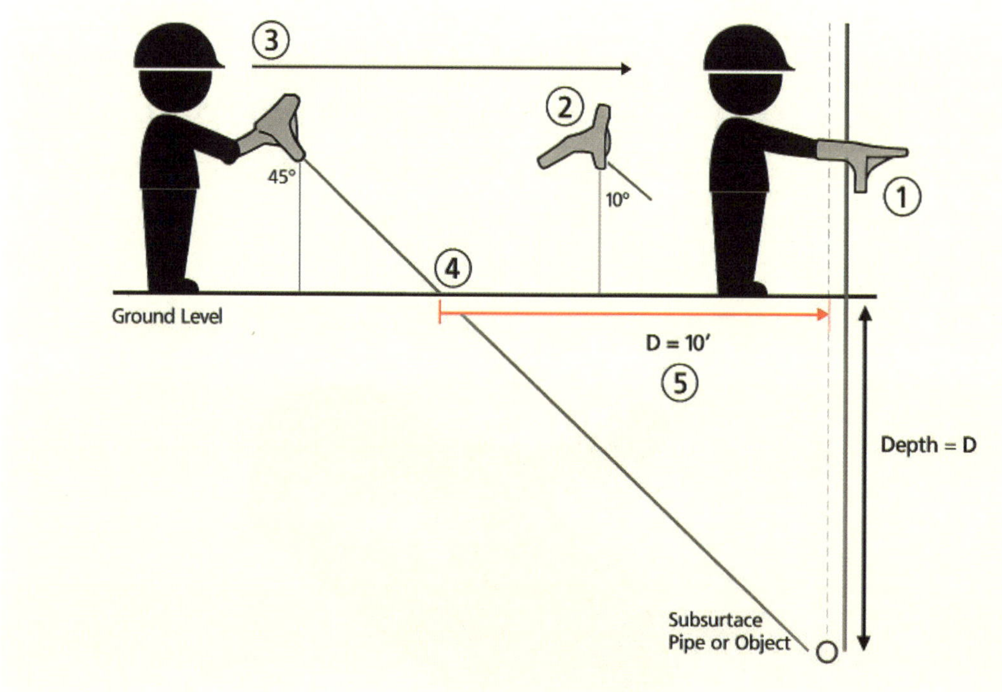

〈그림 9.16〉 AML장비를 이용한 지하시설물의 심도 결정

9.4.3 음파탐사법

음파탐사법은 음파를 잘 전달하는 물의 성질을 이용하여 물이 가득히 흐르는 관로(수도관)에 음파신호(Sound wave signal)를 보내 수신기로 하여금 관내에 발생된 음파를 탐지하게 하여 매설된 수도관의 위치 · 방향 · 굴곡을 탐지하는 방법이다. 보통 수도관의 노출부(계량기, 소화전)에 진동기를 연결시켜 수도관내로 신호음파가 전파되도록 진동을 주고, 그 수도관의 공명진동이 지중을 통하여 전파되므로 수신기가 전파된 수신감도를 비교하여 가장 큰 지점을 매설위치로 정한다. 이 탐사법은 플라스틱관이나 PVC관처럼 비금속 수도관로 탐지에 유용하다.

9.4.4 탄성파 탐사법

지표에서 인위적으로 발생시킨 탄성파는 지하 매질을 통과하면서, 속도가 다른 두 매질의 경계면에서 일부 에너지가 반사되고 일부는 굴절되어 하부 매질로 전파된다. 이렇게 반사 또는 굴절된 신호가 지표로 되돌아 오는 것을 수신하여 분석함으로써 지하구조를 조사하고 지하의 다양한 매질 특성을 파악하는 방법이 탄성파 탐사법이다. 이 방법은 지반의 물성 및 형태에 관한 정보를 제공하는 지하측량 방법으로 굴절법 탐사와 반사법 탐사로 나뉘게 된다. 〈그림 9.17〉은 탄성파 탐사법을 이용한 지하매설물 탐사 결과를 보여주고 있다.

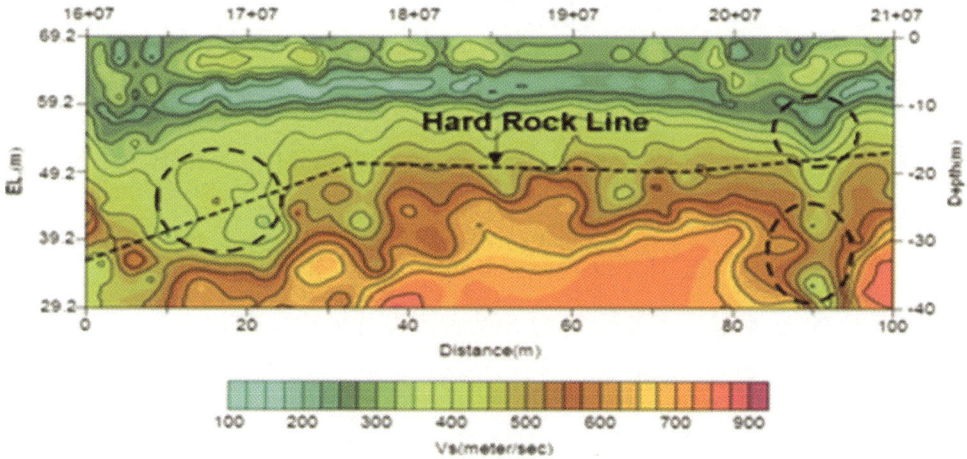

〈그림 9.17〉 탄성파 탐사법의 결과

1) 굴절법에 의한 탐사방법

인공적으로 발생시킨 지진파, 예를 들어 화약 폭발 등으로 생성된 지진파는 지층을 따라 이동한다. 이 지진파는 표면을 따라 이동하는 직접파와, 지하로 들어가 단단한 지층에서 반사되어 돌아오는 굴절파로 나뉜다. 굴절법 탐사는 이러한 굴절파의 특성을 이용하여 지층의 깊이, 경사, 전파 속도에 따라 달라지는 점을 분석함으로써 지층의 경계를 결정하는 방법이다. 이 탐사법은 상대적으로 얕은 지층의 조사에 적합한 방법이다.

2) 반사법에 의한 탐사방법

인공적으로 발생시킨 지진파가 지층의 경계에서 반사되어 지표에 도달하는 시간을 기록하여 지하구조를 조사하는 방법이다. 이 방법은 지하 깊은 곳까지 탐사가 가능하여 넓은 범위의 지하 정보를 제공할 수 있다. 그러나, 복잡한 반사파가 기록되기 때문에 데이터의 해석과 판독이 어렵다는 단점이 있다.

9.4.5 CCTV 카메라 탐사법

지하시설물 관로의 파손 및 균열상태를 파악하기 위한 방법으로 CCTV 카메라 탐사법이 있다. CCTV 카메라 탐사법은 관로 내부를 직접 보기 위하여 CCTV 카메라와 조명장치를 원격 조정이 가능한 자주차에 탑재하고 관로 내부에 투입시켜 관로 상태를 상세하게 촬영하는 기술이다. CCTV 카메라가 장착된 자주차는 관로 내부에서 전진 및 후진을 하면서 영상을 촬영하여 실시간으로 전송하게 된다. 이러한 CCTV의 원격조정을 통하여 관의 종류, 진행거리, 관로의 파손 및 균열 상태, 이음부와 연결관의 상태 등을 동시에 녹화한다. 그림 9.18은 CCTV를 사용한 지하시설물 조사 방법을 시각적으로 보여주고 있다.

CCTV 카메라 조사는 관로 내부의 상태를 비파괴적으로 정밀하게 점검할 수 있어 유지보수 작업의 효율성을 크게 향상시킨다. 이 방법은 관로의 작은 손상부터 심각한 구조적 문제까지 실시간으로 모니터링할 수 있어, 즉각적인 대처와 계획 수립이 가능하다. 최근에는 고화질 카메라와 첨단 조명 장치를 탑재한 시스템이 도입되어 더욱 정밀한 조사가 가능해졌으며, 관로 관리의 신뢰성을 높이는 데 중요한 역할을 하고 있다.

〈그림 9.18〉 CCTV 카메라를 사용한 지하시설물 조사방법

CHAPTER

10 단지조성측량

10.1 개요

단지조성 측량이란 토지구획정리사업, 시가지 조성사업, 도시재개발사업, 경지정리사업 등에서 단지조성을 수행하기 위하여 실시하는 측량으로, 단지조성 계획 및 시공 등을 고려하여 적용범위를 결정하여야 한다. 단지조성에 있어서 새로운 단지가 만들어지고 단지안에 새로운 필지가 조성되므로 지적측량이 주로 활용되게 되며, 토지구획정리측량, 현황측량, 지구계측량, 가구확정측량, 획지점측량, 확정측량 등으로 분류하여 적용하게 된다. 주로 지방자치단체나 한국토지주택공사(LH) 등에서 새로운 주택단지나 산업단지를 조성할 때 활용된다.

10.2 작업계획 및 설계 기준점 측량

10.2.1 작업계획

작업계획에서는 작업착수 전 단지조성측량 구역을 따라 현장조사를 실시하여 단지조성 설계측량 공종 별로 과업명, 목적, 위치 및 수량, 소요기간, 투입인원 및 장비, 사용할 측량성과의 종류 등이 포함된 측량작업계획서를 작성한다.

10.2.2 기준점 및 수준점 측량

기준점측량은 X, Y, Z의 3차원좌표로 설치함을 원칙으로 한다. 단지조성측량을 위한 기준점측량의 선점은 작업계획도를 기초로 현지형에서 기지점의 현황을 조사하여 미지점의 위치를 선정하고 선점도를 작성한다. 단지조성측량을 위한 기준점 및 수준점은 토지구획정리 사업부지 내외곽에 최소 4점 이상을 배치하여야 한다. 다만, 인접기준점과의 시통이 어려울 경우에는 배치 간격을 조밀하게 조정할 수 있다.

10.3 지형현황측량

10.3.1 토지구획정리 지형현황측량

지형현황측량은 토털스테이션, GNSS, 지상 레이저스캐너, 항공 레이저스캐너, 항공기 및 무인비행장치 등을 사용하여 지형·지물의 좌표를 관측하여 그 값을 도시하거나 컴퓨터 등 정보기기를 이용하여 수치데이터 형태로 제작하여 저장하여야 한다. 지상측량에 의한 지형현황도제작은 「공공측량 작업규정」에 따라 실시하며, 토털스테이션, RTK-GNSS, 네트워크 RTK 등의 측량장비와 컴퓨터 등 정보기기를 결합한 측량방법을 적용한다. 토지구획정리구역 내 산악지형 및 터널, 교량에 대한 시 · 종점부의 토공사 구간은 무인비행장치측량 또는 항공사진측량에 의한 지형현황측량 성과에 지상측량방법 또는 지상 레이저스캐너측량 등을 실시하여 수목에 의한 표고 오차를 보정하여야 한다.

항공사진측량에 의해 작성된 지형도에 표현되는 지형지물의 평면위치정확도는 국가기준점을 기준으로 ± 0.3 m 이내이어야 한다. 다만, 토지구획정리 구역 내의 보존녹지지역 등에 대하여는 이 정확도 규정을 적용하지 아니한다. 지형현황측량에 의하여 작성되는 종합현황도의 축척은 1:500을 표준으로 하며 종합현황도의 크기는 0.4 × 0.5 m로 한다.

세부측량은 기준점 및 보조기준점 등을 이용하여 토털스테이션 또는 GNSS 측량을 실시하여 지형·지물의 수평위치 및 수직위치를 관측하여 필요한 자료를 취득한다.

10.4 용지측량

10.4.1 자료조사

용지측량의 자료조사란 토지의 취득 등에 필요한 제반자료를 수집하고 용지측량에 필요한 자료를 정리·작성하는 작업을 말하며, 작업계획에 의하여 토지등기부, 지도 및 지적도 등을 발급받아야 한다.

10.4.2 용지경계측량

경계측량은 설계기준점에 의하여 토털스테이션, GNSS 등을 이용하여 실시한다.

용지경계측량의 성과 등의 종류는 다음표와 같으며, 수치데이터로 수집된 성과 등에 대하여는 전자파일로 저장, 기록하여야 한다.

〈표 10.1〉 용지경계측량 성과 등의 종류

성과 등의 종류	해당하는 측량의 종류				
	자료 조사	경계 확인	경계 측량	면적 계산	용지실측도원도 등의 작성
지도(공도) 등 복사도	○				
지도(공도) 등 복사연속도	○				
토지조사표	○				
건물등기부 등 조사표	○				
토지등기부 등 조사표	○				
권리자 등 조사표	○				
토지경계입회확인서 등		○			
관측기록부			○		
측량계산부 등			○		
용지실측도 원도					○
용지평면도					○
면적계산서				○	
정확도 관리표			○		○

경계측량은 횡단면도 및 용지도로부터 용지분할을 위한 용지경계점 좌표를 취득하고 현지형에 용지경계말뚝의 위치측량을 실시한다. 용지경계 말뚝의 설치는 교점계산 등에서 얻어진 용지경계 말뚝의 좌표에 의하여 설계기준점으로부터 방사법 등으로 결정하여야 한다. 노선측량의 용지경계말뚝(0.10 × 0.10 × 0.75 m)은 중심선의 측점 좌우에 설치하여야 하며 신설구간 및 확장부는 20 m, 기존 도로부 구간은 40 m 간격으로 설치하고 도로경계말뚝에 측점의 표시는 100 m 간격으로 도로방향 정면에 표시하여야 한다.

10.4.3 용지도 및 조서작성

용지실측도 원도는 경계측량의 결과에 따라 경계점 등을 도상에 전개하여 작성하며, 정확도는 도상 0.3 mm 이내로 하여야 한다. 토지조서는 작성된 용지도를 참조하여 보상의 대상이 되는 토지에 대하여 등기부등본, 지적도 및 연속지적도 등을 발부받아 토지에 대한 일반사항 및 권리관계 등을 조사하여 작성하여야 한다.

10.5 지구계 측량

10.5.1 지구계 측량

지구계 측량의 공정별 작업은 ① 작업준비 → ② 자료조사 → ③ 지구계 확인 → ④ 지구계점 설치 → ⑤ 지구계점 관측 → ⑥ 지구계점 계산 → ⑦ 지구계 성과점검 → ⑧ 지구계측량도 작성 → ⑨ 성과 등의 정리의 순서로 진행된다.

자료조사는 시행지구의 토지에 대한 권리관계 확인을 위해 토지 및 건물 등기부등본, 토지대장, 임야대장, 지적도, 임야도 등을 열람 및 교부받아 실시한다. (3) 지구계 확인측량은 설계측량시행자가 계획한 지구계선을 용지측량에 의해 현지형에 표시하고, 표시된 지구계 각 점을 현지형에서 확인한다. 용지측량에 의해 표시된 지구계 각 점에 대한 지형, 지적좌표를 보관한다. 현 지형에서 확인한 지구계점의 위치에는 지구계점 말뚝을 설치하고 점의 조서를 작성한다. 지구계점 관측은 토털스테이션 등을 이용해서 현지형의 설계기준점 및 보조기준점에서 지구계점 또는 지구계점과 다른 지구계점의 수평각 및 거리를 측정한다. 지구계점 계산은 지구계점 관측 결과를 기초로 지구계점 위치, 지구계점 간 거리, 방향각 및 사업지구 총면적을 구한다. 사업지구 총면적은 지구계점 좌표를 사용하여 계산한다. 지구계 측량도 작성은 지구계 측량 결과에 따라 지구계측량도를 작성한다.

10.5.2 가구확정측량

가구확정측량원도 및 획지확정측량 원도는 축척 1:500을 표준으로 한다. 가구확정측량에 있어서 가구점 및 획지점을 위한 측량표지는 구획정리사업 완료 전에는 나무 말뚝 등의 임시

표지를 설치하고, 완료 후에는 콘크리트 말뚝이나 플라스틱 말뚝 등을 설치한다.

확정측량의 공정별 작업은 ① 작업준비 → ② 중심점 및 가구점 계산 → ③ 가구면적 확정계산 → ④ 중심점 및 가구점의 설치 → 점검측량 → 가구확정측량원도 작성 →성과 등의 정리 순서로 진행된다.

중심점 계산은 삼각점 성과 및 그 외의 계산 결과를 기초로 중심점의 좌표를 구하고, 중심점 간의 거리 및 방향각을 구한다. 가구점 계산은 중심점의 계산 결과를 기초로 가구점의 좌표를 구하고, 가구점 간의 거리 및 방향각을 구한다. 가구면적 확정계산은 중심점 및 가구점 계산에서 얻어진 가구점의 좌표를 이용하여 가구마다의 면적을 구한다.

10.5.3 획지확정측량

획지확정측량의 공정별 작업구은 ① 작업준비 → ② 획지점 계산 → ③ 획지면적 확정계산 → ④ 획지점 설치 측량 → ⑤ 획지확정측량원도 작성 → ⑥ 성과 등의 정리 순으로 진행된다.

획지점 계산을 위한 획지변장 계산은 환지설계에서 정해진 획지의 형상, 전면 폭, 면적 등의 조건에 기초하여 획지의 변장 및 방향각 또는 내각을 구하여 계산한다. 획지점의 계산은 가구확정측량 성과 및 ①항에 의해 계산된 결과를 기초로 획지점 좌표를 계산한다. 획지면적 확정 계산은 획지점 좌표를 이용하여 좌표면적계산이나 전산처리로 구한다.

10.6 단지조성 3차원 디지털측량

10.6.1 단지조성 3차원 디지털측량

3차원 기준점측량은 GNSS, RTK-GNSS, 토털스테이션을 이용하여 3차원 위치데이터를 취득한다. 영상데이터를 이용한 단지조성측량은 항공사진측량과 무인비행장치 측량이 있으며, 3차원 영상데이터를 취득하여 지형현황측량에 활용한다. 레이저데이터를 이용한 단지조성측량은 항공레이저측량, 무인비행장치 측량, 지상 레이저스캐너측량, 이동형 레이저스캐너측량을 실시하여 3차원 점군데이터를 취득하고 지형 및 시설물의 형태와 규격, 수량, 면적 등을 산출하는 설계에 적용한다. 3차원 기준점측량 성과, 수치표면모델, 수치지형모델, 수치표고모형, 불규칙 삼각망 자료 등 3차원 모델을 작성하고 BIM 설계모델과 결합하여 3차원 지형모델을 작성한다. 3차원 지형모델은 CSV, GIS, LandXML 스키마 구조를 가진 LandInfraGML 형식 등 BIM 설계모델에 적용할 수 있는 데이터를 적용한다.

10.7 단지조성측량의 품질관리

10.7.1 평면측량 및 표고측량의 오차

평면위치측량에서 GNSS 관측데이터 점검계산은 단위 삼각망의 환폐합차 및 중복관측 된 기선벡터의 교차를 구하며, 다음의 기준을 만족하여야 한다.

〈표 10.2〉 기준점 평면위치측량 허용범위

대상	점검사항	허용범위	비고
단위삼각망	기선해석에 의한 △X, △Y, △Z, 각 성분의 폐합차	2PPM × ΣD	D : 사거리 (km)
중복 관측변	기선해석에 의한△X, △Y, △Z, 각 성분의 교차	20 mm	

표고측량에서 수준측량계산부로부터 노선왕복차, 환폐합차 또는 기지점에서 다른 기지점까지 폐합차를 구하고 다음 표의 기준을 만족시켜야 한다.

〈표 10.3〉 수준점 표고측량 허용범위

대상	점검 사항	허용 범위	비고
수준노선	왕복차	5 mm $\sqrt{S}$	S: 편도거리 (km)
	기지점간 결합오차	15 mm $\sqrt{S}$	
수준환	환폐합차	5 mm $\sqrt{S}$	

10.7.2 용지폭 말뚝점간 측량 허용오차

단지조성측량에 있어서 용지폭 말뚝점간 측량 허용오차 기준은 〈표 10.4〉와 같다.

〈표 10.4〉 용지 폭 말뚝점 간 측량 허용오차

구분 \ 거리	20 m 미만	20 m 이상	비 고
시가지	50 mm	S/1,000	S는 점간 거리의 계산값
평 지	50 mm	S/1,000	
산 지	100 mm	S/200	

10.7.3 지구계점 관측 교차 허용범위

지구계점 관측에서 토털스테이션에 의한 방사법으로 기준점에서 지구계점을 측정하는 단위 및 허용범위는 〈표 10.5〉와 같다.

〈표 10.5〉 지구계점 관측의 허용범위

구 분	방 법	단 위	교차의 허용범위
수평각 측정	1대회	20초	-
연직각 측정	1대회	60초	-
거리 측정	2회 측정	mm	5 mm

10.7.4 중심점 및 가구점 점검측량 허용범위

중심점 및 가구점 점검측량에 있어 있어서 교차의 허용범위는 〈표 10.6〉과 같다.

〈표 10.6〉 중심점 및 가구점 점검측량 허용범위

구 분	허용 범위
중심점	30 m 이상에 있어서는 1:3,000, 30 m 미만은 0.01m
가구점	25 m 이상에 있어서는 1:2,500, 25 m 미만은 0.01m